高等院校"互联网+"系列精品教材

数字化模具设计
——基于 UG NX 模具 CAD 项目实战教程（资源版）

主编　张国新　殷蕾
副主编　赵洁

电子工业出版社
Publishing House of Electronics Industry
北京·BEIJING

内 容 简 介

本书以 UG NX 10.0 为平台，详细介绍使用 UG NX 进行注塑模设计的操作方法和相关技巧。全书分上下两篇（共 6 章），上篇讲述注塑模设计基础（第 1 章）、注塑模型腔设计和注塑模结构设计（第 2、3 章），下篇讲述典型的注塑模设计应用实例（第 4、5、6 章）。本书将 UG NX 的基础应用与注塑模设计实例有机地融合起来，并穿插大量的操作技巧，以帮助读者能够熟练运用 UG NX 进行模具设计。

本书为高等职业院校模具、数控、机械制造、设备维护等专业的教材，也可作为开放大学、成人教育、自学考试、中职学校和技能培训班的教材，以及工程技术人员的参考书。

未经许可，不得以任何方式复制或抄袭本书之部分或全部内容。
版权所有，侵权必究。

图书在版编目（CIP）数据

数字化模具设计：基于 UG NX 模具 CAD 项目实战教程：资源版 / 张国新，殷蕾主编. —北京：电子工业出版社，2024.5
高等院校"互联网+"系列精品教材
ISBN 978-7-121-35832-6

Ⅰ. ①数… Ⅱ. ①张… ②殷… Ⅲ. ①模具－计算机辅助设计－应用软件－高等学校－教材 Ⅳ. ①TG76-39

中国版本图书馆 CIP 数据核字（2019）第 007192 号

责任编辑：陈健德
印　　刷：三河市龙林印务有限公司
装　　订：三河市龙林印务有限公司
出版发行：电子工业出版社
　　　　　北京市海淀区万寿路 173 信箱　邮编 100036
开　　本：787×1 092　1/16　印张：13.25　字数：339.2 千字
版　　次：2024 年 5 月第 1 版
印　　次：2024 年 5 月第 1 次印刷
定　　价：52.00 元

凡所购买电子工业出版社图书有缺损问题，请向购买书店调换。若书店售缺，请与本社发行部联系，联系及邮购电话：（010）88254888，88258888。
质量投诉请发邮件至 zlts@phei.com.cn，盗版侵权举报请发邮件至 dbqq@phei.com.cn。
本书咨询联系方式：chenjd@phei.com.cn。

前言

作为目前世界范围内应用十分广泛的三维软件之一，UG NX 软件自问世以来，就广泛应用于机械、航天、汽车、通信、电子等各个领域。本书主要介绍使用 UG NX 进行注塑模设计的基本知识和操作方法。UG NX 软件由多个模块组成，包括常见的建模、装配、制图、Mold Wizard 等。Mold Wizard 模块是注塑模向导设计模块，它采用装配文件结构，并且创建的装配部件之间具有关联性，可以随时随地进行修改，大大提高了生产效率，缩短了生产周期。Mold Wizard 模块可以和装配模块、建模模块共存，与实际生产更为贴近，更易于生产设计。

使用 Mold Wizard 模块进行注塑模设计是一个前后联系的逻辑过程，通过加载产品模型，确定顶出方向、收缩率、模腔布局、分型面、型芯和型腔、滑块/抽芯、模架及标准件、浇注系统、冷却系统等，完成整套模具的设计。本书介绍了注塑模设计的基本原理和使用 UG NX 进行模具设计的基本工具，通过前后关联的若干基本实例和综合实例向读者展示用 UG NX 的 Mold Wizard 模块进行注塑模设计的基本方法和技巧。

编者通过长期观察发现，无论是用于自学还是用于教学，现在市面上的大部分教材所配套的教学资源远不能满足读者的需求。其主要表现在：大部分教材仅在配套资源包中附以少量的视频演示、练习素材、演示文稿等，内容少且资源结构不完整，在实际教学中教师难以灵活组合和修改，不能适应个性化的教学需求，灵活性和通用性较差。

为了能使教师自由选取各类资源、按需组织教学，编者编制了一套全新的教学资源，该套教学资源结构多样、内容完整。资源以碎片化的单个知识点制作成微课、教学视频等形式，并配以练习模型、习题等，资源几乎覆盖全书的每一个知识点（视频覆盖率达到 90%）。

针对教学需要，本书由杭州浙大旭日科技开发有限公司（以下简称浙大旭日）制作配套教学视频。

本书由无锡科技职业学院的张国新和殷蕾担任主编，由无锡科技职业学院的赵洁担任副主编，无锡微研精工科技有限公司的刘权博参与编写。全书共 6 章，张国新编写第 1、2 章，殷蕾编写第 3、4、5 章，赵洁、刘权博编写第 6 章。

由于编者水平有限，书中可能存在一些疏漏之处，恳请各位读者在使用本书时多提宝贵意见，以便编者不断完善本书。编者的电子邮箱为 49840457@qq.com。

编　者

目 录

上篇 知识篇

第1章 注塑模设计基础 ... 1
- 1.1 注塑模结构组成 ... 2
  - 1.1.1 注塑模分类 ... 2
  - 1.1.2 注塑模结构 ... 2
- 1.2 注塑模典型结构 ... 6
  - 1.2.1 单分型面注塑模 ... 6
  - 1.2.2 双分型面注塑模 ... 7
- 1.3 注塑模与注塑机的关系 ... 9
  - 1.3.1 模具与注塑机安装 ... 9
  - 1.3.2 开模行程计算 ... 10
- 1.4 模架 ... 11
  - 1.4.1 模架类型 ... 11
  - 1.4.2 二板模与三板模比较 ... 13
  - 1.4.3 模架的选取方法 ... 14
- 1.5 侧向分型机构 ... 16
  - 1.5.1 滑块设计 ... 16
  - 1.5.2 斜销设计 ... 18
- 1.6 UG NX 10.0 模具设计基础 ... 22
  - 1.6.1 UG NX 10.0 Mold Wizard 模块 ... 22
  - 1.6.2 模具设计流程 ... 23
  - 1.6.3 UG 模具设计术语 ... 26
- 思考与练习 1 ... 27

第2章 注塑模型腔设计 ... 28
- 2.1 UG 模具设计准备 ... 29
  - 2.1.1 初始化项目 ... 29
  - 2.1.2 模具坐标系 ... 30
  - 2.1.3 塑模部件验证 ... 32
  - **做做练练 1** ... 34
  - 2.1.4 创建工件 ... 36
  - 2.1.5 型腔布局 ... 38
  - **做做练练 2** ... 41
- 2.2 注塑模工具 ... 43
  - 2.2.1 创建方块 ... 43
  - 2.2.2 分割实体 ... 44
  - 2.2.3 实体补片 ... 45
  - **做做练练 3** ... 45
  - 2.2.4 曲面补片 ... 46
  - **做做练练 4** ... 48
  - 2.2.5 修剪区域补片 ... 50
  - **做做练练 5** ... 50
  - 2.2.6 扩大曲面补片 ... 53
  - **做做练练 6** ... 54
  - 2.2.7 替换实体 ... 55
- 2.3 模具分型 ... 56
  - 2.3.1 检查区域 ... 56
  - 2.3.2 定义区域 ... 57
  - **做做练练 7** ... 58
  - 2.3.3 设计分型面 ... 60
  - **做做练练 8** ... 64
  - 2.3.4 定义型腔和型芯 ... 65
  - **做做练练 9** ... 66
- 2.4 成型零件再设计 ... 67
  - 2.4.1 小镶块设计 ... 67
  - **做做练练 10** ... 68
  - 2.4.2 虎口设计 ... 69
- 思考与练习 2 ... 71

第3章 注塑模结构设计 ... 73
- 3.1 模架设计 ... 74
  - 3.1.1 模架选取 ... 74
  - 3.1.2 模板开框设计 ... 75
  - **做做练练 11** ... 77
- 3.2 浇注系统设计 ... 81
  - 3.2.1 定位环设计 ... 81
  - 3.2.2 浇口套设计 ... 82
  - **做做练练 12** ... 83
  - 3.2.3 分流道设计 ... 85
  - 3.2.4 浇口设计 ... 86
  - **做做练练 13** ... 88

3.3 推出机构设计 ·············· 91
 3.3.1 顶杆及拉料杆设计 ········ 91
 3.3.2 推管设计及顶杆后处理 ···· 93
 3.3.3 推管芯子固定设计 ········ 93
 做做练练 14 ················· 93
 3.3.4 推出机构的导向与复位 ···· 98
 做做练练 15 ················· 99
3.4 滑块和斜顶设计 ············ 101
 3.4.1 滑块与斜顶体设计 ········ 101
 3.4.2 滑块与斜顶头设计 ········ 102
 做做练练 16 ················· 102
3.5 冷却系统设计 ··············· 104
 3.5.1 动模和定模水路水管设计 ··· 105
 3.5.2 动模和定模水路标准件设计 ··· 106
 3.5.3 水路系统后处理 ·········· 107
 做做练练 17 ················· 107
思考与练习 3 ····················· 113

下篇 实践篇

第 4 章 典型二板模：导流罩注塑模的设计 ············· 115
4.1 导流罩注塑模项目目标 ······ 116
 4.1.1 开模塑件分析 ············ 116
 4.1.2 模具结构分析 ············ 118
4.2 导流罩注塑模型腔设计 ······ 119
 4.2.1 设计准备 ················· 119
 4.2.2 检查区域 ················· 120
 4.2.3 修补破孔 ················· 122
 4.2.4 设计分型面 ············· 122
 4.2.5 定义型芯和型腔 ········· 124
 4.2.6 动模镶件设计 ············ 125
 4.2.7 制作镶件挂台 ············ 127
 4.2.8 制作型芯板（推件板）挂台··· 129
4.3 导流罩模具结构设计 ········ 130
 4.3.1 模架设计 ················· 130
 4.3.2 浇注系统设计 ············ 132
 4.3.3 冷却系统设计 ············ 136
 4.3.4 推出机构设计 ············ 139
 4.3.5 型芯垫板设计 ············ 141
 4.3.6 安装推件板、型腔 ········ 141
 4.3.7 虎口设计 ················· 143
 4.3.8 模具后处理 ············· 145
思考与练习 4 ····················· 146

第 5 章 镶件、斜顶二板模：保护盖注塑模的设计 ·········· 147
5.1 保护盖注塑模项目目标 ······ 148
 5.1.1 开模塑件分析 ············ 148
 5.1.2 模具结构分析 ············ 149
5.2 保护盖注塑模型腔设计 ······ 151
 5.2.1 设计准备 ················· 151
 5.2.2 定义型芯、型腔区域 ····· 152
 5.2.3 创建分型面 ············· 153
 5.2.4 定义型腔和型芯 ········· 158
 5.2.5 模具定位系统设计 ········ 158
 5.2.6 模具型腔布局 ············ 160
5.3 保护盖模具结构设计 ········ 161
 5.3.1 调用模架 ················· 161
 5.3.2 浇注系统设计 ············ 163
 5.3.3 冷却系统设计 ············ 166
 5.3.4 斜顶设计 ················· 167
 5.3.5 推出机构设计 ············ 170
 5.3.6 模具后处理 ············· 172
思考与练习 5 ····················· 173

第 6 章 滑块三板模：外观件注塑模的设计 ············· 175
6.1 外观件注塑模项目目标 ······ 176
 6.1.1 开模塑件分析 ············ 176
 6.1.2 模具结构分析 ············ 178
6.2 外观件注塑模型腔设计 ······ 179
 6.2.1 设计准备 ················· 179
 6.2.2 检查区域 ················· 180
 6.2.3 修补破孔 ················· 181
 6.2.4 设计分型面 ············· 183
 6.2.5 定义型腔和型芯 ········· 185
 6.2.6 动、定模镶件设计 ········ 186

6.2.7 左、右滑块设计 …………… 187
　　6.2.8 模具定位系统设计 ………… 188
　　6.2.9 模具型腔布局 ……………… 189
6.3 外观件注塑模结构设计 …………… 190
　　6.3.1 调用模架 …………………… 190
　　6.3.2 浇注系统设计 ……………… 191
　　6.3.3 冷却系统设计 ……………… 193
　　6.3.4 侧滑块机构设计 …………… 194
　　6.3.5 分型机构设计 ……………… 197
　　6.3.6 推出机构设计 ……………… 199
　　6.3.7 复位机构设计 ……………… 202
思考与练习 6 …………………………… 203

上篇 知识篇

第 1 章 注塑模设计基础

模具是人类社会发展到一定阶段所产生的生产工具,用模具成型与用别的方法成型相比具有效率高、质量好、原材料利用率高、加工成本低、操作简单等优点。当前无论是金属制品还是非金属制品,甚至是以高分子材料为基础的各种塑件都广泛地采用各种模具来成型。

本章主要讲述注塑模设计的一些基本常识性知识,以及进行注塑模设计时所涉及的计算方法,以便在模具设计时进行查阅和应用。

知识要点

- 注塑模结构及工作原理
- 注塑模侧向分型机构设计
- 注塑模架选用及计算方法
- UG NX 10.0 模具设计概述

1.1 注塑模结构组成

1.1.1 注塑模分类

注塑模的分类方法很多，按其所用注塑机的类型可分为卧式注塑机用的模具、立式注塑机用的模具和角式注塑机用的模具；按注射成型工艺特点可分为单型腔注塑模、多型腔注塑模、普通流道注塑模、热流道注塑模、热塑性塑料注塑模、热固性塑料注塑模、低发泡注塑模和精密注塑模等；按注塑模总体结构特征可分为单分型面注塑模、双分型面注塑模、斜导柱（弯销、斜导槽、斜滑块、齿轮齿条）侧向分型与抽芯注塑模、带活动镶件的注塑模、带推出装置的定模注塑模和自动卸螺纹注塑模等。

1.1.2 注塑模结构

注塑模的结构是由塑料制件的复杂程度和注塑机的形式等因素决定的。注塑模可分为动模和定模两大部分，定模安装在注塑机的固定模板上，动模安装在注塑机的移动模板上。注射时，动模与定模闭合构成浇注系统和型腔；开模时，动模与定模分离，从而可以取出塑料制件。

根据模具上各部分所起的作用，塑料注塑模由以下几个部分组成。

1. 成型部分

成型部分通常由成型零件组成，成型零件是指与塑料制件直接接触、成型塑料制件内表面和外表面的模具零件，它由凸模（型芯）、凹模（型腔）、塑件、型芯镶块构成，如图 1-1 所示。

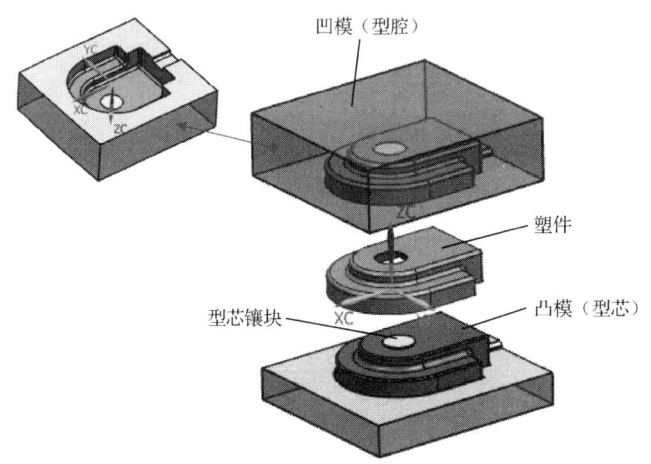

图 1-1 模具成型部分的组成

2. 浇注系统

浇注系统是塑料熔融物从注塑机喷嘴流入模具型腔的通道。普通的浇注系统由主流道、分流道、浇口和凝料穴四部分组成，图 1-2 所示为浇注系统结构示意图。主流道是塑料熔融物从注塑机进入模具的通道，浇口是塑料熔融物进入模具型腔的入口，分流道则是

主流道和浇口之间的通道。辅助浇注的结构件有定位圈、浇口套、拉料杆等。

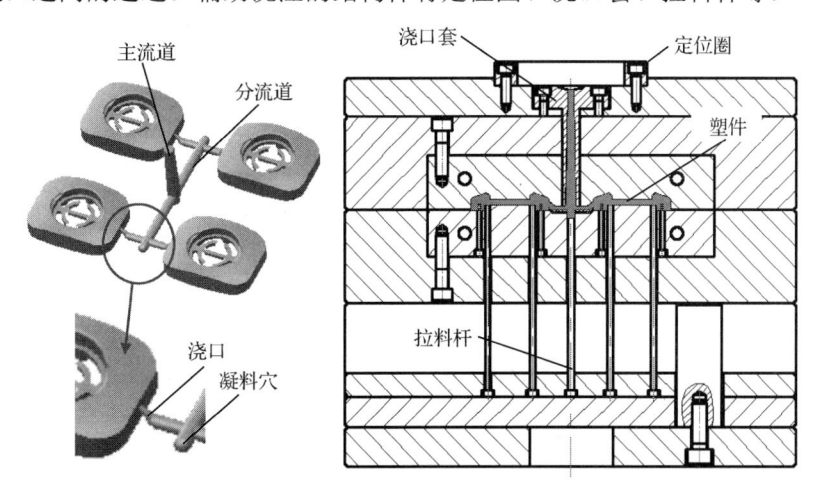

图 1-2　浇注系统结构示意图

3. 冷却系统

在塑件注塑成型的过程中，模具温度直接影响着塑件成品的质量和生产率，冷却系统是注塑工艺中最重要的组成系统之一。冷却系统有两用性，即加热与冷却。组成冷却系统的零件一般有堵头、密封圈和接头等，图 1-3 所示为冷却系统结构示意图。

4. 推出系统

将塑件推出（顶出）是塑件脱离型腔的最后环节，推出系统的设计是否合理将直接影响塑件的质量，如果设计不好，塑件可能产生顶裂或顶空等不良现象。推出系统由多种结构件组成，如普通圆顶针、扁顶针、套筒顶针等（见图 1-4）。通常情况下，顶出零件都以组合的形式同时出现在同一套模具中。

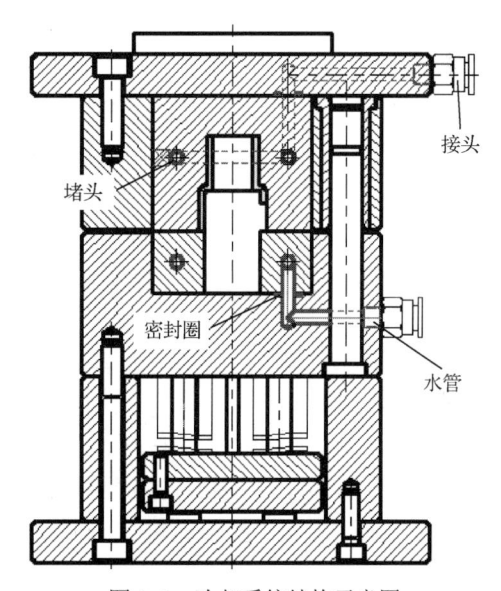

图 1-3　冷却系统结构示意图

普通顶针分为有托顶针、普通圆顶针等四种。有托顶针常用于顶出行程较长且顶出面积较小的塑件，一般在 3 mm 以下时常用；普通圆顶针普遍用于各种注塑模；套筒顶针专用于小型芯（BOSS 柱）孔周围顶出；扁顶针常用于塑件不宜采用圆顶针且肋位较深的模具，通常需要定做且费用较高；套筒顶针是一种空心推杆，它适用于环形、筒形塑件或带有孔的部分的塑件的推出。顶针的各种形式如图 1-5 所示。

5. 排气系统

排气系统常用于塑件特征较深的部位与盖类模具的凹模分型面上，通常解决型腔填充不足的问题。如果排气系统设计不合理，塑件可能出现气泡或缺胶等现象。排气的方法很多，如利用镶件、镶块排气，也可利用顶针及分型面排气。

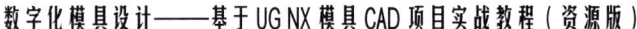

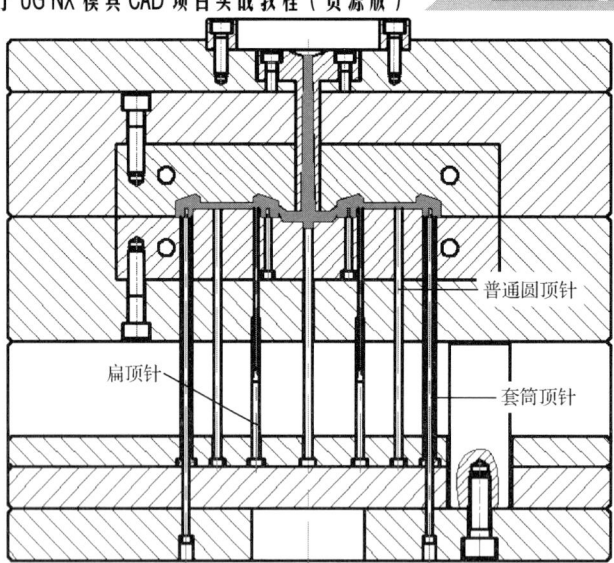

图1-4 推出系统结构件

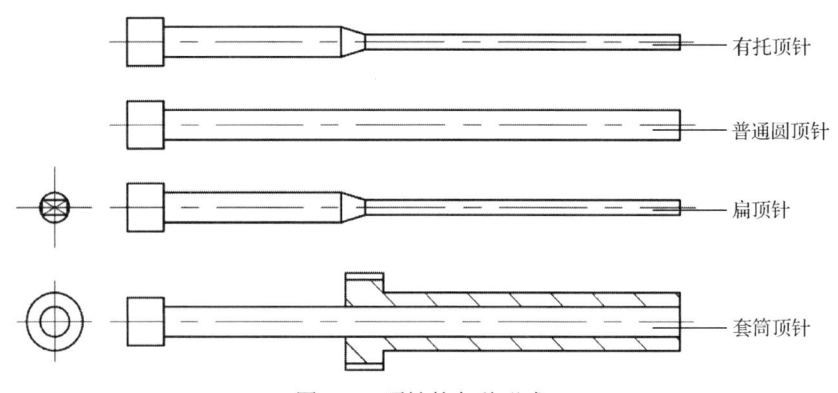

图1-5 顶针的各种形式

（1）排气的注意事项：不同材质的塑料，排气槽的深度与宽度尺寸不同；塑件肋部较深处需加排气，流道的末端需加排气；塑件进塑料熔融物侧面、对面或塑料熔融物流动最快的位置需加排气，一般开在凹模侧；加工排气槽时尽可能用铣削加工，不采用磨削加工。

（2）排气的形式：镶件排气，镶件除加工容易外，本身还会起到排气的作用，通常在镶件前端开一条较窄的排气槽，如图1-6所示，后端的排气槽比前端深，一直通到镶件底部，以便气流顺利排出；分型面排气，分型面排气槽通常开在进料口的侧边或对侧，如图1-6所示，分型面排气槽的宽度和深度需根据注塑材料决定；顶针排气，即利用顶针的间隙进行排气。

6. 辅助机构

辅助机构可辅助模具完成模具本身无法完成的开模动作，如开模时用的拉杆，顶出机构在复位时所采用的弹簧与先复位机构；也可承受模具的外来力，如支撑柱等。

（1）弹簧：弹簧的作用是在推出机构已开始复位后迫使推出机构回到原位，在完全闭合前完成复位动作。弹簧复位装置如图1-7所示。对于弹簧复位装置，要经常检查弹簧的弹性，防止因弹簧失效而影响模具工作。

图 1-6　镶件排气

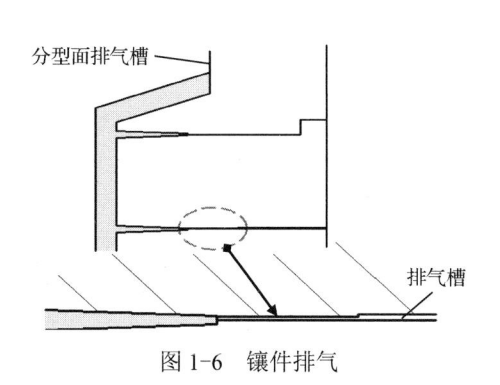

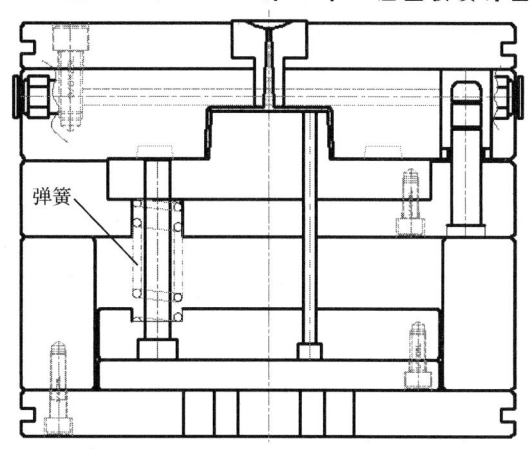

图 1-7　弹簧复位装置

（2）支撑柱：支撑柱的作用是防止模具在注塑过程中受到压力而变形。支撑柱一般装配在顶针板和顶针固定板之间，支撑柱应比方铁高 0.05～0.1 mm（见图 1-8）。

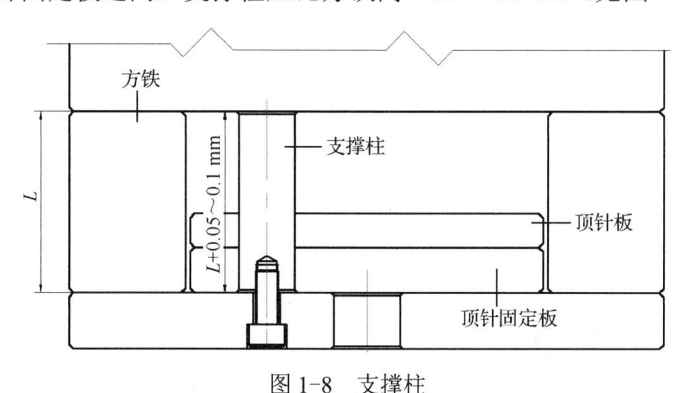

图 1-8　支撑柱

支撑柱与顶针、注塑机顶杆之间的距离最小为 3～4 mm。支撑柱在条件允许的情况下尽量取大，并布置在制件的正投影面积中。

> **行家指点：**
> 支撑柱不应与顶针、注塑机顶杆有干涉，模具在试模后可能要多添加几支顶针，因此放置支撑柱时应注意，在可能添加顶针的位置不能有支撑柱，即不要在产品的边沿放置支撑柱。

顶针板导柱：当模具中有小于 2 mm 的细长顶针或扁顶针，而模架大于 350 mm×350 mm 时，需在模具中添加顶针板导柱，顶针板导柱的直径与复位杆直径相同。顶针板导柱如图 1-9 所示。

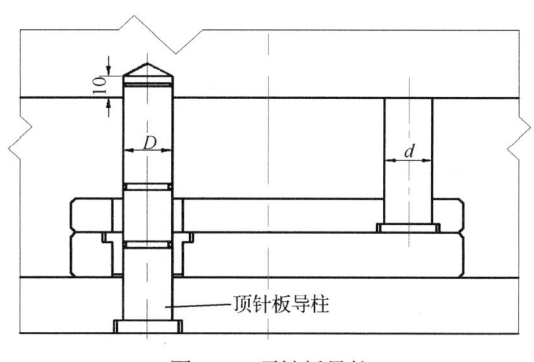

图 1-9　顶针板导柱

> **行家指点：**
> 1. 当浇口衬套偏离模具中心 25 mm 以上时，必须加顶针板导柱。
> 2. 使用顶针板导柱时，必须配置相应的铜质导套。
> 3. 顶针板导柱伸入 B 板或托板的深度以约 10 mm 为宜。

先复位机构：在塑件顶出后，为防止顶出机构没有快速回位而侧抽机构先复位的情况发生，必须设计先复位机构。如滑块下侧有顶针时，顶针没有回位，而滑块开始回位时，滑块有可能会直接撞击顶针，导致滑块与顶针受损，为了避免这种情况发生，在模具上必须安装先复位机构，其原理是在合模时，楔形杆推动摆杆使其摆动，摆杆带动顶针固定板上的顶针快速复位。图 1-10 所示为摆杆式先复位机构。先复位的机构形式很多，设计者可视情况而定。

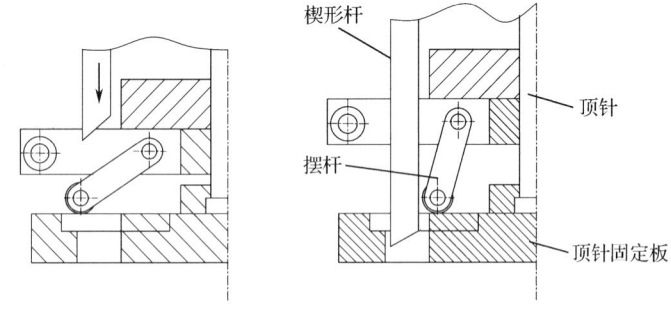

图 1-10 摆杆式先复位机构

1.2 注塑模典型结构

1.2.1 单分型面注塑模

单分型面注塑模也称二板模（2P 模），它是注塑模中最简单的一种结构形式。这种模具只有一个分型面。单分型面注塑模根据需要，既可以设计成单型腔注塑模，也可设计成多型腔注塑模，应用非常广泛。

1. 二板模开模原理

图 1-11 所示为二板模的开模状态。二板模只有一个分型面，模具开模后，即可直接将塑件顶出。

二板模开模原理如下。

（1）从整个模具安装位置讲，模具安装在注塑机中，模具的定模侧为不可动侧（注塑机喷嘴侧），动模侧为可动侧（注塑机后座侧）。模具开模时，注塑机利用本身的液压机构带动模具动模侧移动，模具开始分型。

（2）模具动模侧移动一定的距离后将停止开模动作，注塑机的顶针开始顶出。

（3）注塑机的顶针接触到顶针板后继续顶出，顶针板将带动顶针固定板向定模侧移动。

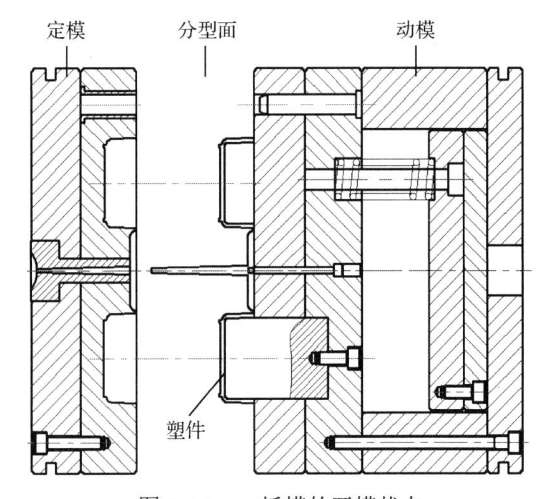

图 1-11 二板模的开模状态

（4）顶针固定板将带动固定在顶针固定板上的顶出机构向前移动，顶针推动塑件，塑件被顶出。

（5）顶出机构顶出一段距离后，塑件自动脱落。

（6）模具利用复位机构将顶针板与顶针固定板回位，以实现模具合模，准备下一个塑件的注塑生产。

2. 设计注意事项

（1）分型面上开设分流道，既可开设在动模一侧或定模一侧，也可开设在动、定模分型面的两侧，视塑件的具体形状而定。但如果开设在动、定模两侧的分型面上，必须注意合模时的对中拼合。

（2）由于推出机构一般设置在动模一侧，所以应尽量使塑件在分型后留在动模一边，以便于推出，此外还要考虑塑件对凸模或型芯的包紧力。塑件注射成型后对凸模或型芯包紧力的大小往往用凸模或型芯被包络的侧面积来衡量，一般将包紧力大的凸模或型芯设置在动模一侧，包紧力小的凸模或型芯设置在定模一侧。

（3）为了让主流道凝料在分型时留在动模一侧，动模一侧必须设有拉料杆。拉料杆有"Z"字形、球形等，使用"Z"字形拉料杆时，拉料杆应固定在推杆固定板上；使用球形拉料杆时，拉料杆应固定在动模板上，而且球形拉料杆仅用于具有推件板推出机构的模具。

（4）推杆的复位有多种方法，如弹簧复位或复位杆复位等，常用的是复位杆复位。

单分型面的注塑模是一种最基本的注塑模结构。根据具体塑件的实际设计要求，单分型面的注塑模也可以增添其他的部件，如嵌件、螺纹型芯或活动型芯等，因此在这种基本形式的基础上，就可以演变出其他各种复杂的结构。

1.2.2 双分型面注塑模

双分型面注塑模有两个分型面，即 PL2 和 PL3，PL1 是卸料板，有些结构的模具没有。双分型面注塑模的工作原理如图 1-12 所示。与单分型面注塑模比较，双分型面注塑模在定模部分增加了一块可以局部移动的中间板，所以也叫三板（动模板、中间板、定模板）模（3P 模）。双分型面注塑模常用于点浇口进料的单型腔或多型腔的注塑模。开模时，中间板在定模的导柱上与定模板作定距离分离，以便在这两模板之间取出浇注系统凝料。

1. 三板模开模原理

三板模的开模原理与二板模开模原理相似，且三板模的分型面比二板模分型面多，三板模通常有 2 个分型面。三板模的开模动作比二板模开模动作多，原因是三板模必须将定模侧的水口料（浇注系统凝料）取出，图 1-12 为三板模的合模状态，$A-A$、$B-B$ 标识为模具依次分型位置。

三板模开模后的水口料可自动脱落，容易实现自动化生产。以第三个分型面为界（图 1-12 中的 $A-A$），主流道侧为定模侧，反之为动模侧。

三板模开模原理：

（1）模具开模时，注塑机利用本身的液压机构带动动模侧移动，$B-B$ 开始分型（脱料板定模板间）。

（2）拉料针将定模板中的凝料（水口料）拉出，使塑件与浇口分离，移动一定距离后，受拉杆的限制，第一分型面将完全分开。

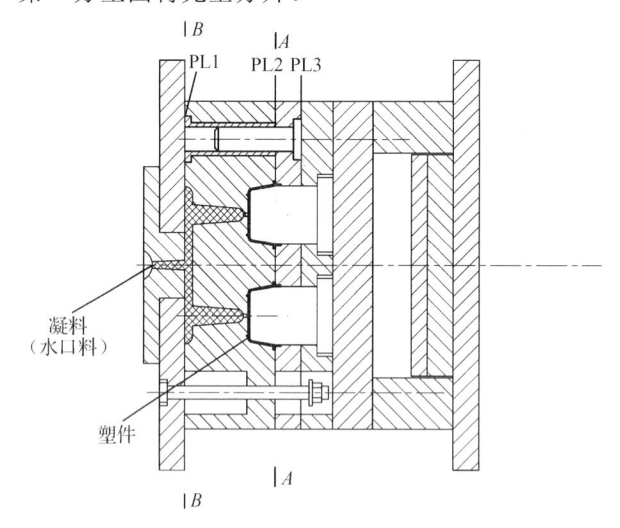

图1-12 双分型面注塑模的工作原理

（3）装配在动模部分的拉力零件（如开闭器）将带动定模板移动，而定模板再带动脱料板移动，以实现第二次分型（定模板与脱料板之间）。

（4）受限位螺钉的限制，模具完成第二次分型，脱料板将凝料（水口料）推出，水口料将自动脱落。

（5）模具继续开模，受注塑机的分模力作用，模具开始在第三分型面分型，装配在动模部分的拉力零件（如开闭器）将与定模板分开，以完成第三次分型。

（6）全部分型面分开后，模具开始顶出塑件，注塑机的顶杆接触到顶针板后继续顶出，顶针板将带动顶针固定板向定模侧移动。

（7）顶针固定板将带动固定在顶针固定板上的顶针移动，开始顶出塑件。

（8）顶出机构顶出一段距离后，塑件将自动脱落。

（9）模具利用复位机构将顶针板与顶针固定板复位，以实现模具合模，准备进行下一个塑件的注塑生产。

2. 设计注意事项

（1）双分型面注塑模使用的浇口一般为点浇口，截面积较小，通道直径只有0.5～1.5 mm。浇口过小，塑料熔融料流动阻力太大，浇口也不易加工；浇口过大，则浇口不容易自动拉断，且拉断后会影响塑件的表面质量。

（2）分型面2（PL2）的分型距离应保证浇注系统凝料能顺利取出，一般PL2分型距离为：

$$s = s' + （3～5） \text{mm}$$

式中，s为PL2分型面的分型距离；s'为浇注系统凝料在合模方向上的长度。

（3）在一般的注塑模中，动模与定模之间的导柱既可设置在动模一侧，也可设置在定模一侧，视具体情况而定，通常设置在型芯凸出分型面最长的那一侧。而双分型面注塑模为了中间板在工作过程中的导向和支承，在定模一侧一定要设置导柱，如该导柱同时对动

模部分导向,则导柱导向部分的长度应按下式计算:

$$L \geq S+H+h+(8\sim10) \text{ mm}$$

式中,L 为导柱导向部分长度;S 为 PL2 分型面分型距离;H 为中间板厚度;h 为型芯凸出分型面距离。

如果定模部分的导柱仅对中间板支承和导向,则动模部分还应设置导柱,用于对中间板的导向,这样动模与定模部分才能合模导向。如果动模部分是推件板脱模,则动模部分一定要设置导柱,用来对推件板进行支承和导向。在上述几种情况下,导柱导向部分的长度必须正确设计。

双分型面注塑模两次分型的方法较多,图 1-13 所示为双分型面弹簧定距注塑模。双分型面弹簧定距注塑方法适用于一些中小型的模具。两次分型机构中的弹簧应布置 4 个,弹簧的两端应并紧且磨平,弹簧的高度应一致,并尽可能对称布置于 A-A 分型面上模板的四周,以保证分型时中间板受到的弹力均匀,移动时不被卡死。定距拉板一般采用 2 块,对称布置于模具两侧。

其他形式的两次分型的双分型面注塑模还有很多形式,如定距拉杆式、定距导柱式等。

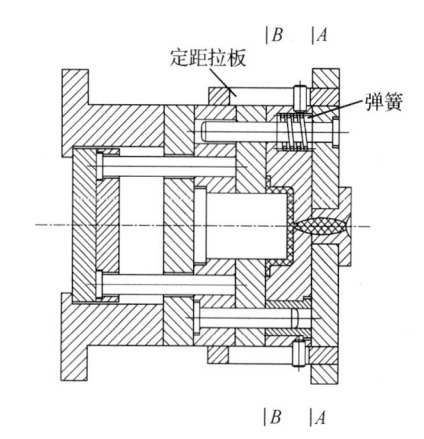

图 1-13 双分型面弹簧定距注塑模

1.3 注塑模与注塑机的关系

1.3.1 模具与注塑机安装

1. 喷嘴尺寸

设计模具时,主流道始端的球面半径必须比注塑机喷嘴头部球面半径略大一些,如图 1-14 所示,即 R 比 r 大 1~2 mm;主流道小端直径要比喷嘴直径略大,即 D 比 d 大 0.5~1 mm,如图 1-14 所示,为防止主流道口处积存凝料而影响脱模,角式注塑机喷嘴多为平面,模具的相应接触处也是平面。

2. 定位圈尺寸

为了使模具主流道的中心线与注塑机喷嘴的中心线重合,模具定模板上凸出的定位圈应与注塑机固定模板上的定位孔呈较松动的间隙配合。一般常用国产注塑机定位圈的尺寸是固定的,可以选用合适的定位圈。常用国产注塑机定位圈尺寸如表 1-1 所示。

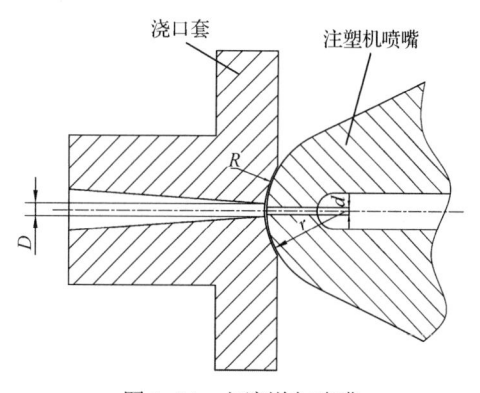

图 1-14 主流道与喷嘴

表 1-1 常用国产注塑机定位圈尺寸

注塑机型号	XS-ZS-22	XS-ZS-30	XS-ZS-60	XS-ZY-125	G54-S 200/400	XS-ZY-125	XS-ZY-125	XS-ZY-125
定位圈尺寸	$\phi 63.5$	$\phi 63.5$	$\phi 55$	$\phi 100$	$\phi 125$	$\phi 150$	$\phi 150$	$\phi 300$

3. 最大、最小模厚

在设计模具时，应使模具的总厚度位于注塑机可安装模具的最大模厚与最小模厚之间。同时应注意模具的外形尺寸，使得模具能从注塑机的拉杆之间装入。

1.3.2 开模行程计算

注塑机的开模行程是有限制的，塑件从模具中取出时所需要的开模距离必须小于注塑机的最大开模距离，否则塑件无法从模具中取出。由于注塑机的锁模机构不同，开模行程可按下面三种情况计算。

1. 注塑机的最大开模行程与模具厚度无关

当注塑机采用液压和机械联合作用的锁模机构时，最大开模行程由连杆机构的最大行程所决定，并不受模具厚度的影响。对于如图 1-15 所示的单分型面注塑模，其开模行程可按下式计算：

$$S' \geqslant H_1 + H_2 + (5 \sim 10) \text{ mm}$$

式中，S' 为注塑机最大开模行程；H_1 为推出距离（脱模距离）；H_2 为包括浇注系统在内的塑件高度。

双分型面注塑模开模行程如图 1-16 所示，为了保证开模后既能取出塑件又能取出流道内的凝料，对于双分型面注塑模，需要在开模距离中增加定模板与中间板之间的分开距离 a。a 的大小应保证可以方便地取出流道内的凝料，此时

$$S' \geqslant H_1 + H_2 + a + (5 \sim 10) \text{ mm}$$

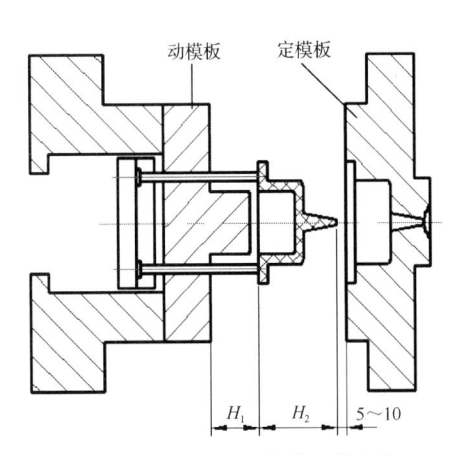

图 1-15 单分型面注塑模开模行程 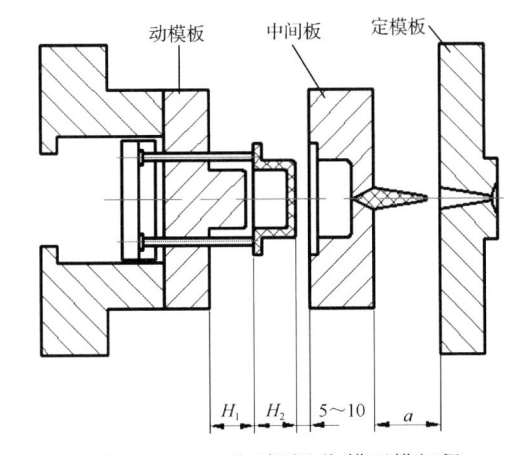   图 1-16 双分型面注塑模开模行程

2. 注塑机最大开模行程与模具厚度有关

对于全液压式锁模机构或丝杆开模锁模机构的注塑机，其最大开模行程受模具厚度的限制。此时最大开模行程等于注塑机动模板与定模板之间的最大开模行程 S' 减去模具厚度 H_m。

对于单分型面注塑模,计算公式为:

$$S'-H_m \geq H_1+H_2+(5\sim10)\text{ mm}$$

对于双分型面注塑模,计算公式为:

$$S'-H_m \geq H_1+H_2+a+(5\sim10)\text{ mm}$$

3. 具有侧向抽芯的最大开模行程

当模具需要利用开模动作完成侧向抽芯时,开模行程的计算应考虑侧向抽芯所需的开模行程。带侧抽芯的开模行程如图 1-17 所示。假设完成侧向抽芯所需的开模行程为 H_c,当 $H_c \leq H_1+H_2$ 时,H_c 对开模行程没有影响,仍用上述各公式进行计算。当 $H_c > H_1+H_2$ 时,可用 H_c 代替前述计算公式中的 H_1+H_2 计算。

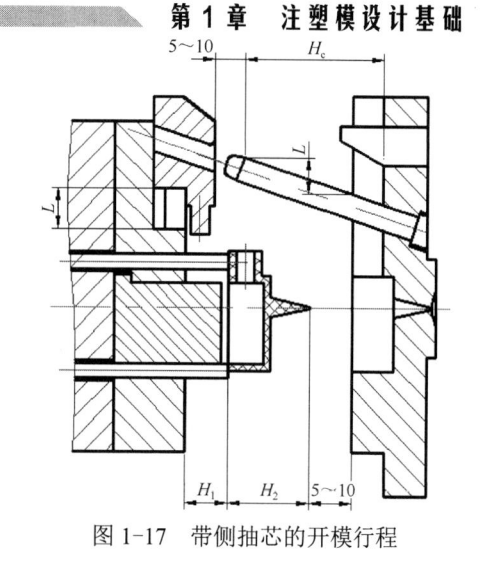

图 1-17 带侧抽芯的开模行程

1.4 模架

1.4.1 模架类型

模架是成型模具的工艺装备,模架结构主要由定模座板、A 板、推板、B 板、托板、垫块、导柱、导套、顶针固定板、顶针板和动模座板组成。

常见的模架形式有 3 种,分别为大水口模架、细水口模架和简化型细水口模架。大水口模架通常称为二板模,细水口模架称为三板模。其中,每一种模架又包括多种类型。

1. 大水口模架

大水口模架结构图如图 1-18 所示。
模架标记示例:

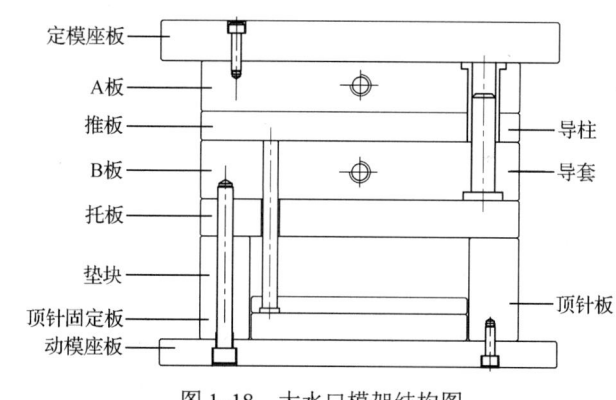

图 1-18 大水口模架结构图

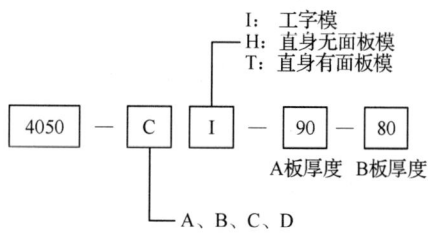

```
                I:工字模
              H:直身无面板模
              T:直身有面板模

4050 — C  I — 90 — 80
                  A板厚度  B板厚度

        A、B、C、D
```

大水口模架包括 3 种类型,分别为工字模(AI、BI、CI、DI)、直身无面板模(AH、BH、CH、DH)、直身有面板模(AT、BT、CT、DT)。

1)工字模

工字模与其他同类模架最大的区别在于动模座板和定模座板宽度方向尺寸大于 A、B 板

尺寸，如图1-19所示。

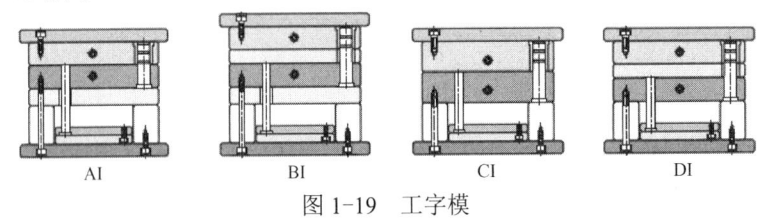

AI　　　BI　　　CI　　　DI

图1-19　工字模

2）直身无面板模

直身无面板模没有定模座板，如图1-20所示。

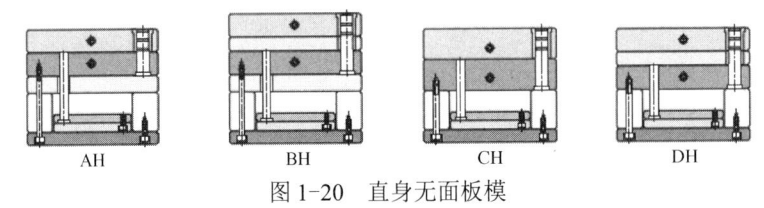

AH　　　BH　　　CH　　　DH

图1-20　直身无面板模

3）直身有面板模

直身有面板模最大的特点在于动模座板和定模座板尺寸大小与A、B板相同，其示意图如图1-21所示。

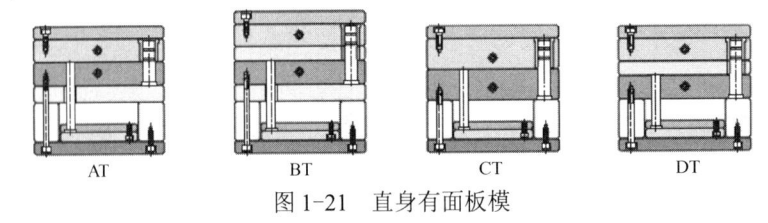

AT　　　BT　　　CT　　　DT

图1-21　直身有面板模

直身模常用于模具尺寸大、安装有特殊要求的情况，在实际的模具加工过程中，工字模比较方便固定在注塑机上。

2. 细水口模架

细水口模架结构示意图如图1-22所示。

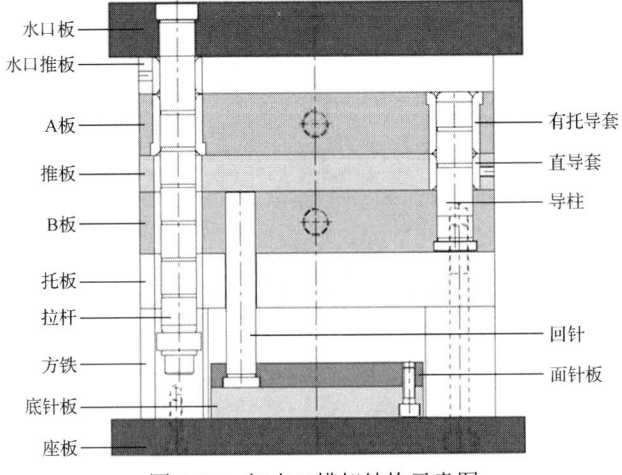

图1-22　细水口模架结构示意图

模架标记示例：

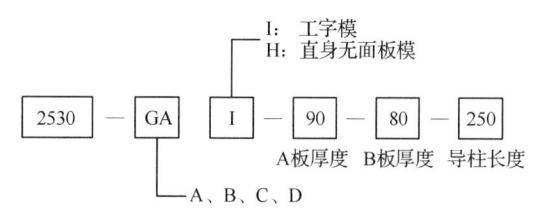

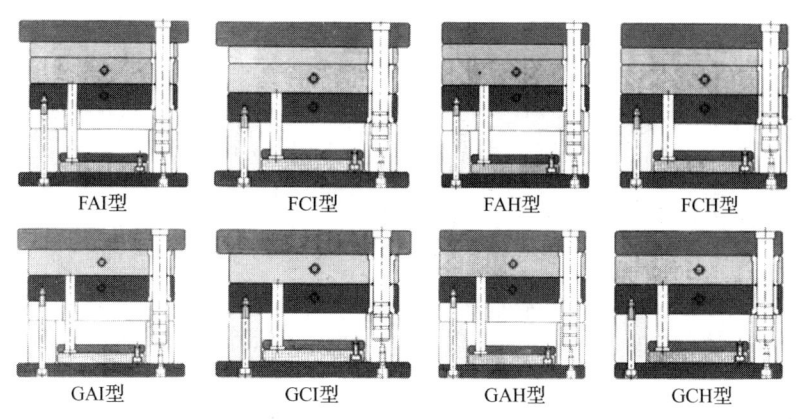

```
2530 — GA  I — 90 — 80 — 250
         │  │   │    │    │
         │  │   A板厚度 B板厚度 导柱长度
         │  └─ I：工字模
         │     H：直身无面板模
         └─ A、B、C、D
```

3. 简化型细水口模架

简化型细水口模架结构示意图如图 1-23 所示。

FAI型　　FCI型　　FAH型　　FCH型

GAI型　　GCI型　　GAH型　　GCH型

图 1-23　简化型细水口模架结构示意图

> **行家指点：**
> （1）细水口模架与大水口模架的最大区别在于，细水口模架有 4 支导套与导柱固定在定模侧；
> （2）细水口模架与简化型细水口模架的最大区别在于，细水口模架的动模部分有 4 支导柱和导套，并且导柱末端有限位装置。

1.4.2　二板模与三板模比较

根据二板模与三板模的特性，二板模与三板模最大的区别在于两者的分型次数。

1. 二板模的主要特性

（1）结构简单可靠，装配容易，模具寿命长。
（2）成型周期短，效率高，适用于各种浇口形式。
（3）模具成本低，浇口位置受到制件的限制，不容易实现自动化，有明显的浇口痕迹。

2. 三板模的主要特性

（1）结构复杂，不容易装配，精度高，容易出现故障，模具寿命短。
（2）加工困难，进浇位置容易调整，容易成型。
（3）容易实现自动化生产，无明显的浇口痕迹，无须手工去除制件上的浇口料。
（4）模具成本高，成型周期长，浇注系统废料多。

3. 外观和结构方面比较

1）外观

二板模与三板模外观最大的区别在于三板模定模固定板与定模板之间多了一块脱料板。

2）结构

关于模具结构，二板模中只有4支导柱和导套，而三板模除了动模板侧有导柱外，定模板侧也有4支长拉杆，以及小拉杆、扣针和开闭器等相关装置，这些装置将用于控制模具开模顺序和开模行程。

1.4.3 模架的选取方法

模架的选取方法是一名模具设计师必须要掌握和熟知的，模架大小的选取是否合理将直接影响模具质量。例如，如果制件需要通过细水口模架才能满足模具设计的所有需求，而设计者在选取模架时却选购了二板模，则将导致无法顺利开模。模架在实际中的选取一般依据模具设计师的工作经验及工厂标准。

1. 模架选取的基本准则

选取模架时应从塑件结构、模具分型要求和经济成本等多个方面考虑，模架选取条件如表1-2所示。

表1-2 模架选取条件

模架类型	选取条件
大水口模架	制件结构简单、外观要求不是很严格、允许侧边有浇口痕迹，无其他特殊结构。 能用大水口模架时不用细水口模架，大水口模架用于一次分型的模具
细水口模架	单型腔和成型制件在分型面上的投影面积较大、要求多点进胶时常用细水口模架。 一模多腔，其中有个别制件必须点进胶或中心进胶。 一模多腔，个别型腔大小悬殊较大，用大水口时浇口衬套要偏离模具中心。 齿轮模，多型腔的轮胎吹气模等。 高度尺寸大的桶形、壳形或盒形制品。 制品精度高、尺寸公差范围小、寿命要求高的模具应用细水口模架
简化型细水口模架	两侧有较大的侧抽机构（滑块、油缸），用细水口模架时间很长，此时可以用简化型细水口模架。 定模板侧有滑块的大水口模具常用简化细水口模架中的GAI和GCI两个系列

行家指点：

（1）当模胚整体尺寸在 250 mm（包括 250 mm）以下时，用工字模模架。模架在 250～350 mm 时，用直身有面板模（T型）。模架在 400 mm 以上并且有滑块时用直身有面板模（T型），没有滑块时用直身无面板模（H型）。

（2）当A板开框深度较深（一般大于 60 mm）时，可考虑开通框或选用无面板的模架；有滑块或定模滑块的模架，A板不应开通框，当A板开框深度较深（一般大于 60 mm）时，可考虑不用面板。

（3）有推板的模架一定不可以用定模导柱、动模导套。
（4）当模仁是圆形时，要选用有托板的模架。
（5）当有滑块或定模滑块时，导柱一定要先入 10～15 mm 到斜导柱才可以顶入滑块内，即当导柱特别长时，定模安装导柱，动模安装导套，以方便加长导柱。

2. 选取模架的计算方法

模架的形式确定后紧接着要确定模架的尺寸，模架的尺寸主要取决于模仁尺寸。模仁尺寸越大，模架相对也越大，两者之间成正比关系。

1）确定模仁宽度尺寸

模架的模仁宽度尺寸 E 应与顶针板宽度尺寸 B 相当，如图 1-24 所示。两者的差 C 应为 5～10 mm。

表 1-3 所示为模仁宽度尺寸 E 与顶针板宽度尺寸 B 的参考值。

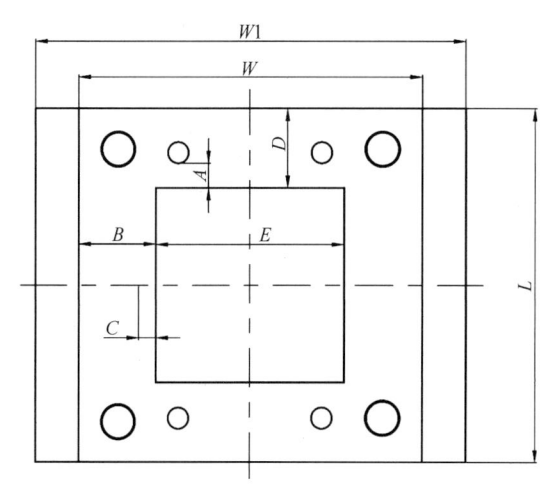

图 1-24　动模侧平面图

表 1-3　模仁宽度尺寸 E 与顶针板宽度尺寸 B 的参考值

模仁宽度尺寸 E（mm）	顶针板宽度尺寸 B（mm）
100～150	30～50
150～200	50～65
220～250	65～70
260～290	70～80
300～350	80～100

行家指点：

在标准模架中，模仁宽度与顶针板宽度呈对应关系。模仁宽度尺寸大于 300 mm 时，B 值应根据模具的结构在给定的范围值内适当加大。

2）确定模架长度尺寸

模仁长度边沿至复位杆外圆边之间的距离 A 应大于 10～15 mm，模架长度大于 40 mm 时 A 最好取 15 mm。

3）确定模架高度尺寸

模架高度尺寸主要指 A 板、B 板和方铁高度，其他模板之间的厚度都是标准的，选取或计算模架时无须进行调整。图 1-25 所示为模架高度尺寸。

A 板高度：有面板的模架一般等于 A 板开框深度加 20～30 mm；无面板的模架一般等于开框深度加 30～40 mm。

B 板高度：一般等于 B 板开框深度加 30～40 mm；如果动模开框，则需添加托板，托板高度尺寸已标准化，可直接选取。

C 板（方铁）高度：方铁高度需计算塑件顶出行程才能得出，必须能保证顺利顶出制件。一般等于塑件顶出行程加 10～15 mm 的预留间隙，不可以当顶针板顶到托板时才顶出制件。因此制件较高时，应加高方铁。

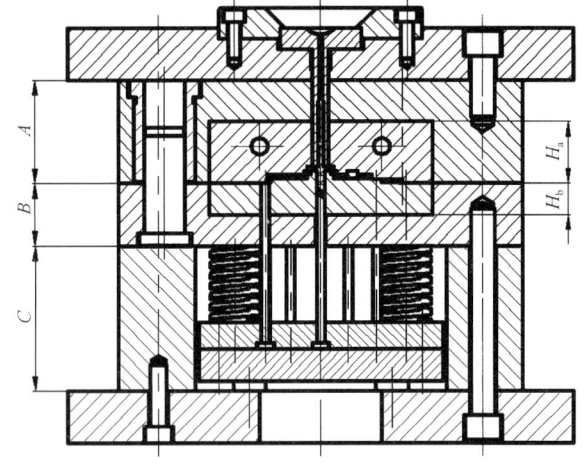

图 1-25 模架高度尺寸

> **行家指点：**
> （1）使用顶针板导柱时，必须配置相应的铜质导套，顶针板导柱的直径一般与标准模架的复位杆直径相同，但也取决于导柱的长度，导柱的长度以伸入托板或 B 板 10 mm 为宜。
> （2）A 板（B 板）要有 4 条 25.4 mm×450 mm 的撬模坑，撬模坑深度一般为 5 mm。

1.5 侧向分型机构

1.5.1 滑块设计

滑块是侧向分型机构中的一种分型方式，是最为常用的一种分型机构。

模具中的滑块形式有多种，根据滑块在模具中的使用特点及位置可分为斜导柱滑块和弯销（拨块）滑块等。

1. 斜导柱滑块

图 1-26 所示为常用的动模斜导柱滑块，模具在开模时，斜导柱与滑块产生相对运动趋势，使滑块沿着开模方向及水平方向进行移动，使之脱离抽芯区域。

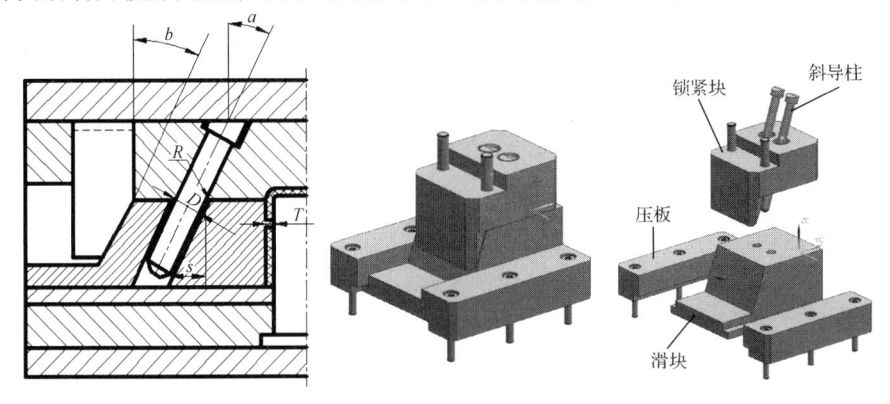

图 1-26 常用的动模斜导柱滑块

图 1-26 中斜导柱滑块的参数如表 1-4 所示。

表 1-4 斜导柱滑块的参数

参数	参数解释
a	导柱倾斜度 $a \leq 25°$，导柱倾斜度最小不能为 15°，角度越大滑块在开模过程中所得到的行程将越大
b	滑块锁紧块倾斜角度 $b=a+2°\sim3°$，作用是防止滑块受压力而产生位移，起定位作用
T	抽出距离
S	滑块水平移动安全距离 $S=T+2\sim3$ mm，S 值不能太大，太大容易导致斜导柱在合模时与滑块发生碰撞，太小则不能将滑块滑出抽芯区域
D	斜导柱直径
R	R 角的作用是使斜导柱与滑块在配合时能顺利入位，R 不能小于 1°

> **行家指点：**
> 斜导柱滑块是模具侧向分型机构中十分常见的一种侧向分型机构，斜导柱加工简单，结构强度大，当滑块尺寸较大时，为了保证滑块在开模时有足够的力将其向水平方向移动，滑块上应设计两个斜导柱。斜导柱的直径大小同样应根据滑块尺寸大小来确定，直径最小应大于 6 mm，太小则斜导柱强度不足，容易变形。

2. 弯销滑块

图 1-27 所示是常用的弯销滑块，弯销滑块的动作原理与斜导柱滑块类似，模具在打开时，弯销与滑块产生相对运动趋势，拨动面带动滑块沿着开模方向及水平方向进行移动使之脱离抽芯区域。

图 1-27 中弯销滑块的参数如表 1-5 所示。

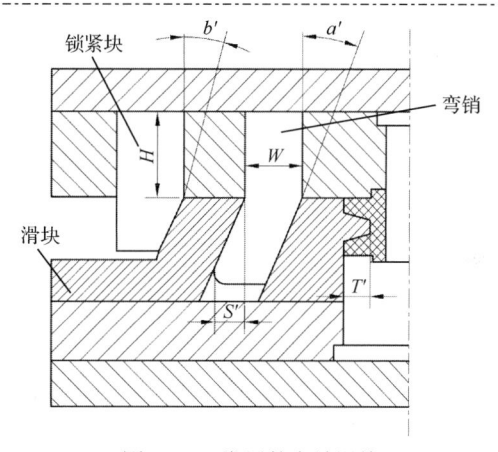

图 1-27 常用的弯销滑块

表 1-5 弯销滑块的参数

参数	参数解释
a'、b'	弯销倾斜角度，弯销角度大小为 $a'=b' \leq 25°$，根据经验，弯销倾斜角度最小不能为 15°，倾斜角度小所需要的锁紧力相对较小
T'	侧抽距离
S'	滑块水平移动安全距离，$S'=T'+2\sim3$ mm
H	弯销与模板的配合高度，H 最小应大于 15 mm，$H=1.5W$
W	弯销宽度

> **行家指点:**
> （1）止动面与滑块之间不能有间隙，弯销滑块常用于模具位置非常紧张的情况下，此时滑块必须做得很小，采用这种方式最节省位置，同时也比较简单，弯销既起到了锁紧滑块的作用，又起到了引导的作用。
> （2）在设计弯销滑块时，弯销的止动面与拨动面角度必须一致，滑块角度和倾斜角尽可能小，从而减小滑块和弯销之间所受的力，滑块的斜槽应设计 R 角，以方便弯销插入及增加强度，此种滑块结构限制了滑块的行程大小，适用于倒扣尺寸较小的情况。

3．滑块定位

滑块完成抽芯运动后，应留在指定的位置，以保证滑块能顺利复位，因此滑块机构应安装定位装置。图 1-28（a）和（b）所示为螺钉定位，适用于中小型滑块；图 1-28（c）所示为弹簧销定位，适用于较小型滑块；图 1-28（d）所示为弹簧、螺钉和挡板定位，适用于比较大的滑块；图 1-28（e）所示为挡板定位。

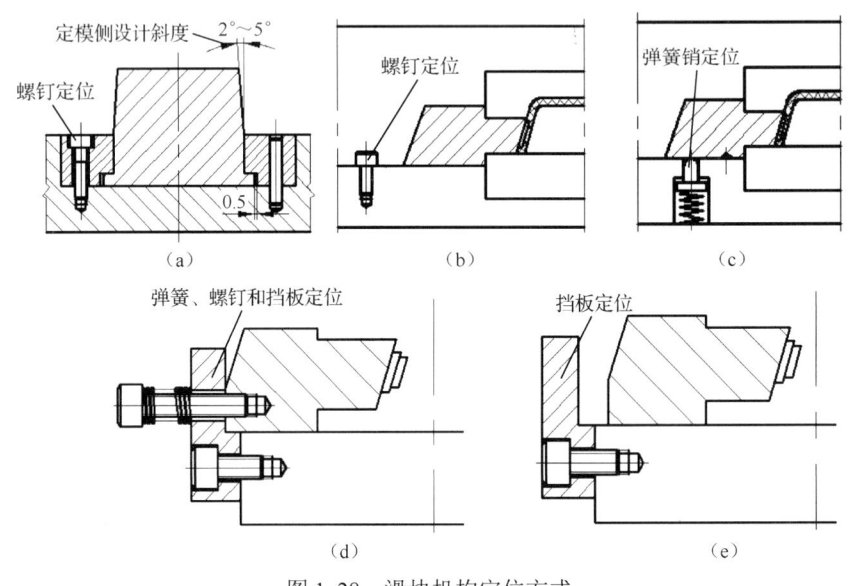

图 1-28 滑块机构定位方式

1.5.2 斜销设计

与滑块机构一样，斜销也是侧向分型机构中常用的一种机构，由于斜销在模具中所占面积小，模具顶出时还可以起到顶针的作用，所以在模具中被广泛使用。

当制件内侧壁有凸凹特征时，除了使用滑块机构外，还可以使用斜销机构进行侧向分型。下面介绍几种常用斜销的形式和设计要点。

1．斜销的形式

1）T 字形导滑座斜销

图 1-29 所示为 T 字形导滑座斜销，斜销座采用 T 字形与斜销进行连接，中小型斜销结构常使用 T 字形导滑座斜销。

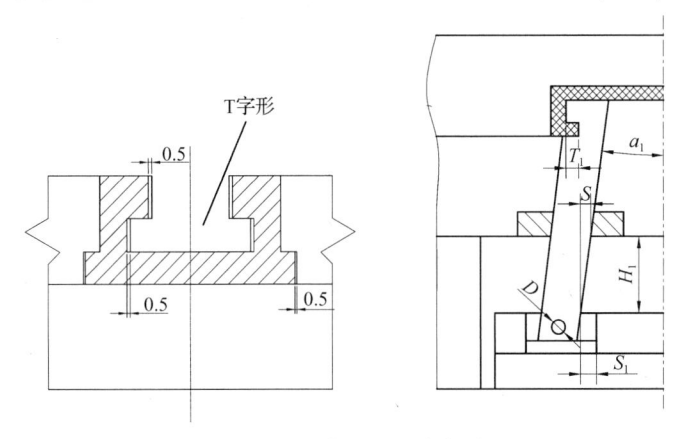

图 1-29 T 字形导滑座斜销

表 1-6 所示为斜销机构的参数。

表 1-6 斜销机构参数

参　数	参数解释
a_1	斜销倾斜角度 a_1 一般为 5°~20°，角度越大所得到的行程越大
T_1	倒扣距离
S	斜销在水平运动时的最大距离
S_1	S_1 的距离必须大于 S，$S_1=S+2$~3 mm
H_1	斜销长度最小应大于 5 mm，否则强度太小，刚度不足，容易发生变形。斜销导滑座与顶针板之间应留有 0.5 mm 的间隙，主要是为了使斜销导滑座能顺利运动，同时也便于模具装配

2）固定销导滑座斜销

固定销导滑座斜销的斜销导滑座与斜销通过固定销进行连接，常用于小型斜销结构中，如图 1-30 所示。

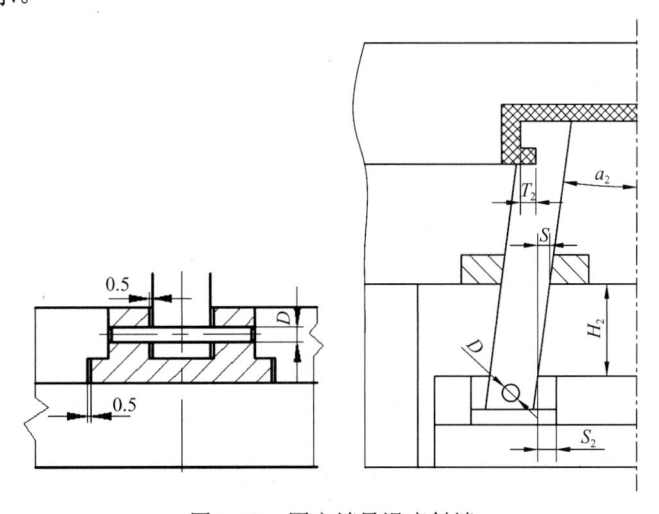

图 1-30 固定销导滑座斜销

3）两节式斜销

图 1-31 所示为两节式斜销机构，此种形式的结构常用于斜销细长或顶针板位置不足时，能够降低斜销的高度。

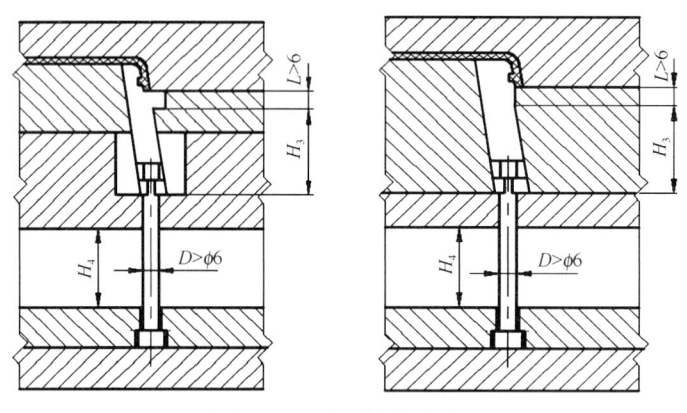

图 1-31 两节式斜销机构

2. 斜销设计要点

斜销设计是否合理将直接影响塑件的质量，斜销在运动过程中必须安全、可靠、稳定。

1）斜销的刚性

在结构允许的范围内应尽量增大斜销的横截面尺寸，如图 1-32 所示，图中 a_1'、b_1' 为横截面尺寸，b_1' 的尺寸尽量设计得大一些。同时，在满足抽芯的条件下，应将斜销倾斜角度 C 设计得小一些，避免斜销在侧向下压力的作用下发生变形。

2）斜销定位结构形式

为了保证斜销在合模后能复位到预定的位置，应在斜销上做定位结构。图 1-33 所示为常见的斜销定位结构形式。

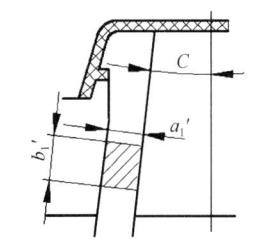

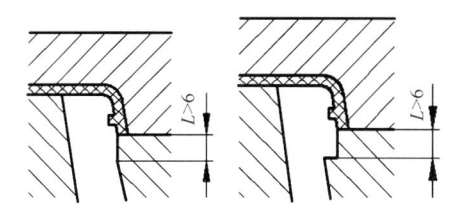

图 1-32 增大斜销横截面尺寸　　图 1-33 常见的斜销定位结构形式

3）斜销参数的计算

斜销在水平方向的行程距离 S 如图 1-34 所示。S 的计算公式为：

$$斜销行程 S = 倒扣距离 \times 收缩率 + 2 \sim 3 \text{ mm}（安全值）$$

斜销角度 a 的计算公式为：

$$斜销角度 \tan a = 斜销行程 S / 顶出行程 H$$

斜销顶部设计：

为了防止在顶出过程中斜销擦伤制件，斜销顶部应高于分型面 0.005～0.1 mm。

3. 斜销顶部直面靠破

当斜销顶部形状为圆弧时，斜销前端应设计成直面靠破，如图 1-35 所示。直面靠破与斜面靠破相比，容易加工，合模效果好。

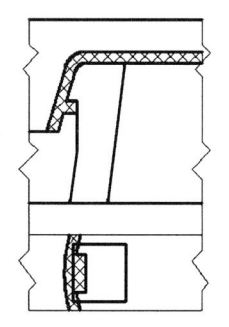

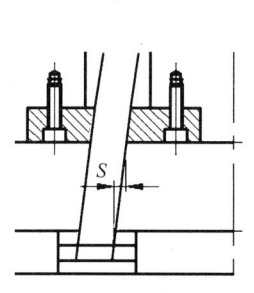

图 1-34　斜销的运动 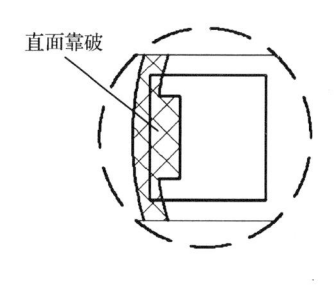　　　　图 1-35　斜销顶部直面靠破

4. 斜销拆分的基本方式

（1）图 1-36 所示为斜销拆分的一种方法，成型部分从倒扣处直接延伸出来，其优点是结构简单，加工方便，不容易变形；缺点是靠破处会产生毛边。

（2）斜销从卡扣的底部平面开始拆分，如图 1-37 所示。其优点是结构简单；缺点是不易加工，容易变形，会出现段差和毛边现象。

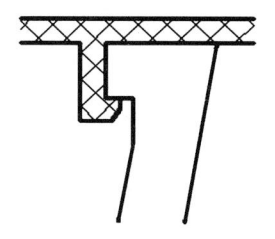

图 1-36　斜销直接从倒扣区域延伸 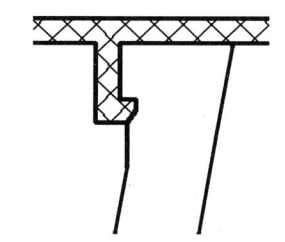　　　　图 1-37　斜销从底部拆分

（3）斜销包括了整个卡扣区域，如图 1-38 所示。其优点是加工方便，毛边少；缺点是容易变形、断裂，工作中尽量不使用。

（4）制件的侧壁有一通孔，当通孔到制件的底部高度尺寸 H 较大时，适合如图 1-39 所示的结构，结构简单，加工方便。

（5）图 1-40 所示为斜销的另一种拆分方法，斜销结构简单，容易产生段差，注意 W 值应大于 5 mm，否则模仁强度不足。

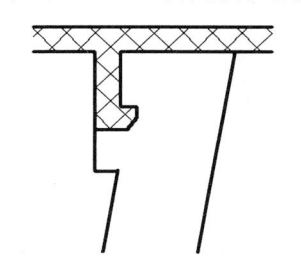

图 1-38　斜销成型整个卡扣区域 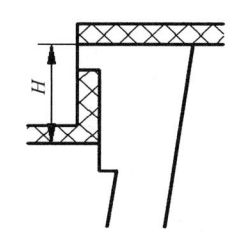　　　图 1-39　斜销拆分靠破孔 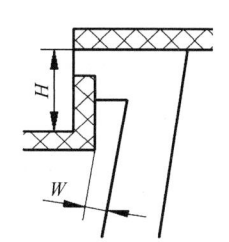　　　图 1-40　W 值应大于 5 mm

1.6 UG NX 10.0 模具设计基础

1.6.1 UG NX 10.0 Mold Wizard 模块

扫一扫看微课视频：MoldWizard 模块简介

1. 什么是 UG NX 10.0 Mold Wizard 模块

UG NX 10.0 Mold Wizard 模块（简称 Mold Wizard 模块）是 UG NX 系列软件中针对注塑模自动化而设计的注塑模向导专业模块，配有常用的模架库和标准件。利用该模块可以更容易、更快捷地实现塑件模具结构产品的设计。它集成了一些模具设计中的自动检测工具，方便设计者及时进行纠错；其基于主模型结构自顶向下的设计方式，将参数化装配建模设计引入模具设计中，使模具中的各个部件能够进行交替设计与更新。

要熟练应用注塑模向导，就必须具有模具设计基础，掌握 UG NX 其他模块的应用知识，如建模、自由曲线造型、曲线、层、装配及装配导航器、改变显示部件和工作部件、加入和新建装配部件、链接几何体等。

2. 注塑模向导的结构组成

Mold Wizard 模块创建的文件是一个装配文件，这个自动产生的装配文件是复制了一个隐藏在 Mold Wizard 模块内部的种子装配，该种子装配是用 UG 的高级装配和 Wave 链接器所提供的部件间参数关联的功能建立的，专门用于复杂模具的装配管理。装配导航器的模具装配体结构树如图 1-41 所示。

在图 1-41 中"suliaoke"是产品模型的文件名；其余特定文件的命名形式为"suliaoke_部件或节点名称"。例如，"suliaoke_top_025"是整个装配文件的顶层文件，包含完整模具所需的全部文件。部件或节点的含义如表 1-7 所示。

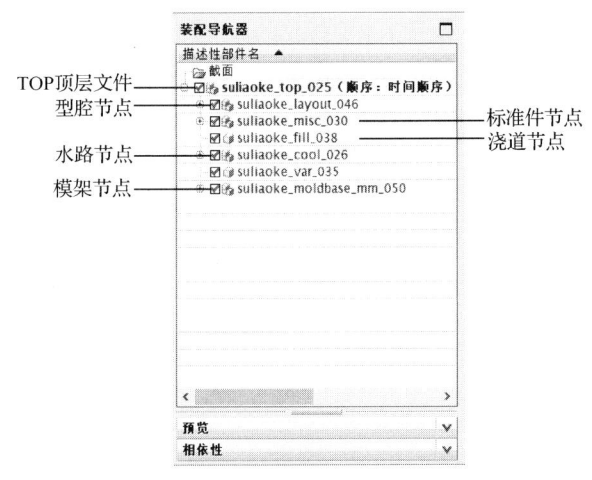

图 1-41 装配导航器的模具装配体结构树

表 1-7 部件或节点的含义

部件名称	描　述
layout 节点	layout（布局）节点用于排列 prod 节点的位置，prod 节点包含型腔、型芯在模架中的位置。多腔模的 layout 节点有多个分支来安排每一个 prod 节点
misc 节点	misc（杂项）节点用于安排没有定义到单独部件的标准件，misc 节点下的组件为模架上的组件，如定位环、锁模块和支撑柱。 misc 节点分为两部分：misc_side_a 对应的是模具定模一侧的组件；misc_side_b 对应的是动模一侧的组件。这样可以同时让两个设计者在同一个工程上设计
fill 节点	fill（填充）节点用于创建浇道和浇口的实体。这些实体用于在模架板、型腔、型芯上创建腔体（Create Pockets）

续表

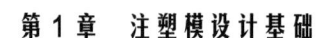

部件名称	描　　述
cool 节点	cool（冷却）节点用于创建冷却管道的实体。这些实体通过创建腔体（Create Pockets）功能在模架板和型腔、型芯上生成腔体。冷却管道的标准件也会默认使用该节点。 cool 节点分为两部分：cool_side_a 对应的是模具定模一侧的组件；cool_side_b 对应的是模具动模一侧的冷却组件。这样可以让两个设计者在同一个工程中进行设计
prod 节点	prod（Product，产品）节点将单独的特定部件文件集合成一个装配的子组件。特定部件文件包括收缩件、型腔、型芯及顶针节点。多腔模可以使用 prod 节点的阵列，再利用所有 prod 节点下已经做好的子组件。prod 节点也可以放置与塑胶产品部件相关的特定标准组件，如顶针、镶针、滑块与斜顶等。 prod 节点分为两部分：prod_side_a 对应的是模具定模一侧的组件；prod_side_b 对应的是动模一侧的组件。这样可以让两个设计者在同一个工程中进行设计
产品模型	注塑模向导使用一个全相关的几何链接复制装配，能保持产品模型的原始定位
Molding 部件	Molding（建模）部件包含一个产品模型的几何链接的复制件。模具特征（如脱模斜度、分型面、边倒圆等）都会添加到该组件中，使产品模型具有成型性能。如果有新版本的产品交换进来，甚至产品模型由其他的 CAD 系统转入，这些模具特征不会受到收缩率改变的影响并保持完全相关性
Shrink 部件	Shrink（收缩件）部件包含一个产品模型的几何链接复制件。通过比例功能给链接体加入一个收缩系数，从而可以在任何时候修改该收缩系数
Parting 部件	Parting（分型）部件包含一个收缩体的几何链接复制件。通过比例功能给链接体加入一个收缩系数，从而可以在任何时候修改该收缩系数
Cavity 部件	Cavity（型腔）部件是收缩部件的几何链接的一部分
Core 部件	Core（型芯）部件是收缩部件的几何链接的一部分
Trim 部件	Trim（裁减）部件包含用模具修剪（Mold Trim）功能得到的几何体，在裁减部件中的型腔、型芯的链接区域，用于裁减电极、镶块和滑块面等
Var 部件	Var（变量）部件包含模架和标准件中用到的表达式，标准件中用到的标准数值（如螺纹孔径）会存储在该部件里

3. UG NX 10.0 注塑模设计解决方案

UG NX 10.0 注塑模设计解决方案有两种：一种是使用建模模块下的工具命令创建模具分型面的方式，称为手工分模；另一种是运用 Mold Wizard 模块的注塑模向导进行的分模操作，称为自动分模。在实际设计过程中，运用一种方式进行分模设计是不切合实际的，往往是手工和自动两种方式结合才能完成。图 1-42 是手工分模及自动分模间的关联。

扫一扫看微课视频：模具 CAD 设计流程

1.6.2 模具设计流程

1. UG NX 10.0 注塑模向导工作界面

1）注塑模向导打开方式

步骤 1：双击 UG 图标，启动 UG 主程序，选择【新建】或【打开】命令，进入建模模块。UG

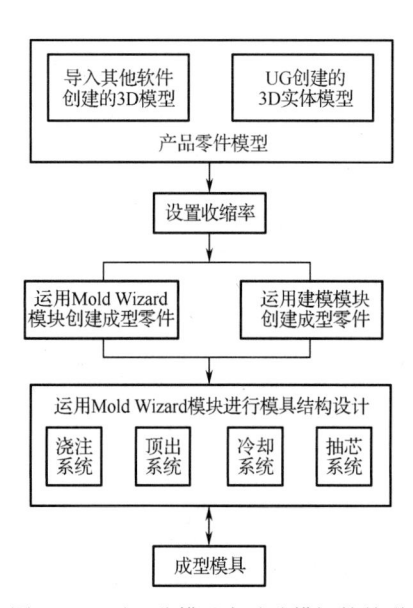

图 1-42　手工分模及自动分模间的关联

NX 10.0 界面如图 1-43 所示。

步骤 2：选择【开始】>【所有应用模块】>【注塑模向导】命令，打开【注塑模向导】工具条，进入【注塑模向导】模块，如图 1-44 所示。

2）注塑模向导功能

注塑模向导模块主要由模型准备、模具创建、后处理和视图及文件管理 4 部分组成。具体的命令将在后面章节中详细讲解。

注塑模向导是和建模模块共存的，因此进入注塑模块后，除了【注塑模向导】工具条，其余的界面就是建模模块的界面，当然，装配模块也可以与建模模块和注塑模向导模块共存。

其他界面形式和建模模块一样，如装配导航器、部件导航器等。

2. 注塑模设计过程

UG 模具设计流程如图 1-45 所示。

图 1-43　UG NX 10.0 界面

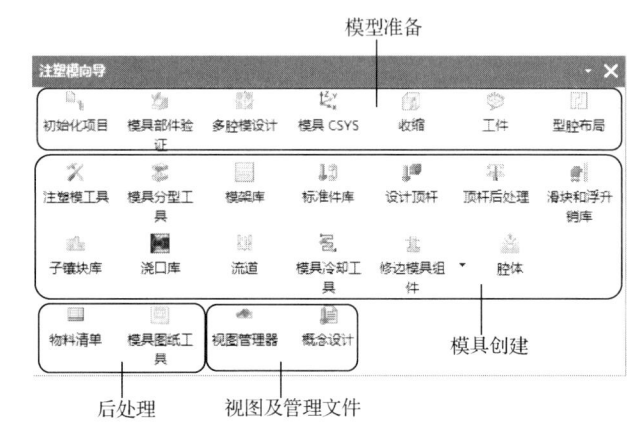

图 1-44　【注塑模向导】模块

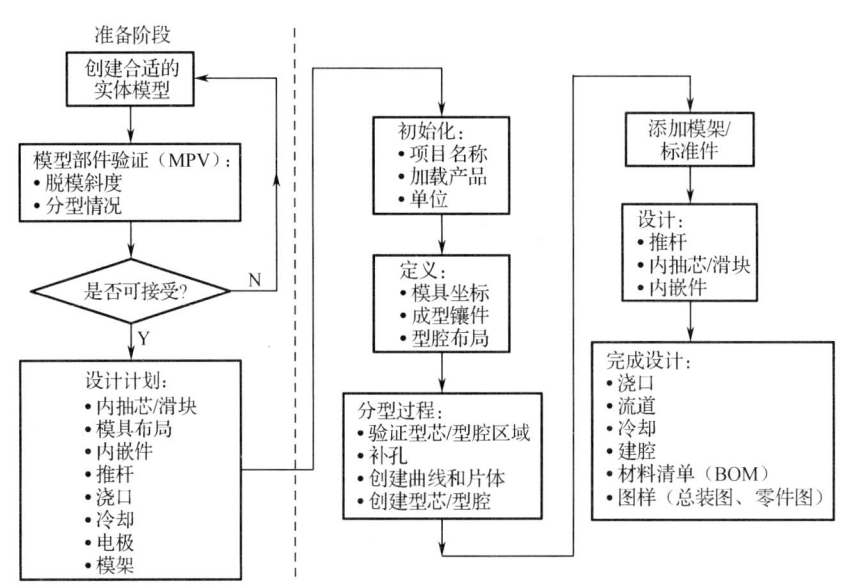

图 1-45　UG 模具设计流程

使用 Mold Wizard 模块设计注塑模的一般步骤如下。

1）产品模型准备

用于模具设计的产品三维模型文件有多种文件格式，Mold Wizard 模块需要一个 UG 文件格式的三维产品实体模型作为模具设计的原始模型。如果一个模型不是 UG 文件格式的三维实体模型，则需用 UG 软件将文件转换成 UG 软件格式的三维实体模型或重新创建 UG 三维实体模型。使用正确的三维实体模型有利于 Mold Wizard 模块自动进行模具设计。

2）装载产品

装载产品是使用 Mold Wizard 模块进行模具设计的第一步，产品成功装载后，Mold Wizard 模块将自动产生一个模具装配结构，该装配结构包括构成模具所必需的标准元素。

3）设置模具坐标系

设置模具坐标系是模具设计中相当重要的一步，模具坐标系的原点须设置在模具动模和定模的接触面上，模具坐标系的 XC-YC 平面须定义在动模和定模接触面上，模具坐标系的 ZC 轴正方向指向塑料熔体注入模具主流道的方向上。模具坐标系与产品模型的相对位置决定了产品模型在模具中放置的位置，这是模具设计成败的关键。

4）设置收缩率

塑料熔体在模具内冷却成型为产品后，由于塑料的热胀冷缩量大于金属模具的热胀冷缩量，所以成型后的产品尺寸将小于模具型腔的相应尺寸，因此模具设计时型腔的尺寸要求略大于产品的相应尺寸，以补偿金属模具型腔与塑料熔体的热胀冷缩差异。Mold Wizard 模块处理这种差异的方法是将产品模型按要求放大生成一个名为缩放体（Shrink Part）的分模实体模型（Parting），该实体模型的参数与产品模型参数是全相关的。

5）设置模具型腔和型芯毛坯尺寸（工件）

模具型腔和型芯毛坯（简称"模坯"）是外形尺寸大于产品尺寸的、用于加工模具型腔和型芯的金属坯料。Mold Wizard 模块自动识别产品外形尺寸并预定义模具型腔、型芯毛坯的外形尺寸，其默认值在模具坐标系 6 个方向上比产品外形尺寸大 25 mm，用户也可以根据实际要求自定义尺寸。Mold Wizard 模块通过"分模"将模具坯料分割为模具型腔和型芯。

6）模具型腔布局

模具型腔布局即通常人们所说的"一模几腔"，它指的产品模型在模具型腔内的排布数量，用来定义多个成型镶件各自在模具中的位置。Mold Wizard 模块提供了矩形排列和圆形排列两种模具型腔布局方式。

7）修补模型破孔

塑料产品由于功能或结构的需要，在产品上常有一些穿透产品的孔，即所谓的"破孔"。为将模坯分割成完全分离的两部分——型腔和型芯，Mold Wizard 模块需要用一组厚度为零的曲面片体将分模实体模型上的这些孔"封闭"起来，这些厚度为零的曲面片体、分模面和分模实体模型表面可将模坯分割成型腔和型芯。Mold Wizard 模块提供了自动补孔功能。

8)创建模具分型线

Mold Wizard 模块提供了塑模部件验证(Mold Part Validation,MPV)功能,将分模实体模型表面分割为型腔区域和型芯区域两种面,两种面相交产生的一组封闭曲线就是分型线。

9)创建模具分型面

分型面是由一组分型线向模坯四周按一定方式扫描、延伸和扩展而形成的一组连续封闭的曲面。Mold Wizard 模块提供了自动生成分型面功能。

10)创建模具型腔和型芯

分模实体模型破孔修补和分型面创建后,即可用 Mold Wizard 模块提供的建立模具型腔和型芯的功能将毛坯分割成型腔和型芯。

11)建立模架

模具型腔、型芯建立后,需要提供模架以固定模具型腔和型芯。Mold Wizard 模块提供了电子表格驱动的模架库和模具标准件库。

12)加入模具标准部件

模具标准部件是指模具定位环、浇口套、顶杆和滑块等模具配件。Mold Wizard 模块提供了电子表格驱动的三维实体模具标准件库。

13)设计浇注系统

塑料模具必须有引导塑料进入模腔的流道系统。流道的设计与产品的形状、尺寸及成型数量密切相关。常用的浇注系统由主流道、分流道和浇口 3 部分组成。

14)创建腔体

创建腔体是指在型腔、型芯和模板上建立腔或孔等特征,以安装模具型腔、型芯、镶块及各种模具标准件。

15)列出模具零件材料清单

根据列出的模具零件材料清单,创建腔体模具二维装配图、零件图。

1.6.3　UG 模具设计术语

UG 模具设计过程中会使用很多术语描述设计步骤,这些是模具设计独有的,熟悉掌握这些术语,对接下来学习 UG 模具设计有很大帮助。下面分别进行介绍。

(1)设计模型:模具设计必须有一个设计模型,也就是产品原始设计数据。设计模型决定了模具的型腔形状,型腔成型过程是要利用镶块、镶针、滑块等模具组件,以及浇注系统、冷却系统的设计布置,如图 1-46 所示。

(2)参考模型:参考模型是设计模型的映像化。参考模型的特征和属性是以设计模型的特征和属性为依据的,如果更改模型结构形状就必须在设计模型中修改,而修改了设计模型,参考模型也将发生变化,如图 1-46 所示。

(3)工件:表示直接生成模具成型塑件的总体积块,如图 1-47 所示。

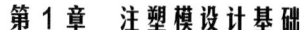

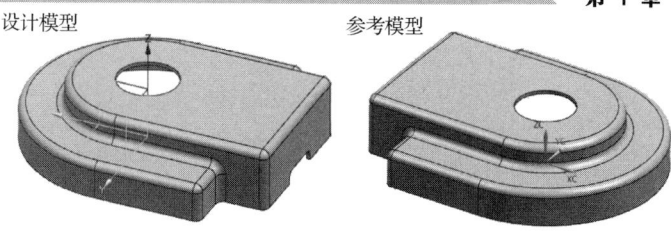

图 1-46 设计模型和参考模型

（4）分型面：由一个或多个曲面特征组成的面，如图 1-48 所示。分型面可以分割工件或已经存在的自定义块为模具成型塑件。分型面在模具设计中占据着最重要和最关键的地位，应合理地选择和创建分型面。

图 1-47 工件 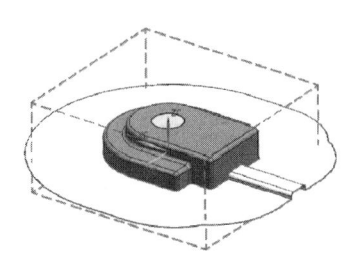　　　　　　　　图 1-48 分型面

（5）收缩率：塑件从模具中取出并冷却至室温后，尺寸会发生缩小变化，衡量塑料制件收缩程度大小的参数称为收缩率。对于高精度塑料制件，必须考虑收缩给塑料制件尺寸、形状带来的误差。

（6）脱模斜度：塑料冷却后会产生收缩，使塑件紧紧地包裹住模具型芯或型腔突出部分，造成脱模困难，为便于塑件从模具取出或从塑件中抽出型芯，防止塑件表面被划伤、擦毛等问题的产生，塑件的内、外表面沿脱模方向都应该有倾斜的角度，即脱模斜度。

思考与练习 1

1．注塑模按其各零部件所起的作用，一般由哪几部分结构组成？
2．针对点浇口进料的双分型面（3P）注塑模，定模部分为什么要增设一个分型面？其分型距离是如何确定的？
3．斜导柱侧向分型与抽芯机构由哪些零部件组成？各部分的作用是什么？
4．侧滑块定位的作用是什么？有几种定位方式？
5．斜销设计的要点有哪些？
6．简述利用 Mold Wizard 模块设计模具的大致顺序。

第 2 章 注塑模型腔设计

本章以利用 Mold Wizard 模块设计注塑模型腔的过程为脉络，详细阐述 Mold Wizard 模块中注塑模型腔设计的功能、常用注塑模设计，如实体修补、曲面修补等工具及运用方法。

每一小节都配有具体的实例操作，从而使初学者能从做中学、学中练，循序渐进地掌握注塑模型腔设计的方法。

知识要点
- UG NX 10.0 注塑模型腔设计结构
- 注塑模工具特征
- 注塑模分型工具
- 小型实例操作

2.1 UG 模具设计准备

UG 模具设计准备工作包括运用 Mold Wizard 模块对产品进行初始化项目、模具坐标系、塑模部件验证、创建工件、型腔布局等操作。

2.1.1 初始化项目

> 扫一扫看微课视频：项目初始化

初始化项目过程是一个产品加载和模具装配体结构生成的过程，在进行初始化项目之前必须先加载产品模型。

启动 UG，直接打开产品模型（将产品模型加载到 UG 基本环境或建模环境中），接下来即可进行下一步的初始化项目操作。

初始化项目是确定项目路径、给出模型名称、选择材料、更改收缩率、设置项目单位、编辑材料数据库并最终生成模具装配体结构的过程。设计者随后在这个模具装配结构的引导和控制下逐一创建模具的相关部件。

在【注塑模向导】工具条中单击【初始化项目】按钮，系统弹出【初始化项目】对话框，同时程序自动选择产品模型作为初始化项目对象，如图 2-1 所示。

【初始化项目】对话框中各项的含义如下。

图 2-1 【初始化项目】对话框

- 路径：设置用来放置模具子目录的文件夹位置，必须事先在硬盘上创建一个文件夹。
- Name：用来命名所创建的文件的项目名称。
- 材料：设置产品成型所用的塑料材料。当选中一个塑料材料后，就会在【收缩】文本框中显示对应的收缩率，如图 2-1 所示。
- 配置：调用不同的装配结构文件。如果选择的配置文件不一样，那么在后面的操作就会不一样。
- 项目单位：设置所要创建的装配文件各部件或组件的单位，必须与加载的产品模型单位一致。在国内一般使用毫米（mm）。
- 重命名组件：用来对装配文件的各部件或组件进行重新命名。勾选【重命名组件】复选框，单击【确定】按钮后，将弹出【部件名管理】对话框，如图 2-2 所示。修改【命名规则】中【<PROJECT_NAME>】的名称，单击修改按钮，原部件名称就被修改掉了。

但有时会遇到【材料】下拉列表框下面只有【NONE】，而没有其他塑料选项的情况。

此时，只要在【收缩】文本框中手工输入产品所使用的塑料的收缩率即可，效果与直接选择对应塑料效果是一样的。当然，为了以后翻阅塑料手册找塑料的收缩率，可以单击【编辑材料数据库】按钮，系统弹出如图 2-3 所示的选用材料表格。利用此表格可以修改原有塑料的收缩率和添加新的塑料及其收缩率，最后保存并退出表格，这样以后就不需要输入材料收缩率，直接选用即可。

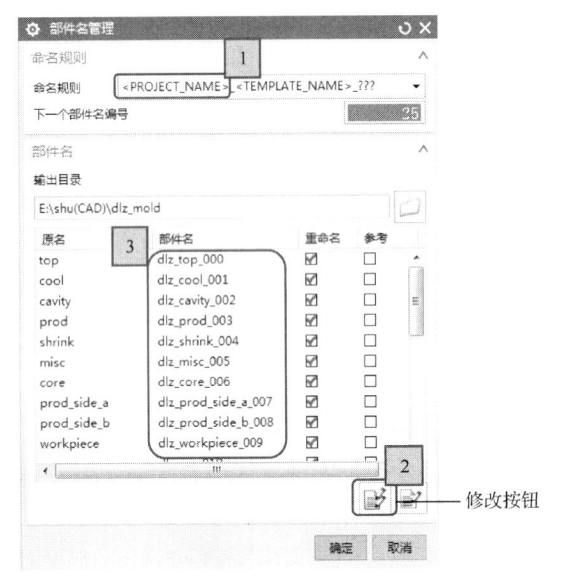

图 2-2 【部件名管理】对话框

MATERIAL	SHRINKAGE
NONE	1.000
NYLON	1.016
ABS	1.006
PPO	1.010
PS	1.006
PC+ABS	1.0045
ABS+PC	1.0055
PC	1.0045
PC	1.006
PMMA	1.002
PA+60%GF	1.001
PC+10%GF	1.0035

图 2-3 选用材料表格

2.1.2 模具坐标系

扫一扫看微课视频：模具 CSYS

1. 模具 CSYS 的作用

模具坐标系在注塑模设计的过程中非常重要，不仅确定了脱模方向、模架分型面的位置，而且还是一些标准件加载时的参考坐标系。模具坐标系的原点必须是模架分型面的中心，且+ZC 方向指向喷嘴。模具坐标系定义位置如图 2-4 所示。

> **行家指点：**
> Mold Wizard 模块规定：模具坐标系的 ZC 轴矢量指向模具的开模方向，前模（定模）部分与后模（动模）部分以 XY 基准平面为分界平面。

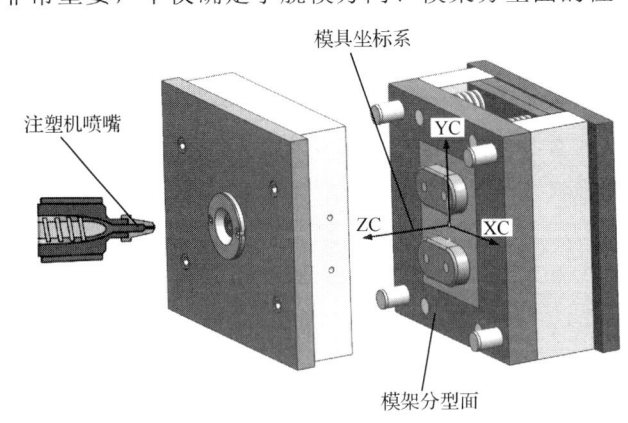

图 2-4 模具坐标系定义位置

2. 模具 CSYS 的各项功能

操作完项目初始化后，单击【模具 CSYS】按钮，系统弹出【模具 CSYS】对话框，如图 2-5 所示。

【更改产品位置】选项区中各项的含义如下。

- 当前 WCS：设置模具坐标系与当前 WCS 相匹配。模具 CSYS 的设置过程，也就是建模环境中的【移动对象】变换的操作过程，它是将产品沿矢量进行平移、旋转等操作的过程。利用【当前 WCS】方式定义模具 CSYS 之前，可以对 WCS 进行平移和旋转。当单击【模具 CSYS】对话框的【确定】或【应用】按钮后，当前设置的坐标系便成为模具 CSYS。
- 产品实体中心：【产品实体中心】是指程序自动创建一个恰好能包容产品的假想体，并将该假想体中心位置作为模具坐标系的原点位置。单击【产品实体中心】选项后，该对话框下部出现【锁定 XYZ】选项区，如图 2-5 所示。

【锁定 XYZ】选项区中各选项的含义如下。

锁定 X 位置：勾选此复选框，工作坐标系的 XC 轴与产品的位置关系不发生变化，即产品在 XC 方向不产生移动。

锁定 Y 位置：勾选此复选框，工作坐标系的 YC 轴与产品的位置关系不发生变化，即产品在 YC 方向不产生移动。

锁定 Z 位置：勾选此复选框，工作坐标系的 ZC 轴与产品的位置关系不发生变化，即产品在 ZC 方向不产生移动。

- 选定面的中心：选定面的中心是指在产品上选定一个面（可为任意类型的面），程序根据此面先创建一个假想的实体，并将假想体对角线的中点作为模具坐标系的原点。单击【选定面的中心】选项后，该对话框下部将出现【锁定 XYZ 位置】选项区，如图 2-6 所示。

当使用【产品实体中心】和【选定面的中心】命令时，系统会自动弹出【锁定 XYZ 位置】选择区，一般情况下勾选【锁定 Z 位置】复选框，如图 2-6 所示。

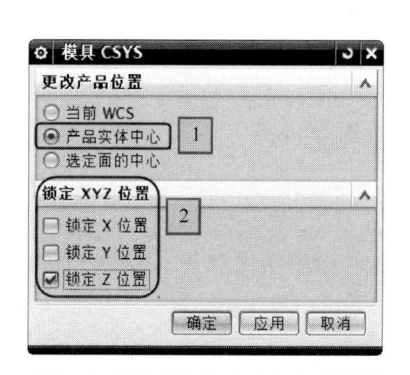

图 2-5 【产品实体中心】方式界面

图 2-6 【选定面的中心】方式界面

> **行家指点：**
> 任何时候都可以重新单击【模具 CSYS】按钮重新编辑模具坐标系。定义模具坐标系时，必须打开原产品模型。当重新打开装配文件时，产品模型以空引用集的方式被加载，因此在定义模具坐标系前，必须先打开原模型。当在一个多腔模中设置模具坐标系时，显示部件和工作部件必须都是 layout。

2.1.3 塑模部件验证

当获得产品模型后,第一步要做的不是设计分型面,而是要对产品模具设计进行可行性分析,这一步非常重要。

1.【模具设计验证】对话框

【模具设计验证】对话框中的工具是 UG NX 10.0 向设计者提供的、用于对产品进行初步诊断的工具。

使用此工具,可以进行产品的质量检测(是否有缝隙、交叉或重叠)、底切检查、拔模面检测、拆分面检测等操作。

在【注塑模向导】工具条中单击【模具部件验证】>【模具设计验证】之后,系统将弹出【模具设计验证】对话框,如图 2-7 所示。

2.【模具设计验证】对话框中各选项的含义

- 【检查器】选项区:该选项区提供了 3 种可检测的验证类型。选择其中一种类型,可单独执行产品的检测。
- 【参数】选项区:该选项区用来设置检查器的对象、矢量及执行检查命令。
- 【设置】选项区:该选项区用来设置产品表面的缝合距离公差和拔模检测时的拔模角度。

> **行家指点:**
> 当检测的缝合面公差在"距离公差"的设定安全值内时,模型可通过质量检测。当检测的缝合面公差超过"距离公差"值时,那么产品模型将不会通过质量检测。

3. 模型质量检查

【检查器】选项区的各选项含义如下。

【组件验证】用来验证模具零部件,在模具设计完成后进行检查。

【产品质量】是模型设计前期的准备工作,需要先进行。

【分型验证】用来检查分型面。

因此,本节主要讲解产品质量的检查。

勾选【铸模部件质量】和【模型质量】复选框,再单击【执行 Check-Mate】按钮,可以检查产品的质量是否符合模具设计要求。

1)模型质量检查

模型质量检查的结果将显示在资源条【HD3D 工具】组的【结果】选项区中,视图样式选择【流列表+树】显示方式,在下方的显示区域中会显示产品的质量问题,如图 2-8 所示。

要想知道质量检查的结果所表示的含义,可展开【HD3D 工具】组的【设置】选项区,再参考产品中显示的质量问题符号进行比对。

2)底切检查

底切是产品中出现的侧孔、侧凹特征的区域,该区域因无法被 UG 软件判断,属于型腔区域或型芯区域,所以称为底切。

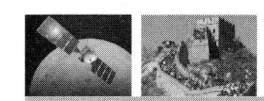

当产品中有侧凹特征或侧孔特征时，产品中的底切区域将自动被检查出来。检查产品的底切如图 2-9 所示。

图 2-7 【模具设计验证】对话框　　　　　图 2-8 模型的质量检查

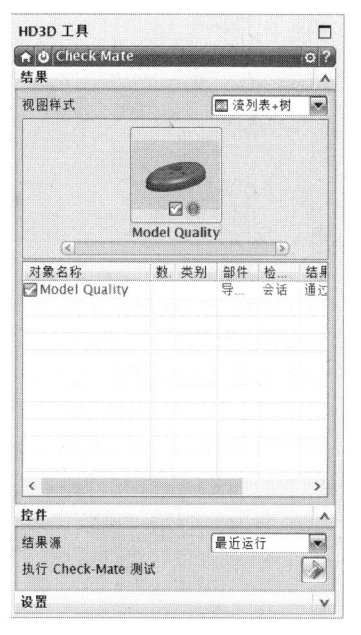

> **行家指点：**
> 一般来说，底切包括 3 种情况：侧孔、外部侧凹和内部侧凹。侧孔和外部侧凹通常需要设计抽芯滑块来帮助产品脱模，内部侧凹（也称倒扣）则是设计斜顶。

3）拔模角检查

拔模角检查用于检查产品中的拔模面。通过设置拔模角度，执行检查操作后，产品中将显示所有符合设置的拔模面，如图 2-10 所示。该功能可使设计者清楚产品中什么位置该进行拔模处理。

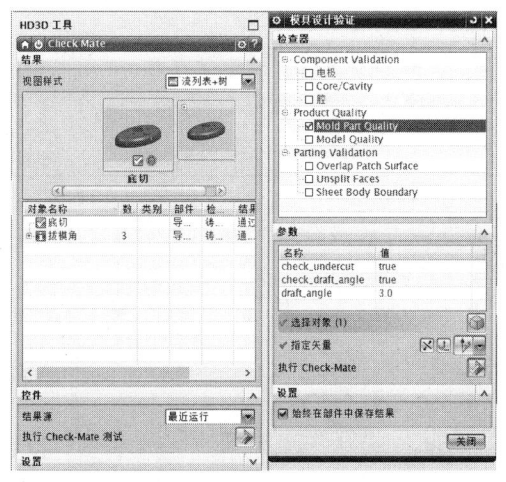

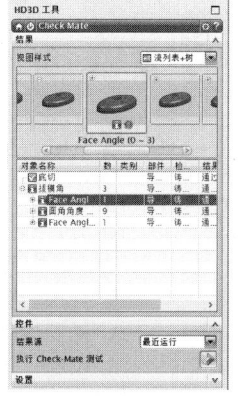

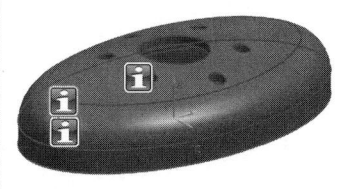

图 2-9 检查产品的底切　　　　　图 2-10 检查产品的拔模面

做做练练 1

步骤 1：初始化项目。打开 zp2 的产品模型，以此模型为例完成初始化项目操作。

双击 UG NX 10.0 软件图标，打开 UG NX 10.0 的主程序。执行【打开】命令之后，系统弹出【打开】对话框，选取导流罩产品模型文件，单击【确定】按钮，系统进入【建模】模块。

执行【启动】>【所有应用模块】>【注塑模向导】命令，进入注塑模向导模块的设计环境，并且调出【注塑模向导】工具条，如图 2-11 所示。

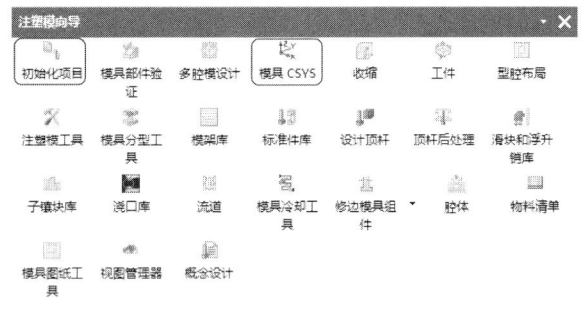

图 2-11 【注塑模向导】工具条

> **行家指点：**
> 如果用户没有先打开（加载）产品模型，而是直接执行【初始化项目】命令，程序会弹出【初始化项目】的信息提示对话框（见图 2-12）。 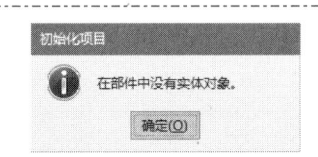
>
> 图 2-12 【初始化项目】的信息提示对话框

单击【注塑模向导】工具条中的【初始化项目】按钮，系统弹出【初始化项目】对话框，系统会自动选取已经打开的产品模型作为【产品】。可自行设置【路径】和【Name】并且自行设置该产品的【材料】，【材料】选取 ABS 时【收缩】的值会自动对应为 1.006。【配置】和【单位项目】保留默认即可。【初始化项目】对话框参数设置如图 2-13 所示。

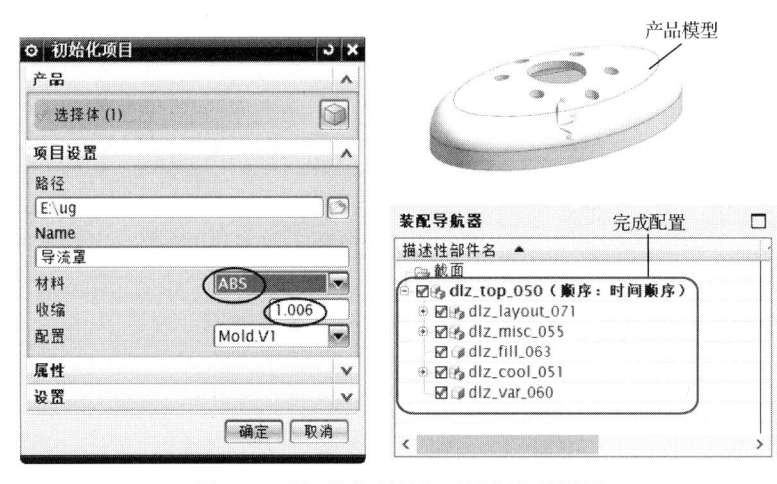

图 2-13 【初始化项目】对话框参数设置

> **行家指点：**
> 装配树的结构是按照【配置】文件来装载的，因此只要修改此配置文件就可以定制适合自己的或使用单位的装配树，灵活性很大。

第 2 章 注塑模型腔设计

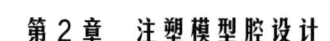

步骤 2：模具坐标系。单击【注塑模向导】工具条中的【模具 CSYS】按钮，系统弹出【模具 CSYS】对话框。

点选【当前 WCS】单选按钮，然后单击【确定】按钮，完成模具坐标系的设置。设置模具坐标系，如图 2-14 所示。

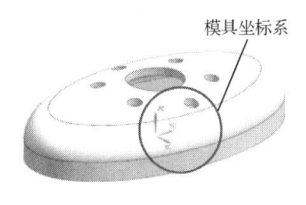

图 2-14 设置模具坐标系

步骤 3：塑模部件验证。

（1）模型质量检查：单击【注塑模向导】>【塑模部件验证】按钮，系统弹出【塑模部件验证】工具条，单击【模具设计验证】按钮，系统弹出【模具设计验证】对话框（见图 2-15），在对话框中勾选需要验证的项目：【重叠曲面补片】【模型质量】【型芯/型腔】。单击【执行 Check-Mate 测试】。

图 2-15 【模具设计验证】对话框

单击资源条选项中的 HD3D 工具，显示验证结果。从图 2-15 中可以看出该模型在这三个项目的验证都为"通过"。

（2）检查壁厚：单击【模具部件验证】工具条中的【检查壁厚】按钮（见图 2-16），系统弹出【检查壁厚】对话框，选择模型为【选择体】，在对话框中设置【最大厚度公差】为 0.05；【最大间距】为 2；单击【计算厚度】按钮，结果通过模型中的色块显示，整个模型的厚度比较均匀，没有超出公差，【检查壁厚】对话框及检查结果如图 2-17 所示。

图 2-16 【模具部件验证】工具条

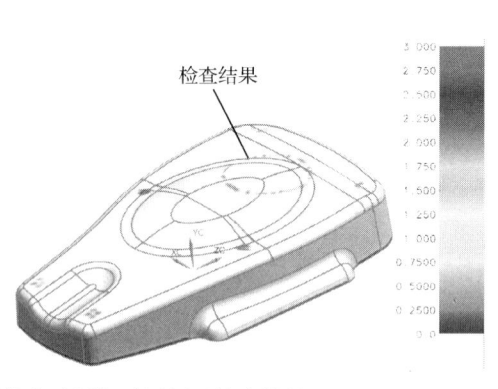

图 2-17 【检查壁厚】对话框及检查结果

2.1.4 创建工件

工件是一个能完全包容产品，且与产品有一定距离的体积块。UG 中的工件，也就是实际制造过程中加工塑件所用的模坯。

定义标准块或其他工件的方法如下。

（1）使用标准块、工件库及型芯和型腔等创建工件。

（2）使用在 Parting 部件中创建的实体作为工件。

单击【工件】按钮，系统弹出如图 2-18 所示的【工件】对话框。

定义型腔/型芯大小的过程如下：

● 标准块：

（1）用户定义的块，即链接经过尺寸定义的种子块（长方体）作为工件。

（2）型腔-型芯、仅型腔、仅型芯，用在 Parting 部件中创建的实体作为工件。当创建的工件只作为型腔使用时，则称为仅型腔，反之，称为仅型芯。

● 工件库：当工件方法定义为型腔-型芯、仅型芯、仅型腔时，弹出如图 2-19（a）所示的【工件】对话框。单击【工件库】按钮，弹出如图 2-19（b）所示的【工件镶块设计】对话框。

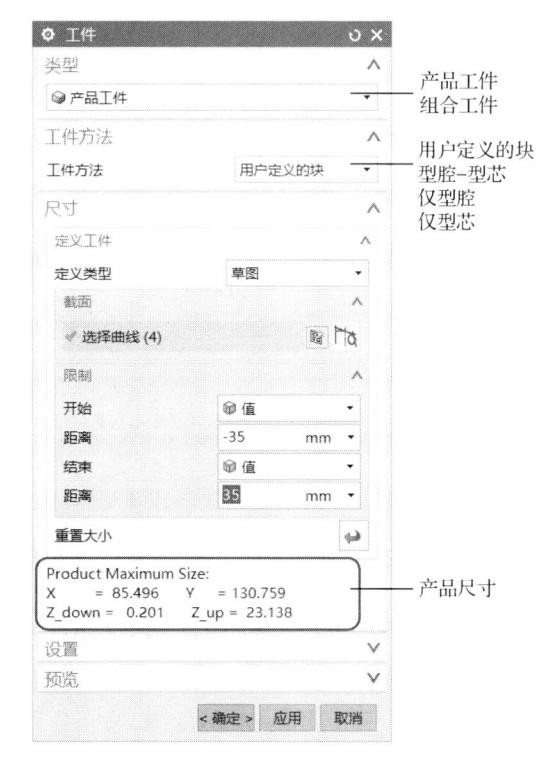

图 2-18 【工件】对话框

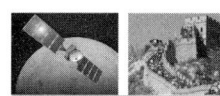

第 2 章 注塑模型腔设计

(a)【工件】对话框　　(b)【工件镶块设计】对话框

图 2-19　工件库

【工件镶块设计】对话框对应的重用库中提供了一些成型镶件的形状结构选项，如矩形毛坯、圆形毛坯及倒圆角的矩形毛坯。设置对话框中的 FOOT 的值，可控制毛坯形状是否带"脚"。

- 尺寸定义方法：定义工件尺寸的类型有两种，即草图和参考点两种方式。

（1）草图。单击【工件】对话框中的【草绘】按钮，进入【草图绘制】界面直接绘制工件 XC-YC 截面，分型面之上的+ZC 及分型面之下的-ZC 在【工件】对话框限制的开始值和结束值中设置，或者双击图 2-20 中指明的尺寸，修改尺寸到所需要的值。

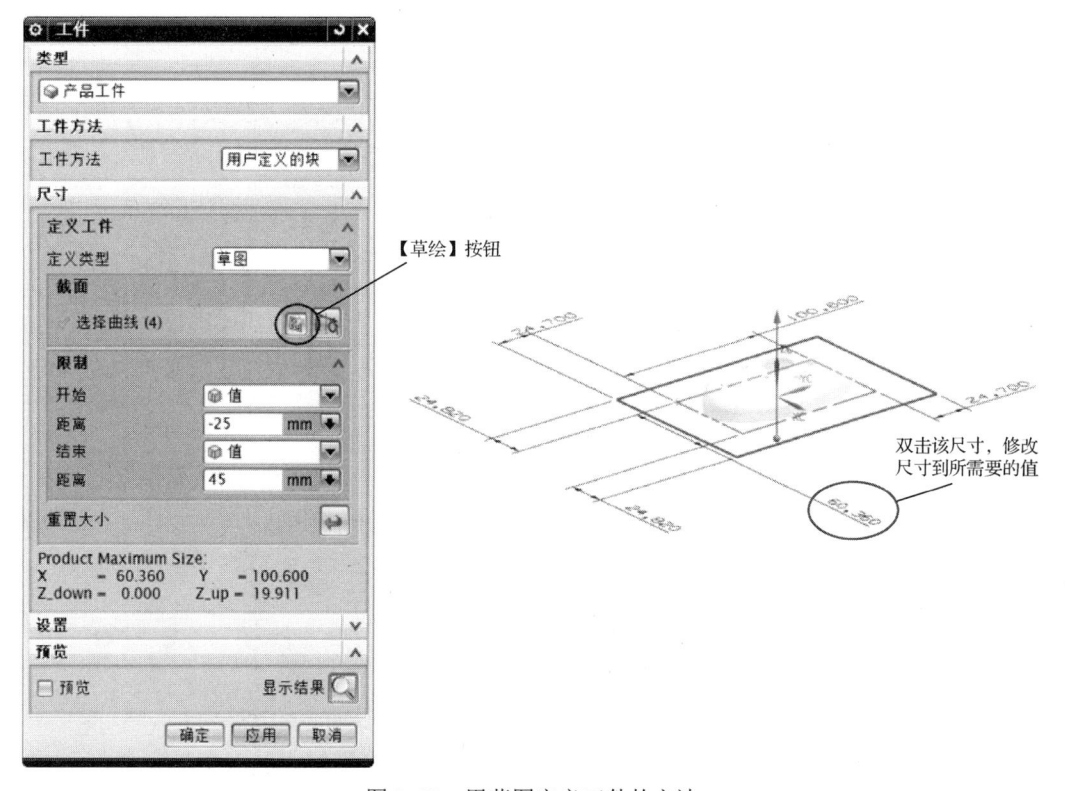

图 2-20　用草图定义工件的方法

（2）参考点。以一个预定点作为参考，单击图 2-21 中的【点对话框】按钮，在【点对话框】中输入坐标位置，确定了参考点的位置后，修改 X、Y、Z 尺寸，完成工件尺寸的定义。

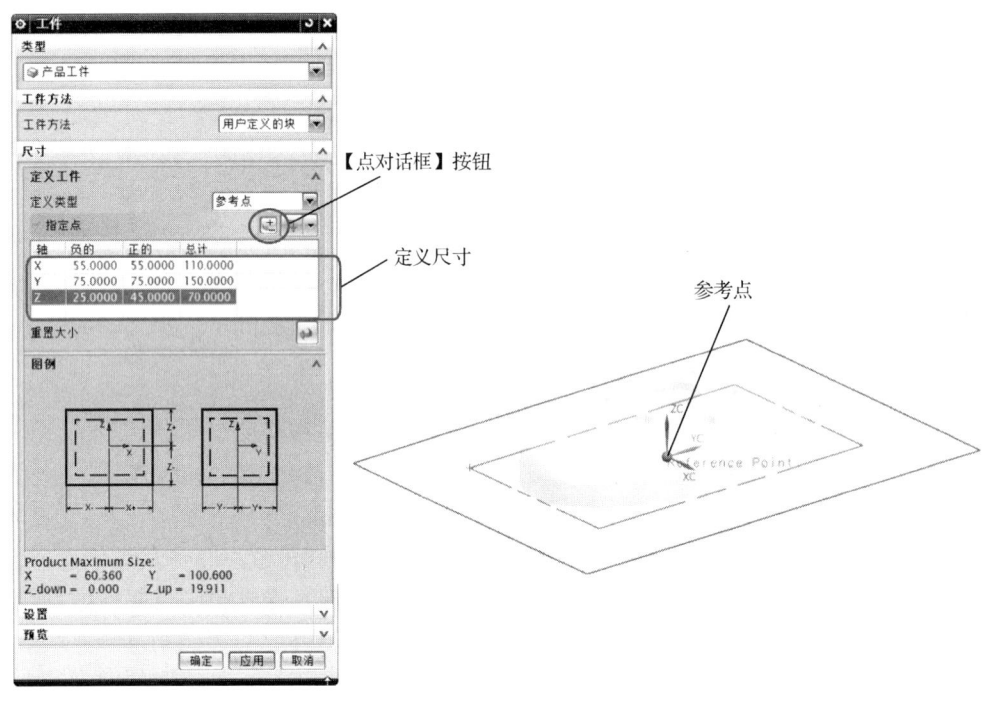

图 2-21 用参考点定义工件的方法

> **行家指点：**
> 注塑模向导在刚执行【工件】命令时都会使用一个默认的推荐值来产生一个能包容产品的毛坯工件。

2.1.5 型腔布局

扫一扫看微课视频：型腔布局

在注塑成型中，为了提高生产效率，一般采用一模多腔。布局就是多模腔设计功能。

布局功能可以添加、移除和重定位模具装配结构中的分型组件。单击【型腔布局】按钮，系统弹出如图 2-22 所示的【型腔布局】对话框。

> **行家指点：**
> 工件应该在使用布局功能之前设计，因为布局的设置需参考工件尺寸。在布局工程中，产品子装配树的 Z 平面是不变的。如果要移动 Z 平面，就需要重设模具坐标系。

1. 布局类型

1）矩形布局

- 【平衡】选项：用 XY 面上的旋转和转换来定位布局节点的多个阵列。
- 【线性】选项：用只在 XY 面上的转换（没有旋转）来定位布局节点的多个阵列。

矩形布局示例如图 2-23 所示。

图 2-22 【型腔布局】对话框

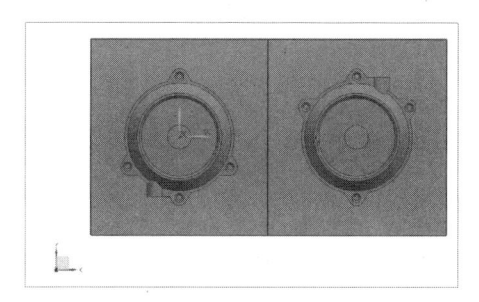

（a）平衡　　　　　　　　　　　　　　（b）线性

图 2-23 矩形布局示例

矩形布局各选项介绍如表 2-1 所示。

表 2-1　矩形布局各选项介绍

平　衡		线　性	
选　项	描　述	选　项	描　述
Cavity Count	可以选择两个或四个型腔	X Cavity Count	X 方向的型腔数目
第一距离	显示两个工件在第一个方向上的距离	X 向距离	X 方向上各型腔之间的距离
第二距离	显示垂直与选择方向上的距离	Y Cavity Count	Y 方向的型腔数目
—	—	Y 向距离	Y 方向上各型腔之间的距离
开始布局	在设置型腔数目和工件之间的距离后，单击【开始布局】按钮生成布局		

2）圆形布局

- 【径向】：当各型腔绕绝对坐标系原点旋转的同时，每个型腔也会绕参考点旋转，如图 2-24（a）所示。
- 【恒定】：型腔在布局过程中并不绕自己的参考点旋转，如图 2-24（b）所示。

圆形径向布局方式如表 2-2 所示。

表 2-2　圆形径向布局方式

选　项	描　述
Cavity Count	在旋转范围内的型腔数目
起始角	第一个型腔参考点的初始角度，以+X方向作为参考角度
旋转角度	旋转的角度值
半径	角度坐标系原点到型腔参考点之间的距离
参考点	参考点是一个在型腔上选择的点，用于决定与绝对坐标系原点之间的距离
开始布局	设置完以上各选项后，单击【开始布局】按钮开始布局

2. 编辑布局

可以使用【变换】和【自动对准中心】命令来重新定位高亮的型腔，还可以使用【移除】命令来删除某些型腔。【编辑布局】栏如图 2-25 所示。

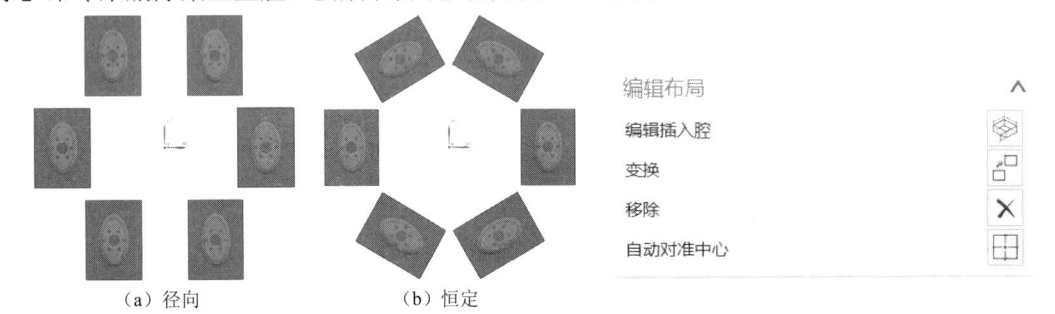

（a）径向　　　　（b）恒定

图 2-24　圆形布局示例　　　　图 2-25　【编辑布局】栏

1）变换

【变换类型】包括【旋转】、【平移】和【点到点】三种类型。

【旋转】：主要有移动和复制两个选项，滑块动态控制型腔绕中心点旋转，数值框输入精确的旋转角度和设置旋转中心按钮。

【平移】：同样有移动和复制两个选项，并有两个滑块动态控制型腔在 X、Y 方向上的位置，还有两个数值框可分别输入 X、Y 方向上精确的移动值。

【点到点】：与建模模块下的【变换】>【平移】>【至一点】命令的功能是一样的。

【变换】对话框如图 2-26 所示。

图 2-26　【变换】对话框

第 2 章 注塑模型腔设计

2）移除

从布局中移除选中的型腔，但布局中存在的型腔必须多于一个。

3）自动对准中心

自动对准中心用于布局中所有型腔，而不仅仅是高亮显示的型腔。它会搜索全部型腔，得到布局的一个中心点，并把该中心点移到绝对坐标系原点。该位置与标准模架中心相适应，即 X-Y 平面为主分型面，+Z 轴指向喷嘴。

做做练练 2

继续引用前面操作实例的结果，完成创建工件及型腔布局操作。

步骤 1：创建工件。单击【打开】按钮，选择【zp2_top_000.prt】文件，单击【OK】按钮，系统自动加载相关的装配文件。

> **行家指点：**
>
> 要打开已经完成的或中断过的设计，一般有两种方法：一是使用【注塑模向导】工具条中的【初始化项目】命令，在弹出的【打开】对话框中选择【xxx_top_xxx.prt】文件即可；二是因为注塑模设计文件是装配结构的，所以也可以使用【文件】>【打开】命令，在弹出的【打开】对话框中选择【xxx_top_xxx.prt】文件即可。但是，用第二种方法打开后的装配文件，有时会有部分组件没有完全加载或没有找到的情况，这样还需要手工操作加载，而第一种方法就解决了这个问题，因此推荐使用第一种方法打开装配文件。

由于模具坐标系和收缩率已经设置过，因此直接创建工件。单击【注塑模向导】工具条中的【工件】按钮，弹出图 2-27 中的【工件】对话框。

单击【定义工件】选项组中的【绘制截面】按钮，进入系统自动给定的参考截面，如图 2-27 所示。删除全部的截面曲线，使用【草图】工具栏中的命令重新绘制如图 2-27 所示的截面。

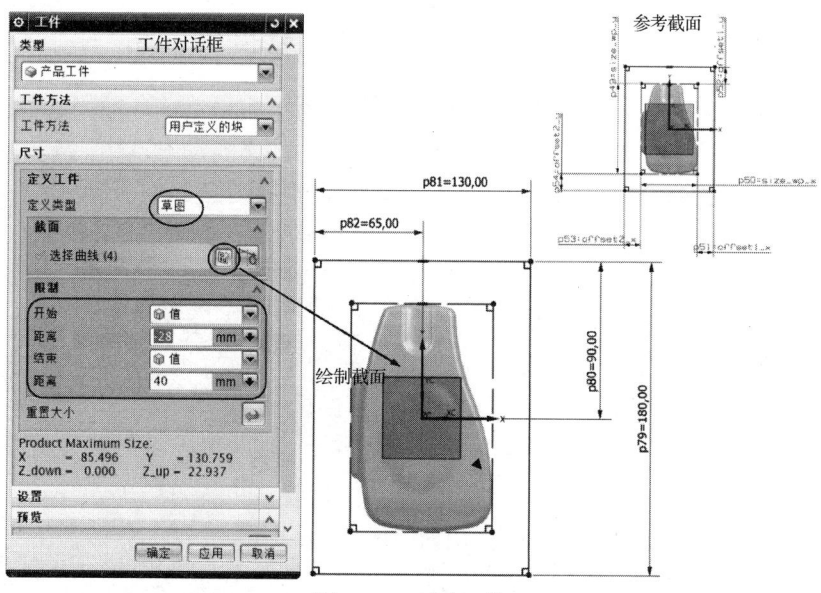

图 2-27 创建工件

单击【完成草图】按钮，退出草绘环境，返回原来的【工件】对话框，在【限制】选项组中设置【开始】和【结束】的值，具体参数及结果如图 2-27 所示。

步骤 2：型腔布局。单击【注塑模向导】工具条中的【型腔布局】按钮，弹出如图 2-28 所示的【型腔布局】对话框。选择【布局类型】为【矩形】，排布方式为【平衡】，切换到【指定矢量】步骤，选取-XC 为矢量，出现一个箭头，如图 2-28 所示。

在【平衡布局设置】选项组中设置【型腔数】为 2，【间隙距离】为 0 mm。

单击【开始布局】按钮，完成如图 2-28 所示的型腔布局。

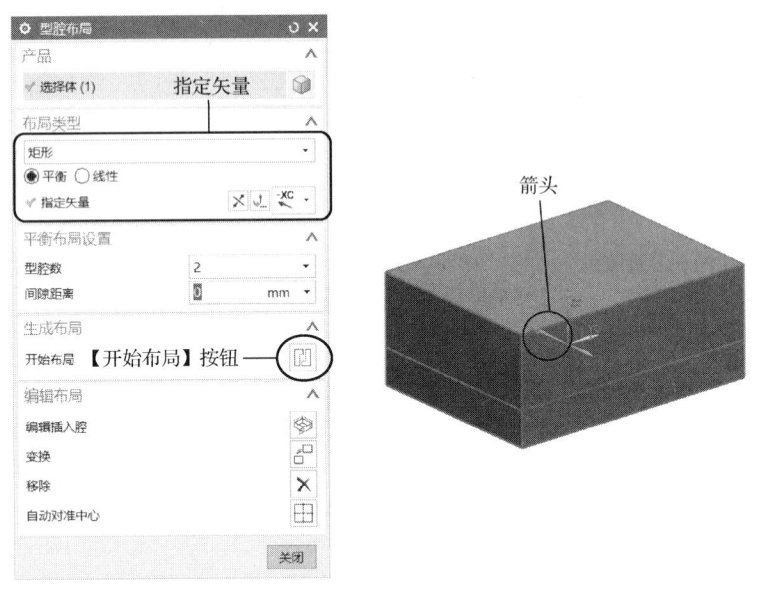

图 2-28 【型腔布局】对话框

> **行家指点：**
> 在创建型腔布局前，必须先完成工件的创建，否则就不能进行型腔布局。

原来的模具坐标系位于单个产品的中央，但做完型腔布局后，一般把模具坐标系设置到整个布局的中央。因此，单击【编辑布局】选项组中的【自动对准中心】按钮，系统将自动把模具坐标系放到整个布局的中央。工件自动对准中心如图 2-29 所示。

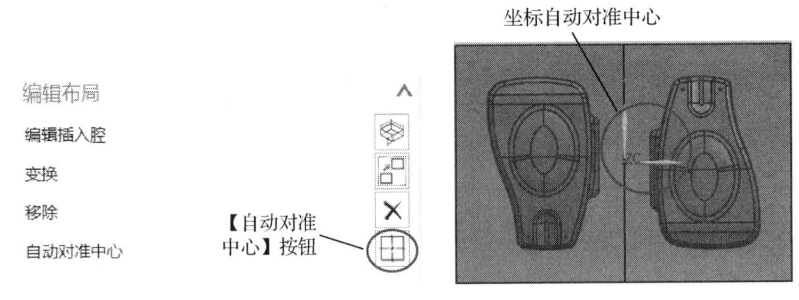

图 2-29 工件自动对准中心

完成以后，执行【文件】>【全部保存】命令，保存整个装配文件。

2.2 注塑模工具

【注塑模工具】工具条是一个提供了实体修补和曲面修补功能的工具条,包括【创建方块】【分割实体】【实体补片】【曲面补片】【修剪区域补片】【扩大曲面补片】【替换实体】等实用命令。大多数存在于塑件表面上的"孔"应该被做成"封闭"的,而这些地方需要通过修补来完成。在模具厂中,这些需要修补的地方称为靠破孔。

实体修补是用一个材料去填补一个空隙,并将该填充的材料加到以后的型腔、型芯或模具的侧型芯来弥补实体修补所移去的面和边的过程。

曲面修补用于覆盖一个开放的曲面并确定它覆盖于塑件的哪一侧。

单击【注塑模向导】工具条中的【注塑模工具】按钮,打开如图 2-30 所示的【注塑模工具】工具条。

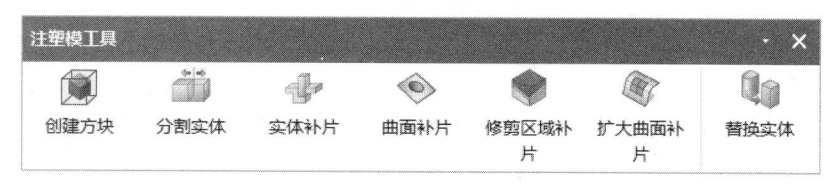

图 2-30 【注塑模工具】工具条

2.2.1 创建方块

单击【注塑模工具】工具条中的【创建方块】按钮。系统弹出如图 2-31 所示的【创建方块】对话框。

- 类型。【创建方块】对话框中包含三种类型:中心和长度、有界长方体和有界圆柱体。

（1）中心和长度:选择一点定义方块的位置,然后通过定义 X、Y、Z 方向的长度值创建方块,如图 2-32（a）所示。

（2）有界长方体:通过选择两个相交的面定义长方体体积,如图 2-32（b）所示。

（3）有界圆柱体:通过选择面定义圆柱体的体积,如图 2-32（c）所示。

图 2-31 【创建方块】对话框

- 设置间隙。将选定的面向外偏移 1.5 mm,如图 2-33（a）所示;单击方块处的箭头,展开【面间隙】下拉列表框,输入该面偏移的距离,如图 2-33（b）所示,这时就可以根据需要对该区域的方块进行相应的偏移。

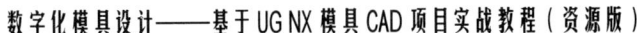

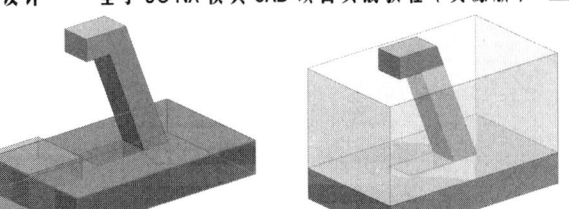

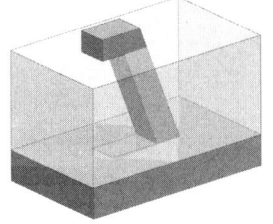

(a）中心和长度方块　　　　（b）有界长方体　　　　（c）有界圆柱体

图 2-32　【创建方块】类型

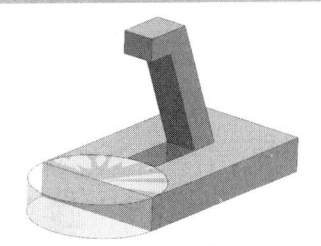

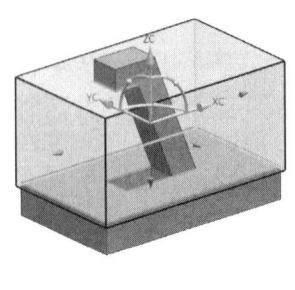

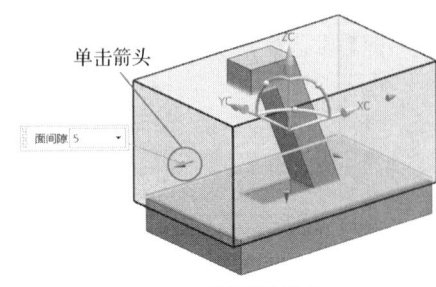

(a）默认面间隙值　　　　　　　　　　（b）设置面间隙值

图 2-33　设置间隙

2.2.2　分割实体

【分割实体】命令允许对目标体（实体或片体）进行修剪或拆分，与建模模块下的【修剪体】、【拆分体】类似，常用于从型腔或型芯中分割出一个镶件或滑块。

单击【注塑模工具】工具条的【分割实体】按钮，弹出如图 2-34 所示的【分割实体】对话框。

- 目标：（被分割对象）可以选择实体或片体。
- 工具选项：【分割实体】命令定义了【现有对象】和【新平面】两种分割方式。

（1）现有对象：只能使用实体的表面作为工具体，并且由选择的面生成一个扩大面，由这个扩大面对目标体进行分割。

（2）新平面：可使用用户坐标系的三个平面或通过平面构造器构造的平面来分割或修剪目标体，也可选取实体、片体、基准平面作为工具体来分割或修剪目标体。

分割方式如图 2-35 所示。

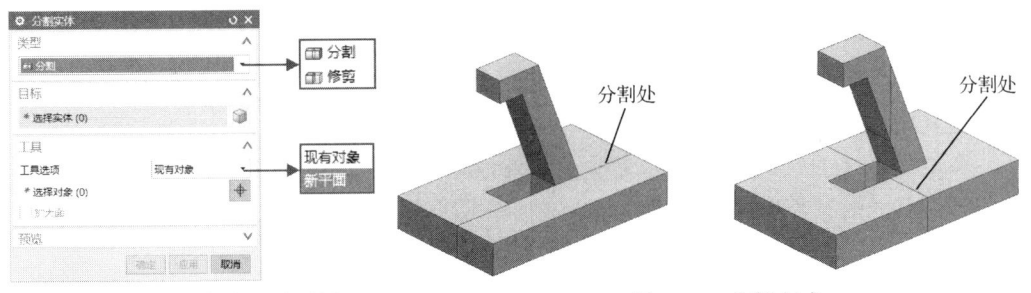

图 2-34　【分割实体】对话框　　　　图 2-35　分割方式

2.2.3 实体补片

实体补片是一种用在部件上构造实体来填补开口区域的方法。在大多数情况下，实体补片比对构造曲面进行补片更有用，对于大的、复杂的缺口更能体现实体补片的方便性。

使用实体补片的过程是在部件上创建一个实体模型以适应开口的形状，实体的面也需要有正确的斜度。使用此功能后会将这些封闭的实体模型合并到部件模型上，并复制封闭模型至 25 层，以备后用。

单击【注塑模工具】工具条中的【实体补片】按钮，弹出如图 2-36 所示的【实体补片】对话框。

● 类型：【实体补片】命令包含两种类型的操作，即【实体补片】和【链接体】。

（1）实体补片：将创建的方块实体模型作为补片合并到产品模型中去。

（2）链接体：将具有【实体补片】特征的实体模型链接到其他模具组件中去。

无论进行的是【实体补片】还是【链接体】操作，都可以通过【目标组件】栏中的组件列表来选取组件，从而使封闭模型（实体）被复制到选中的组件中。

> **行家指点：**
> 要想使用【实体补片】命令修补靠破孔，必须先要创建封闭模型用于填补开口，而这个封闭模型必须位于部件下，否则就不能使用此实体进行修补。

图 2-36 【实体补片】对话框

做做练练 3

打开如图 2-32 所示的装配文件，使用【实体补片】命令完成"靠破孔"的修补。具体操作步骤如下。

步骤 1：部件置顶。单击【注塑模工具】工具条中的【实体补片】按钮，弹出【实体补片】对话框，UG 会自动把选取的部件（top 部件）切换到当前作为显示部件，单击【取消】按钮，退出【实体补片】对话框，如图 2-36 所示。

也可以手工操作使部件成为显示部件。

步骤 2：创建方块。单击【注塑模工具】工具条中的【创建方块】按钮，弹出【创建方块】对话框，选取【有界长方体】作为操作类型，如图 2-37（a）所示。

依次选取产品模型的两个内表面为选

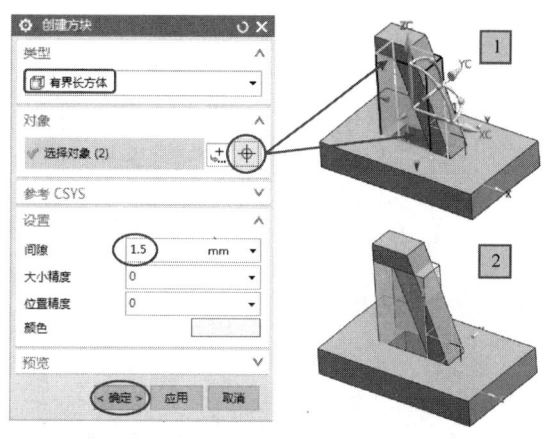

（a）【创建方块】对话框设置　（b）创建方块操作过程

图 2-37 创建方块

择对象，单击【确定】按钮，创建如图 2-37（b）所示的方块。

步骤 3：修剪方块。执行【插入】>【同步建模】>【替换面】命令，弹出【替换面】对话框，在对话框中设置【偏置】的【距离】为 0 mm。

分别选取方块的五个面（除了底面）作为要替换的面，再选择靠破孔的两个内表面及三个侧面作为替换面，单击【确定】按钮，完成如图 2-38 所示的方块修剪。

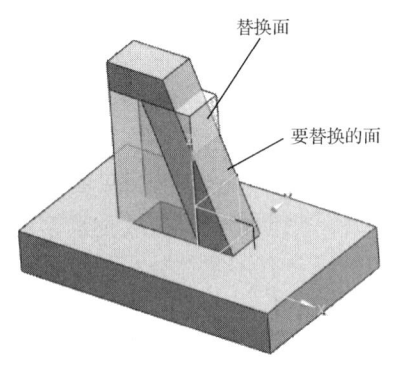

图 2-38　修剪方块

行家指点：
方块底部的位置只要不低于产品底座的上表面即可。即使方块底部没有超过底座的下表面也没关系，因为在后续的分模操作后，在型芯侧会自动产生一个对应的实体来填补这个缺口。

步骤 4：实体补片。单击【注塑模工具】工具条中的【实体补片】按钮，弹出如图 2-39 所示的【实体补片】对话框，【类型】选择为【实体补片】。

选取产品模型作为产品实体，修剪的方块为补片体，在【目标组件】列表中选择【×××_core_×××】选项，单击【应用】按钮，方块自动合并到产品模型上，并复制一个至 25 层，链接一个至×××_core_×××组件的 25 层。实体补片如图 2-39 所示。

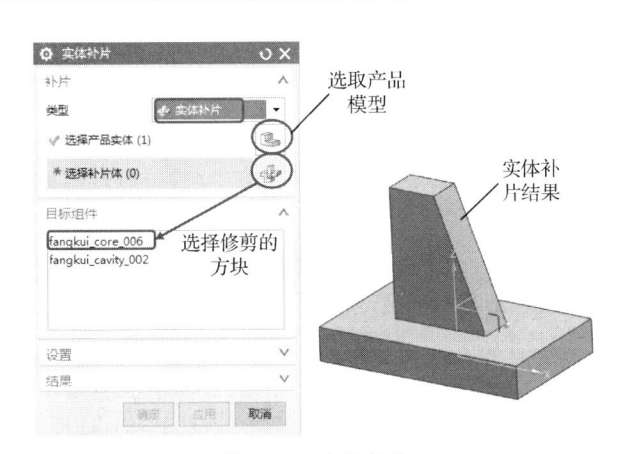

图 2-39　实体补片

2.2.4　曲面补片

曲面补片与实体修补工具的功能大致相同，曲面修补工具主要用来修补产品模型中等复杂的和简单的靠破孔。【注塑模工具】选项卡向设计者提供了 5 种曲面的修补和编辑工具，即【曲面补片】、【修剪区域补片】、【扩大曲面补片】、【编辑分型面】和【曲面补片及拆分面】。

第 2 章 注塑模型腔设计

【曲面补片】是通过选择封闭环曲线，生成曲面片体来修补孔的。【曲面补片】工具应用范围较广，特别适合修补曲面形状特别复杂的孔，且生成的补面很光滑，适合机床加工。

【曲面补片】工具在 Mold Wizard 模块的设计模式和建模模式中都可以使用。

单击【注塑模工具】工具条中的【曲面补片】按钮，弹出【边修补】对话框，如图 2-40 所示。

● 类型：【边修补】对话框包括【面】、【体】和【移刀】三种类型选择。

1.【面】

此类型仅适合修补单个平面内的孔，对于曲面中的孔或多个面组合而成的孔是不能修补的。图 2-41 列出了适合与不适合【面】类型的孔。

图 2-40 【边修补】对话框

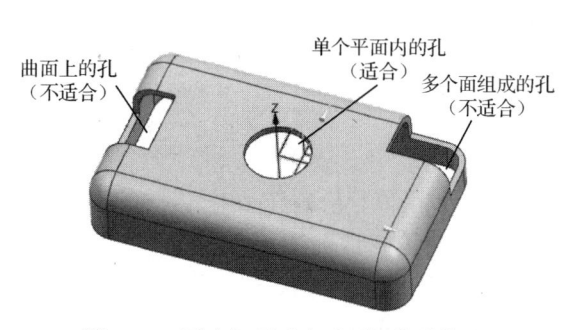

图 2-41 适合与不适合【面】类型的孔

> **行家指点：**
> 若是选择了【面】类型，用户无须判断是否有不合适修补的孔，程序会自动进行判断。适合修补的侧孔所在的面将高亮显示，不适合的则不能被选中。

2.【体】

【体】类型适合修补具有明显孔边线的孔。但是当激活选择【体】类型后，程序所选择的孔边线不符合修补条件，也就无法以【体】类型来修补。如果将产品模型进行区域分析，即可修补。【体】类型的孔修补如图 2-42 所示。

【体】类型的选项与【面】类型中的选项相同，这里就不重复介绍了。

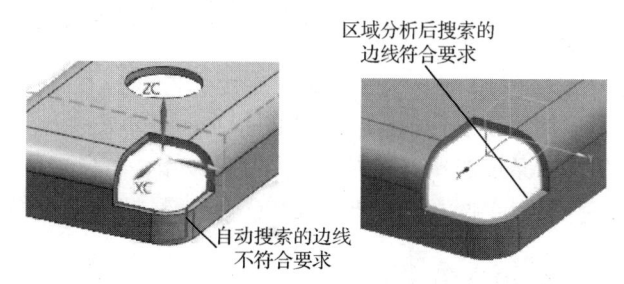

图 2-42 【体】类型的孔修补

3.【移刀】

【移刀】类型仅适合修补经过【检查区域】的产品模型。

> **行家指点：**
> 【分型刀具】组中的【区域分析】工具是针对产品进行区域分析的。也就是说，在建模模式中也可以使用该工具进行产品的区域分析。

【移刀】类型的选项设置如图 2-43 所示。

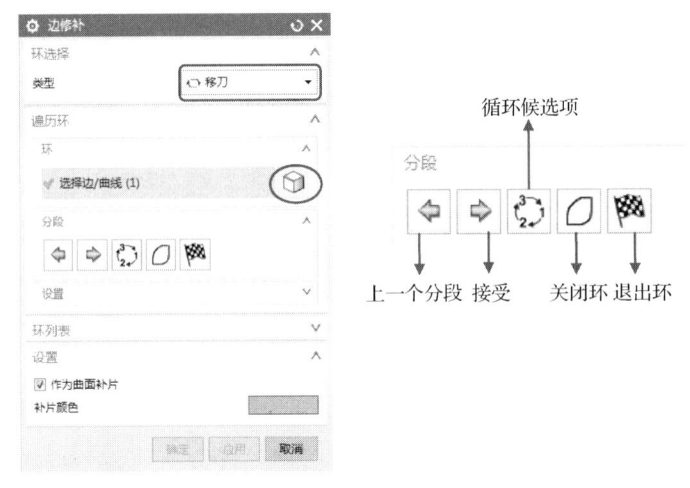

图 2-43 【移刀】类型的选项设置

在经过区域分析的产品中，选择孔的第 1 条边线，随后程序自动选择第 2 条边线，当自动选择的边线错误时，可单击【分段】选项组中的【循环候选项】按钮来搜索正确的边线，如图 2-44 所示。边线正确后，再单击【接受】按钮，继续选择其余的孔边线，直到完成所有孔边线的选择。

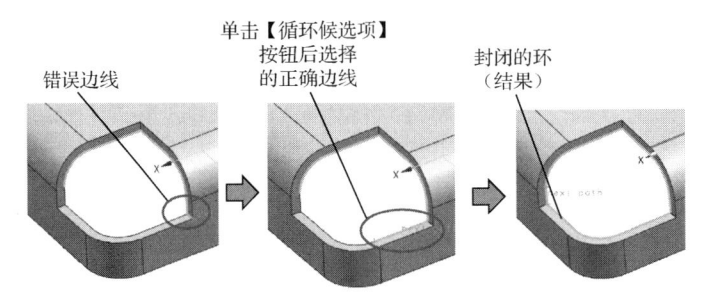

图 2-44 搜索正确边线

如果要返回前一个边线的状态，可单击【上一个分段】按钮，如果孔为半封闭，在最后的一条边选择后单击【关闭环】按钮，可以封闭孔边线，如图 2-44 所示。

可以在搜索任意一边线后，单击【退出环】按钮。这时孔边线的搜索随时可结束。

做做练练4

打开如图 2-45 所示的 Bianyuan 产品模型，使用【曲面补片】命令完成靠破孔的修补。具体操作如下所示。

步骤 1：修补产品表面上的孔。单击【注塑模工具】工具条中的【曲面补片】按钮，弹

第 2 章 注塑模型腔设计

出【边修补】对话框，Mold Wizard 模块自动把当前的显示切换到部件，使其成为显示部件。

在【边修补】对话框中选择【面】类型，如图 2-46 所示。选择产品上表面，系统自动选择表面的圆孔为【环 1】，切换合适的面侧，单击【确定】按钮完成圆孔补片。

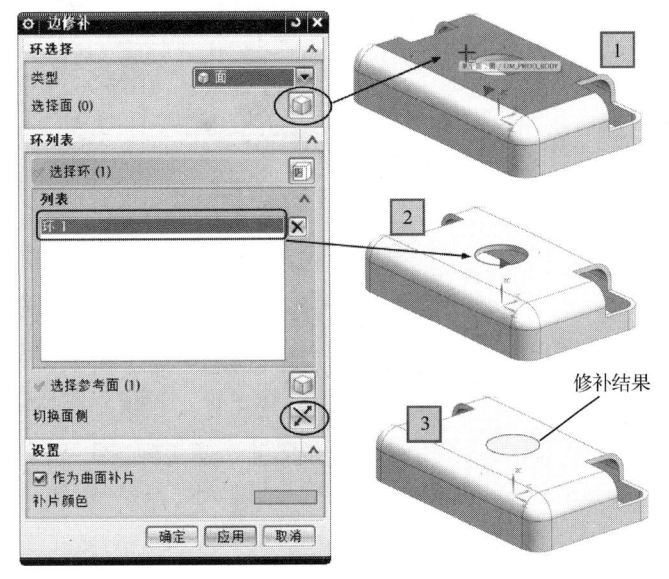

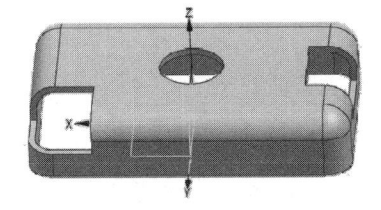

图 2-45 Bianyuan 产品模型　　　　图 2-46 修补产品上表面孔

步骤 2：修补产品侧面孔。在【边修补】对话框中选择【体】类型，如图 2-47 所示。选择产品模型体，系统自动选择侧面孔和三面孔。

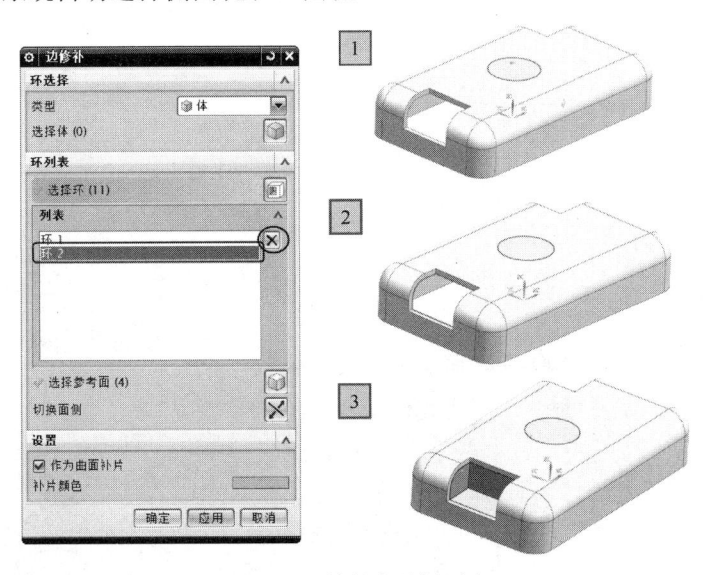

图 2-47 修补产品侧面孔

删除没有清晰边缘的【环 2】，单击【确定】按钮完成侧面孔的修补。

步骤 3：修补产品三面孔。单击【注塑模工具】工具条中的【曲面补片】命令，在【边修补】对话框中选择【移刀】类型，如图 2-48 所示。

在【边修补】对话框的【设置】栏中，把【按面的颜色遍历】前的勾选去掉。

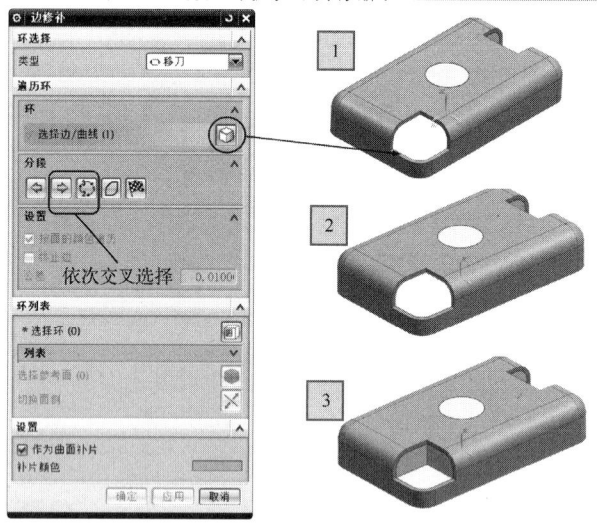

图 2-48 修补产品三面孔

选择产品的三面孔边,依次交叉选择【接受】和【循环候选项】按钮,完成孔环路,单击【确定】按钮完成孔的修补,结果如图 2-48 所示。

2.2.5 修剪区域补片

【修剪区域补片】工具就是指通过用选定的修补实体的边线或产品边线来修剪修补实体,以此创建出补片工具。【修剪区域补片】工具适用于修补产品靠破孔。

在【注塑模工具】工具条中单击【修剪区域补片】按钮,弹出【修剪区域补片】对话框,如图 2-49 所示。

下面我们通过做做练练的具体实例来学习这一工具。

做做练练 5

打开如图 2-50 所示的修剪区域补片模型,执行【修剪区域补片】命令,完成此模型开口的修补。

步骤 1:创建补孔实体。打开装配文件,执行【注塑模工具】工具条中的【修补区域补片】命令,系统打开【修补区域补片】对话框,单击对话框中的【取消】按钮,将 Parting 部件设置成显示部件。

> **行家指点:**
> 对于后面将用到的补片的对象(包括实体、曲面等),必须在 Parting 部件中创建,否则就不能应用相应的补片命令选取这些对象。

图 2-49 【修剪区域补片】对话框

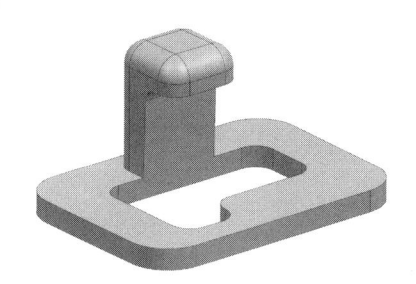

图 2-50 修剪区域补片模型

第 2 章 注塑模型腔设计

执行【插入】>【曲线】>【直线】命令,弹出【直线】对话框,确认【点方法】为【端点】,选择产品开口内侧面的两个端点,绘制如图 2-51 所示的直线。

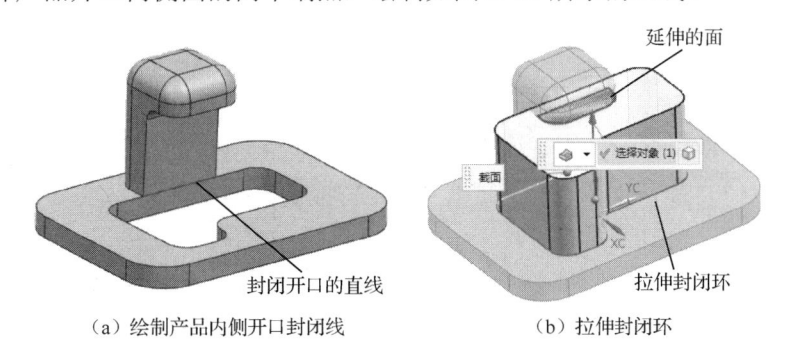

(a)绘制产品内侧开口封闭线　　　　(b)拉伸封闭环

图 2-51 拉伸补孔实体

执行【插入】>【设计特征】>【拉伸】命令,弹出【拉伸】对话框,选取创建的直线及其相邻的曲线环作为截面曲线,选取底座平面(其法线方向)作为拉伸方向,在【距离】栏设置 0 mm,【结束】栏设置为【直至延伸部分】,选取位于直线上方的平面作为被延伸的面,拉伸设置及结果如图 2-52 所示,单击【确定】按钮,创建如图 2-52 所示的实体。

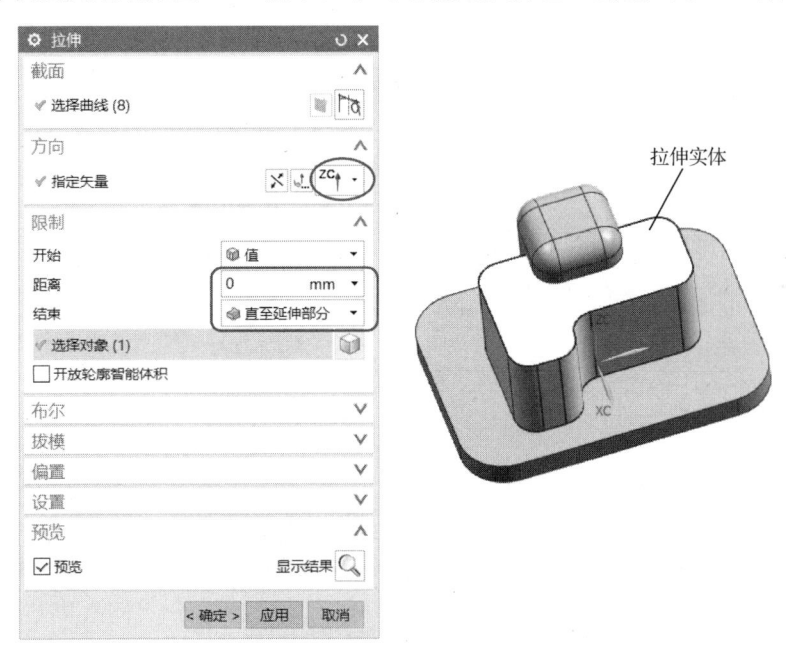

图 2-52 拉伸设置及结果

步骤 2:编辑补孔实体。执行【插入】>【细节特征】>【拔模】命令,弹出【拔模】对话框,设置【类型】为【从平面或曲面】,【脱模方向】为 ZC,选取拉伸体的底面作为【固定面】,选取拉伸体的一圈侧面作为【要拔模的面】,在【角度】数值框中输入 2,设置拔模斜度如图 2-53 所示。设置完成后单击【确定】按钮,得到如图 2-53 所示的脱模效果。

> **行家指点**:
> 创建的实体(补片)必须封闭产品的开口,而且也需要正确的脱模及合适的拔模角。

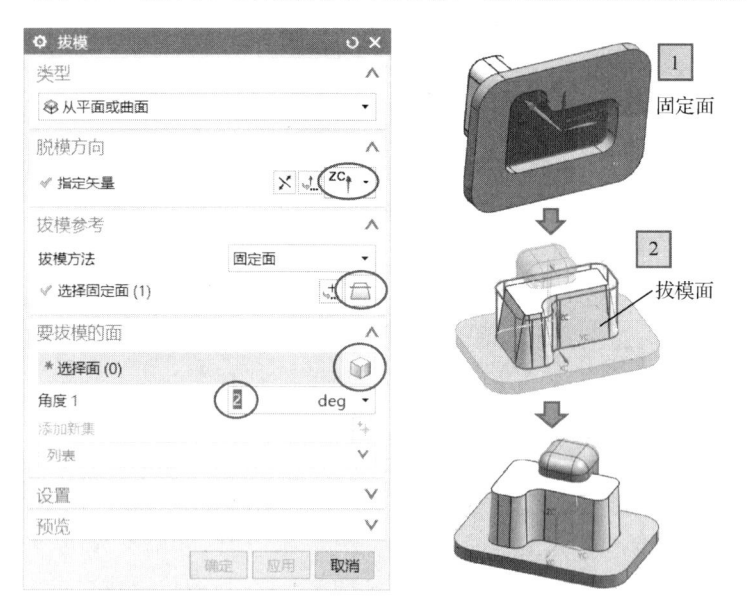

图 2-53 设置拔模斜度

单击【注塑模工具】工具条中的【参考圆角】按钮，弹出图 2-54 中的【参考圆角】对话框。选择产品开口处的圆角作为【参考面】，选择拉伸体的一圈上边缘作为【要倒圆的边】，选择完成后单击【确定】按钮，得到如图 2-54 所示的圆角。

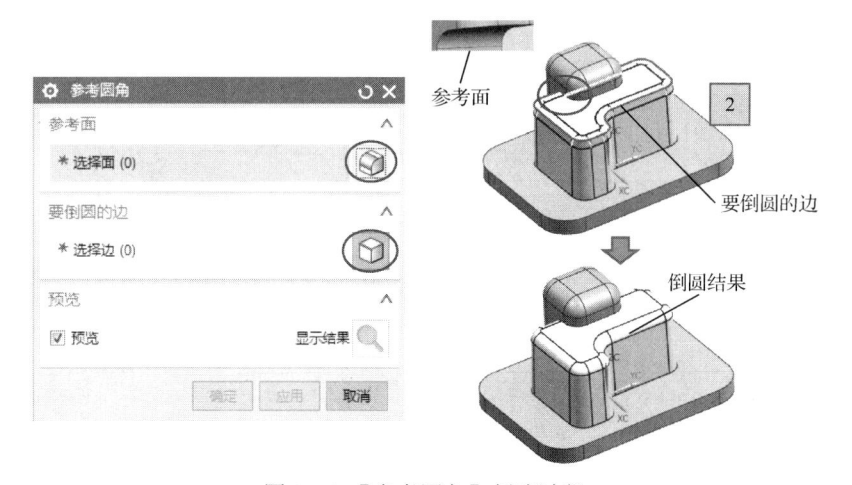

图 2-54 【参考圆角】创建过程

步骤 3：修剪区域补片。单击【注塑模工具】工具条中的【修剪区域补片】按钮，弹出【修剪区域补片】对话框，在【目标】栏中，选取创建完成的实体作为目标实体；在【边界】栏中，选取如图 2-55 所示的封闭曲线。

先在【区域】栏中选择【保留】，然后选择如图 2-55 所示的选择区域，选择完成后单击【确定】按钮，得到如图 2-56 所示的修剪区域补片结果。

第 2 章　注塑模型腔设计

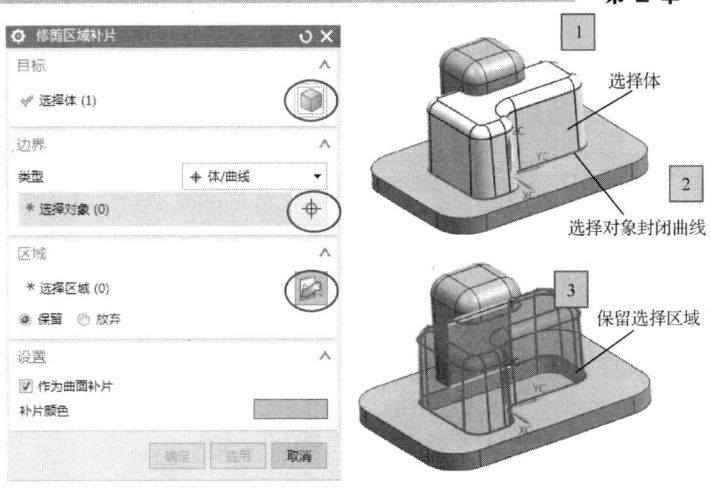

图 2-55　【修剪区域补片】创建过程

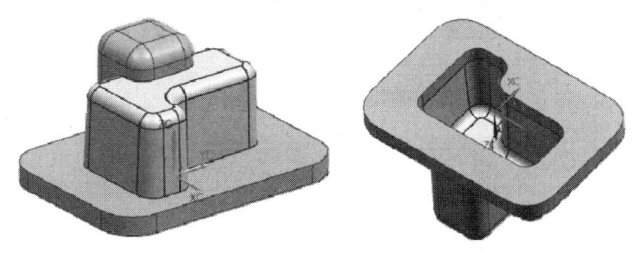

图 2-56　修剪区域补片结果

2.2.6　扩大曲面补片

扩大曲面补片功能用于提取体上的面，并通过控制 U 和 V 方向动态调节滑块来扩大曲面。扩大后的曲面可以作为补片复制到型腔和型芯，其功能大致可以分解为扩大、修剪和添加三个步骤。

单击【注塑模工具】工具条中的【扩大曲面补片】按钮，弹出如图 2-57 所示的【扩大曲面补片】对话框。该对话框中【设置】栏的各项如下。

（1）【更改所有大小】是指被扩大后得到的曲面是沿着原始面边界线性延伸的，并且在边界处与原始面相切，选中要扩大的曲面后，在显示区域便会显示 U、V 坐标系（见图 2-57），在这里可以更改曲面区域的大小。

图 2-57　【扩大曲面补片】对话框

（2）【切到边界】：表示可以使用高亮显示的边界对扩大面进行裁剪。如果取消选中此复选框，扩大面将不会进行修剪，其下面的选项将被关闭。

（3）【作为曲面补片】：选中此复选框后，扩大的面会被复制到型腔和型芯，用于后面的补片。

做做练练 6

打开如图 2-58 所示的扩大曲面补片模型，对产品的底面进行扩大，使其为分型面做准备。

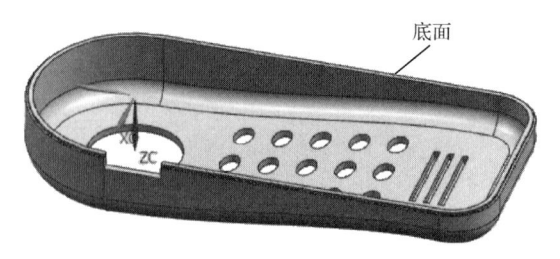

图 2-58　扩大曲面补片模型

步骤 1：桥接产品缺口曲线。单击【注塑模工具】工具条中的【扩大曲面补片】按钮，弹出【扩大曲面补片】对话框，Mold Wizard 模块自动把 Parting 部件作为显示部件。

执行【插入】>【派生曲线】>【桥接】命令，弹出图 2-59 中的【桥接曲线】对话框，选取产品缺口的两侧边缘作为桥接对象，单击【确定】按钮，创建如图 2-59 所示的桥接曲线。

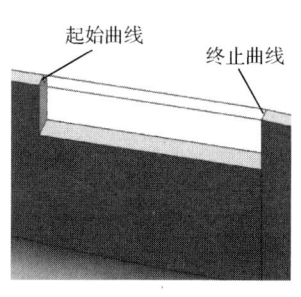

图 2-59　桥接产品缺口曲线

步骤 2：扩大区域补片。重新单击【注塑模工具】工具条中的【扩大曲面补片】按钮，在弹出的【扩大曲面补片】对话框中，单击【目标选择】按钮，选取图 2-60 中的产品底面；单击【边界选择】按钮，选取图 2-60 中底面边界的外缘为边界；单击【选择区域】按钮，选取图 2-60 中的外围曲面为保留区域，单击【确定】按钮得到扩大区域的补片结果（见图 2-60）。

第 2 章　注塑模型腔设计

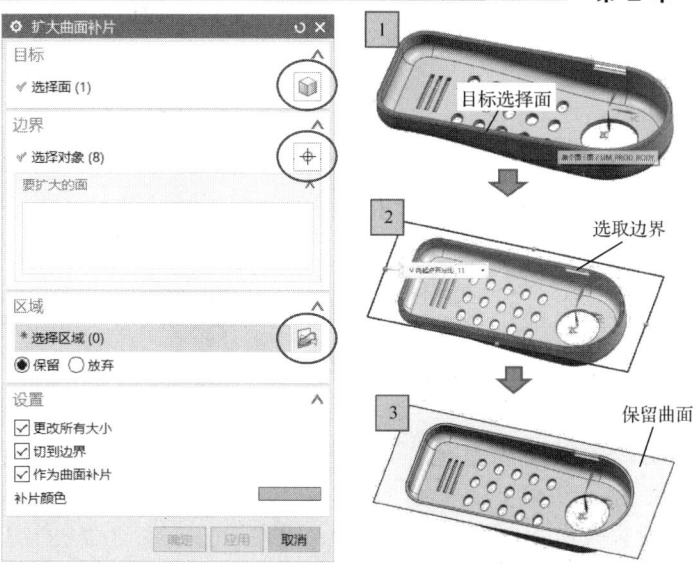

图 2-60 【扩大区域补片】创建过程

2.2.7　替换实体

打开如图 2-61 所示的替换实体模型，在下拉菜单【窗口】中将【替换实体_parting_022.prt】置为当前。

扫一扫看微课视频：替换实体

（1）替换实体。单击【注塑模工具】工具条中的【替换实体】按钮，系统弹出【替换实体】对话框，选择模型中缺口的六个面，注意调整方向，如图 2-62 所示，单击【确定】按钮完成设置。

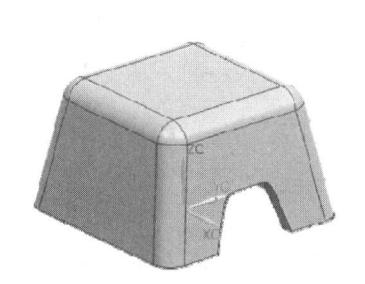

图 2-61　替换实体模型　　　　　　图 2-62　【替换实体】操作

（2）设置参考圆角。单击【注塑模工具】工具条中的【参考圆角】按钮，系统弹出【参考圆角】对话框，选择模型圆角为【选择面】，上一步创建的替换实体的边为要倒圆的边，单击【确定】按钮，完成图 2-63 中的实体。

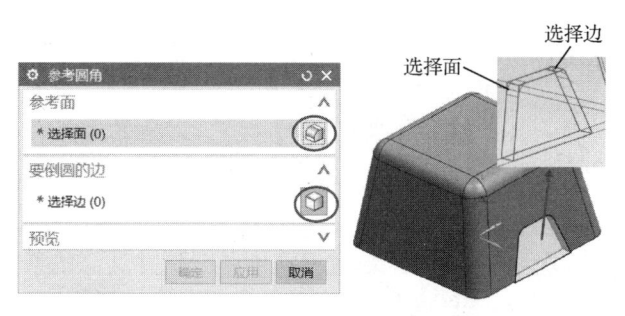

图 2-63　【参考圆角】操作

2.3 模具分型

模具分型工具是将各分型子命令组织成有逻辑的连续步骤，并允许不间断、自始至终地使用整个分型功能的工具。模具分型工具的每个分型步骤都是独立的，并且可以不按照顺序来操作，这样使操作的灵活性大大增强。模具分型工具最主要的功能是创建分型线、设计分型面、定义型芯和型腔及数据变更处理。模具分型工具主要由两大部分组成，如图2-64所示，【模具分型工具】的工具条集成了用于分模的一系列命令集；分型导航管理树用于控制在分型过程中创建对象的可见性和查看要创建的项目是否被创建。

(a)【模具分型工具】工具条　　　　(b) 分型导航管理树

图2-64 模具分型工具

2.3.1 检查区域

【区域分析】的作用有两个方面：一是对产品的拔模角进行分析；二是用于识别产品的内外表面哪些属于型腔表面，并相应地染上颜色以示区别，对于不正确或未识别的可以通过指定的方式来确定。

执行【注塑模向导】>【模具分型工具】>【检查区域】命令，弹出【检查区域】对话框，如图2-65所示。

1.【计算】选项卡

【计算】选项卡主要用来对产品进行区域分析、面拔模分析前的基本设置。如分析对象指定、拔模方向指定、重新分析等。

(1)【保持现有的】：保留初始化产品模型中所有的参数做模型验证。

(2)【仅编辑区域】：仅对做过模型验证的部分进行编辑。

(3)【全部重置】：删除以前的参数及信息，重做模型试验。

2.【面】选项卡

【面】选项卡是用来进行产品表面分析的，分析结果为用户修改产品提供了可靠的参考数据，如图2-66所示。产品表面分析包括面的底切分析（又称"倒扣面分析"）和拔模分析。

3.【区域】选项卡

在进行产品面的区域分析时设计者需提前抽取区域面，区域分析结果将直接影响到模具自动分型的成功与否。

【区域】选项卡的主要作用是分析并计算出型腔、型芯区域的个数，以及对区域面进行重新指派。【区域】选项卡如图2-67所示。

第 2 章　注塑模型腔设计

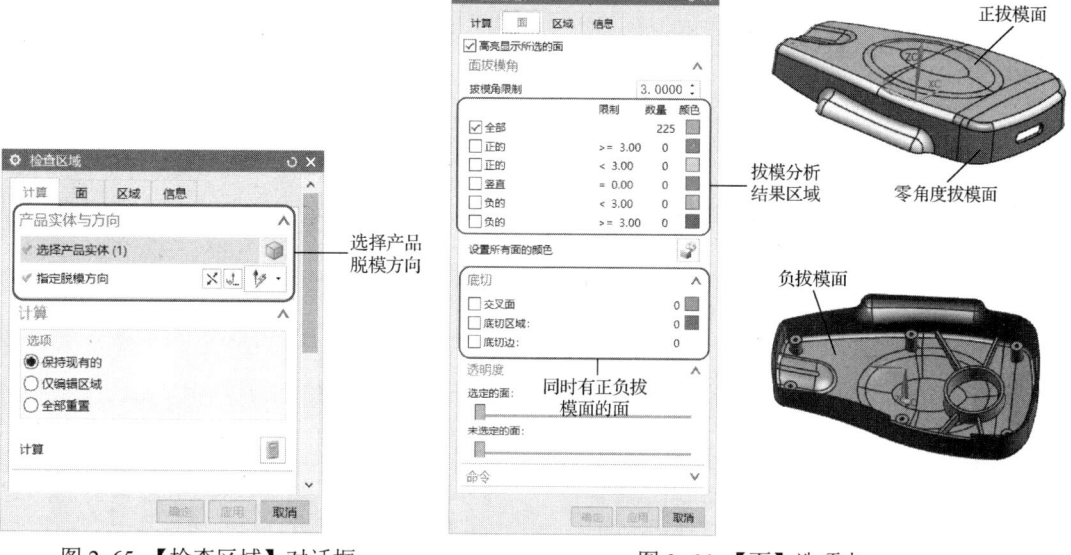

图 2-65　【检查区域】对话框

图 2-66　【面】选项卡

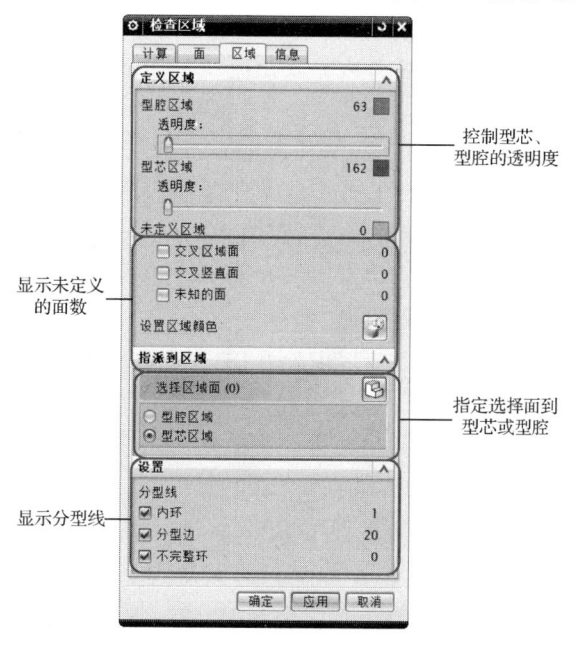

图 2-67　【区域】选项卡

4. 【信息】选项卡

【信息】选项卡用于显示产品分析后的属性显示，如面属性、模型属性和尖角。

2.3.2　定义区域

【定义区域】是指定义型腔区域或型芯区域，并抽取出区域面的功能区。区域面就是产品外侧和内侧的曲面。

在【模具分型工具】工具条中单击【定义区域】按钮，系统弹出【定义区域】对话框，如图 2-68 所示。

扫一扫看微课视频：定义区域

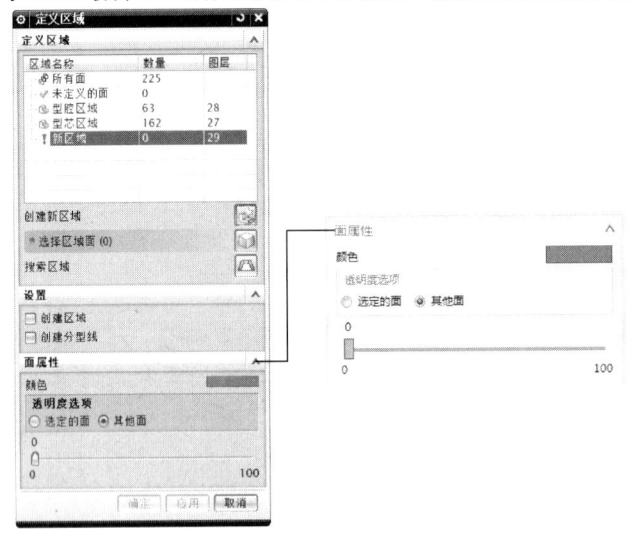

图2-68 【定义区域】对话框

1.【定义区域】选项区

该选项区的区域列表中列出的参考数据就是区域分析的结果数据。选项区中各选项的含义如下。

（1）【所有面】：包含产品中所有定义的和未定义的面。

（2）【未定义的面】：Mold Wizard 模块无法判定是型腔区域还是型芯区域的面。

（3）【型腔区域】：包含属于型腔区域的所有面。

（4）【型芯区域】：包含属于型芯区域的所有面。

（5）【新区域】：列出属于新区域的面。

（6）【创建新区域】：激活此命令可以创建新的区域，这为创建抽芯滑块和斜顶机构提供了方便。

（7）【选择区域面】：在区域列表中选择一个区域后，再激活【选择区域面】命令，即可为该区域添加新的面。

（8）【搜索区域】：选择型腔区域或型芯区域中的任意一个面，单击【确定】按钮，完成型腔区域或型芯区域的创建。

2.【设置】选项区

【设置】选项区包含两个复选项，其含义如下。

（1）【创建区域】：勾选此复选框，系统将抽取型腔区域面和型芯区域面；取消勾选，则不会抽取该区域面。

（2）【创建分型线】：勾选此复选框，系统将在抽取区域面后再抽取出产品的分型线，包括内部环和分型边。

做做练练 7

继续引用前面 ZP2 实例的操作结果，打开如图 2-69 所示的检查区域装配模型，进行检查区域的设定。

步骤1：【计算】选项卡。

单击【注塑模向导】>【模具分型工具】>【检查区域】，弹出【检查区域】对话框，选择+ZC 作为脱模方向后，勾选【保持现有的】选项，单击【计算】按钮。【计算】选项卡设置如图 2-70 所示。

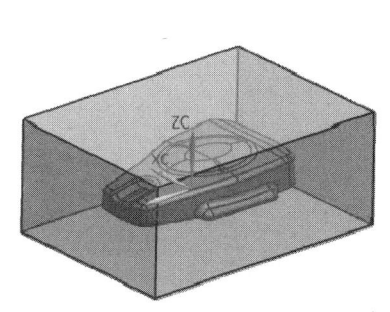

图 2-69 检查区域装配模型

图 2-70 【计算】选项卡设置

步骤2：【区域】选项卡。

在【区域】选项卡中单击【设置区域颜色】按钮，产品模型就被染上对应的颜色，来表示型腔区域、型芯区域及未定义的区域。设置区域颜色如图 2-71 所示。

对未定义或定义错误的区域重新指定。在【指派到区域】栏中选择【型腔区域】，选择需要指派的面，选择后单击【应用】按钮，此前未定义的区域表面的颜色全部变为与型腔区域的颜色一致，如图 2-71 所示，此时就完成产品型芯和型腔表面的颜色划分。

> **行家指点：**
> 当【未定义区域】的面的总数为零时，表示对型腔区域和型芯区域的指定是正确的，否则是不正确的，不能进行正常分模。

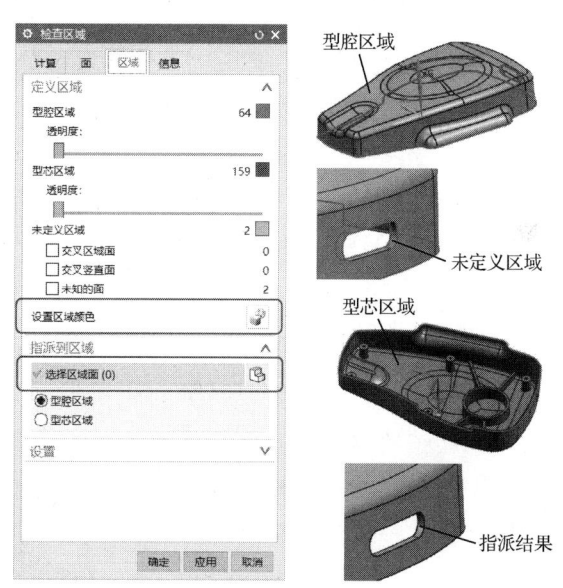

图 2-71 设置区域颜色

步骤3：【定义区域】。

单击【注塑模向导】>【模具分型工具】>【定义区域】，弹出【定义区域】对话框。

在【定义区域】对话框中选择【型芯区域】，在【设置】选项中勾选【创建区域】和【创建分型线】，单击【应用】按钮完成设计区域的设置。【定义区域】设置如图 2-72 所示。

步骤4：检查【定义区域】的正确性。

在【分型导航器】中勾选【分型线】，再分别勾选【型腔】、【型芯】。检查定义区域完成情况如图 2-73 所示。

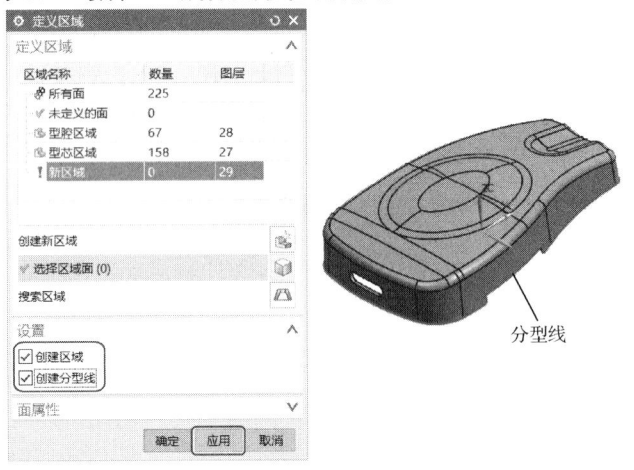

图 2-72 【定义区域】设置

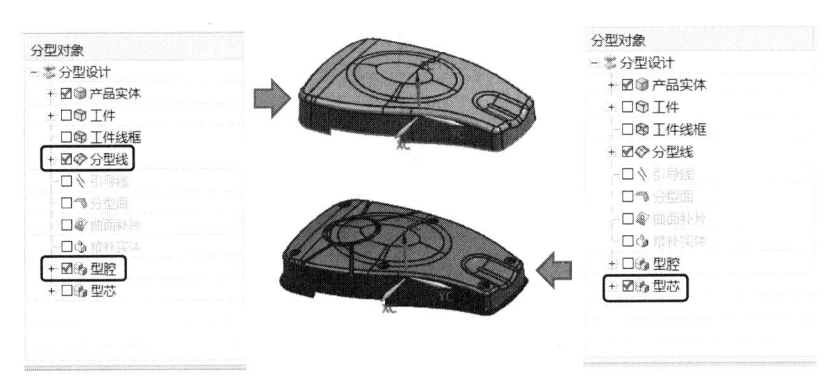

图 2-73 检查定义区域完成情况

2.3.3 设计分型面

【模具分型工具】工具条中的【设计分型面】工具主要用于模具分型面的主分型面设计。设计者可以用此工具来创建主分型面、编辑分型线、编辑分型段和设置公差等。

在【模具分型工具】工具条上单击【设计分型面】按钮，弹出【设计分型面】对话框（见图 2-74）。【设计分型面】对话框有 5 个选项区，介绍如下。

1. 分型线

【分型线】选项区用来收集在【检查区域】过程中抽取的分型线。如果先前没有抽取分型线，【分型段】列表中将不会显示分型线的分型段、删除分型面和分型线数量等信息。

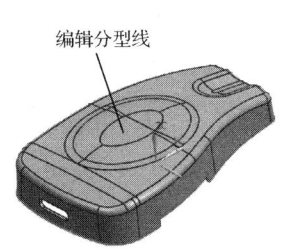

图 2-74 【设计分型面】对话框

第 2 章 注塑模型腔设计

> **行家指点：**
> 如果要删除已有的分型线，可以通过分型管理器将分型线显示出来，然后在图形区中右击选择分型线，并执行【删除】命令即可。如何删除分型线如图 2-75 所示。

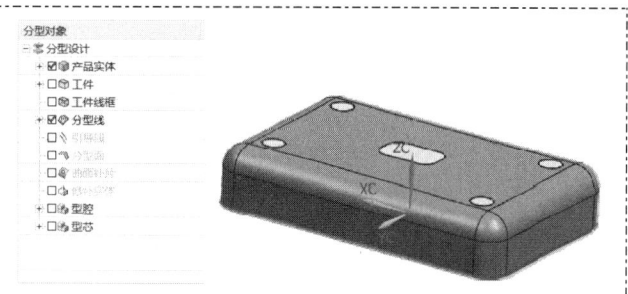

图 2-75 如何删除分型线

2．创建分型面

仅当选择了分型线后，【创建分型面】选项区才显示。该选项区提供了几种主分型面的创建方法：拉伸、修剪和延伸、条带曲面和引导式延伸等。不同的分型线，可能会产生不同的分型面创建方法。

> **行家指点：**
> 分型面的创建方法是程序参考了产品的形状来提供的。简单产品的创建方法最多，产品越复杂，能用的创建方法就越少。

（1）【拉伸】方法：该方法适合产品分型线不在同一个平面中的主分型面的创建。创建【拉伸】分型面如图 2-76 所示。创建【拉伸】分型面的方法是手工选择产品一侧的分型线，在指定拉伸方向后，单击该对话框的【应用】按钮，即可创建产品一侧的分型面，如图 2-76 所示。其余 3 侧的分型面按此方法创建即可。

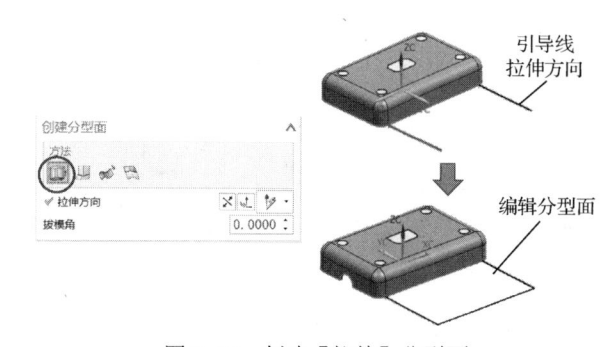

图 2-76 创建【拉伸】分型面

（2）【修剪与延伸】方法：分型面根据延伸面不同，分为【型腔区域】和【型芯区域】。若型腔或型芯底平面适合延伸，即可创建分型面，若不适合延伸则不能创建。图 2-77 所示为创建【修剪与延伸】分型面。

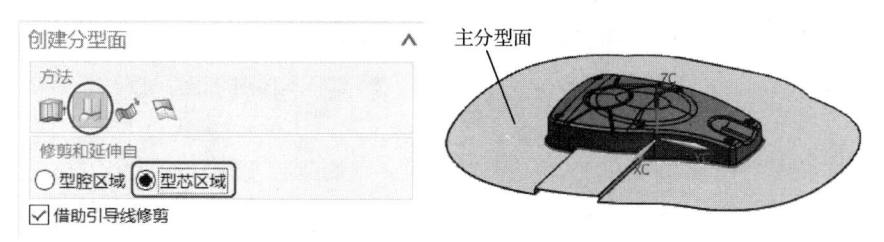

图 2-77 创建【修剪与延伸】分型面

（3）【有界平面】方法：【有界平面】就是以分型段（整个产品分型线的其中一段）、引导线及 UV 百分比控制而形成的平面边界，通过自修剪而保留需要的部分有界平面。当产品

61

底部为平面，或者产品拐角处底部面为平面时，可使用此方法来创建分型面。创建【有界平面】分型面如图 2-78 所示。其中，【第一方向】和【第二方向】为主分型面的展开方向，如图 2-78 所示。

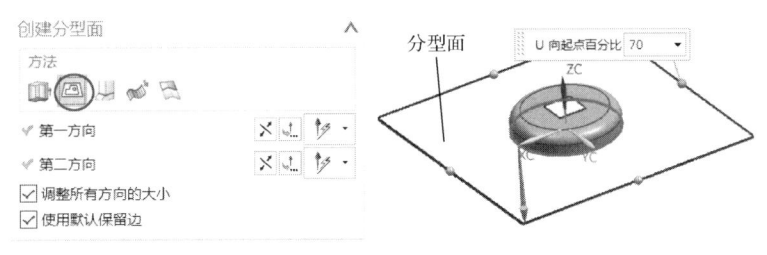

图 2-78 创建【有界平面】分型面

（4）【条带曲面】方法：【条带曲面】就是无数条平行于 XY 坐标平面的曲线，沿着一条或多条相连的引导线排列而生成的面。若分型线已设计了分型段，则【条带曲面】工具与【扩大曲面补片】工具相同。若产品分型线全在一个平面内，且没有设计引导线，则可创建【条带曲面】类型的主分型面。创建【条带曲面】分型面，如图 2-79 所示。

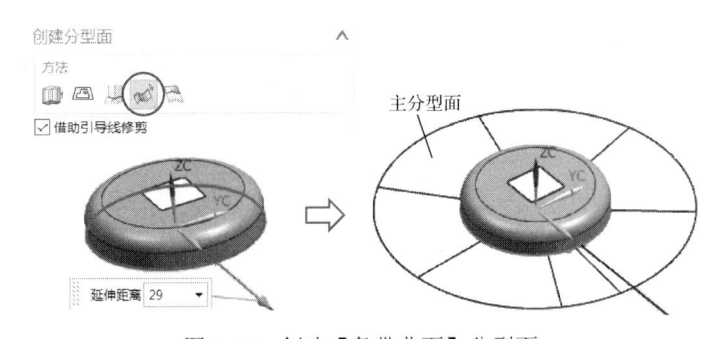

图 2-79 创建【条带曲面】分型面

3. 编辑分型线

【编辑分型线】选项区的主要作用是手工选择产品分型线或分型段。【编辑分型线】选项区的选项设置如图 2-80 所示。

在选项区中激活【选择分型线】命令，即可在产品中选择分型线，单击【应用】按钮后，选择的分型线将放置在【分型线】选项区的【分型段】列表中。

若单击【遍历分型线】按钮，可通过弹出的【遍历分型线】对话框遍历所选择的分型线，如图 2-80 所示。这有助于边缘较长产品的分型线的选择。

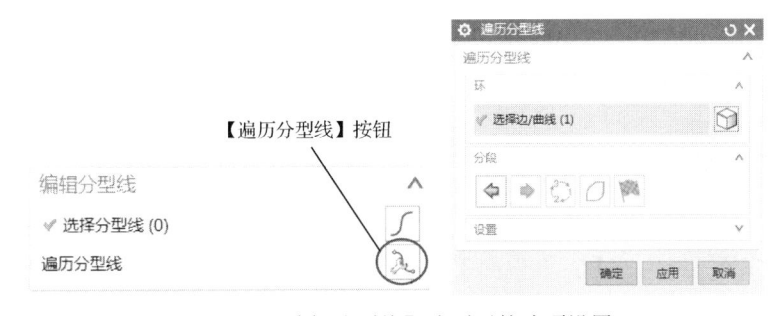

图 2-80 【编辑分型线】选项区的选项设置

4. 编辑分型段

【编辑分型段】选项区的功能是选择要创建主分型面的分型段,以及编辑引导线的长度、方向和删除等。

【编辑分型段】选项区的选项设置如图 2-81 所示。各选项含义如下。

(1)【选择分型或引导线】:激活此命令,在产品中选择要创建分型面的分型线和引导线。引导线就是主分型面的截面曲线,如图 2-81 所示。

(2)【选择过渡曲线】:过渡曲线就是要创建主分型面某一部分的分型线。过渡曲线可以是单段分型线,也可以是多段分型线(见图 2-82)。当选择了过渡曲线后,主分型面将按指定的过渡曲线创建。

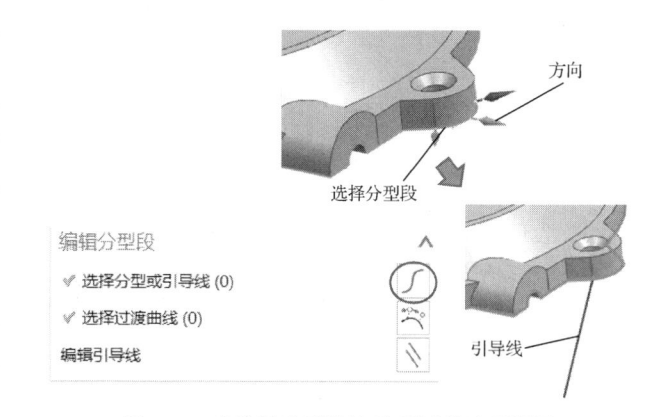

图 2-81 【编辑分型段】选项区的选项设置

(3)编辑引导曲线:引导曲线是主分型面的截面曲线,它的长度及方向决定了主分型面的大小和方向。单击【编辑引导线】按钮,可以通过弹出的【引导线】对话框来编辑引导线,如图 2-83 所示。

> **行家指点:**
> 当需要创建靠破分型面时,引导线的方向可以按一定的角度倾斜,这使设计者可以创建出具有倾斜角度的主分型面。

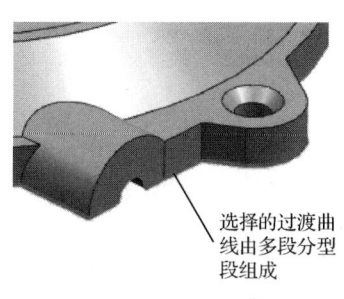

图 2-82 选择过渡曲线

图 2-83 【引导线】对话框

5. 设置

该选项区用来设置分型面缝合的公差、分型面的长度及拉伸或扫掠分型面的预览显示等。【设置】选项区如图 2-84 所示。

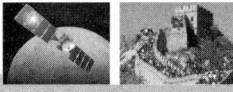

设置	∧
公差	0.0100
分型面长度	60.0000
□ 创建拉伸或扫掠曲面预览	

图 2-84 【设置】选项区

扫一扫看微课视频：曲面补片

做做练练 8

打开已经完成【定义区域】的装配模型（见图 2-69），进行分型面创建。

步骤 1：曲面补片修补侧孔。【模具分型工具】工具条中的【曲面补片】命令与【注塑模工具】工具条中的【曲面补片】命令一致，具体做法可以参考 2.2.3 实体补片中的【边修补】命令。

单击【模具分型工具】工具条中的【曲面补片】按钮，系统弹出【边修补】对话框，单击【遍历环】选项区中的【选择边/曲线】按钮，在模型上选择如图 2-85 所示的侧孔环。

单击【边修补】对话框中的【应用】按钮完成侧孔的修补。

步骤 2：设计分型面。单击【模具分型工具】工具条中的【设计分型面】按钮，系统弹出【设计分型面】对话框，单击【修剪与延伸】按钮，在【修剪和延伸自】选项区中选择【型芯区域】。单击【应用】按钮完成如图 2-86 所示的分型面设计操作。

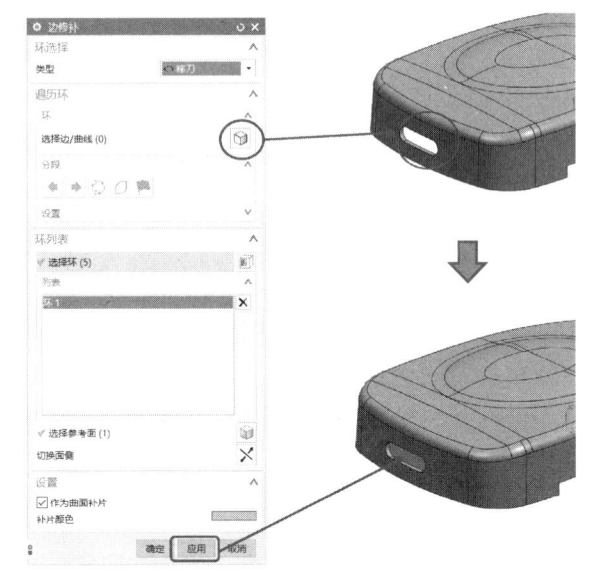

图 2-85 【曲面补片】修补侧孔

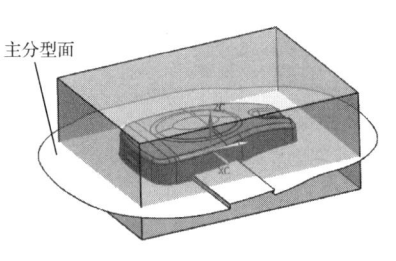

图 2-86 分型面设计操作

2.3.4 定义型腔和型芯

当 Mold Wizard 模块的模具设计流程在分型面完成阶段时，即可使用【定义型腔和型芯】工具创建模具的型腔和型芯零部件，缝合相应的分型面。

在【模具分型工具】工具条中单击【定义型腔和型芯】按钮，程序将弹出【定义型腔和型芯】对话框。自动分割型腔部件如图 2-87 所示。

1. 分割型腔或型芯

若设计者没有对产品进行项目初始化操作，而直接进行型腔或型芯的分割操作，这就要求设计者手工添加或删除分型面。

若设计者对产品进行了初始化项目操作，在【选择片体】选项区的列表中选择【型腔区域】选项，单击【应用】按钮，程序会自动选择并缝合型腔区域面、主分型面和型腔侧曲面的补片。如果缝合的分型面没有间隙、重叠或交叉等问题，程序会自动分割出型腔部件，如图 2-87 所示。

2. 分型面的检查

当缝合的分型面出现问题时，可在菜单栏中执行【分析】>【检查几何体】命令，通过弹出的【检查几何体】对话框，对分型面中存在的交叉、重叠或间隙等问题进行检查。分型面的检查如图 2-88 所示。

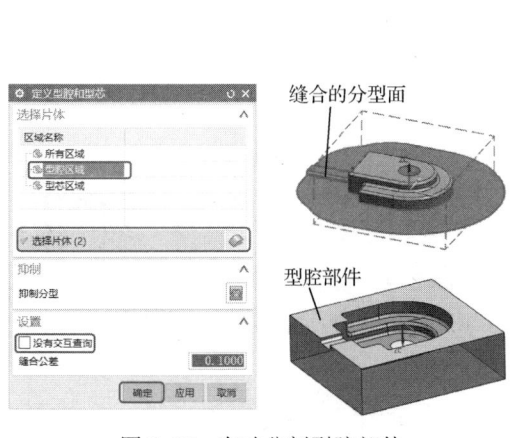

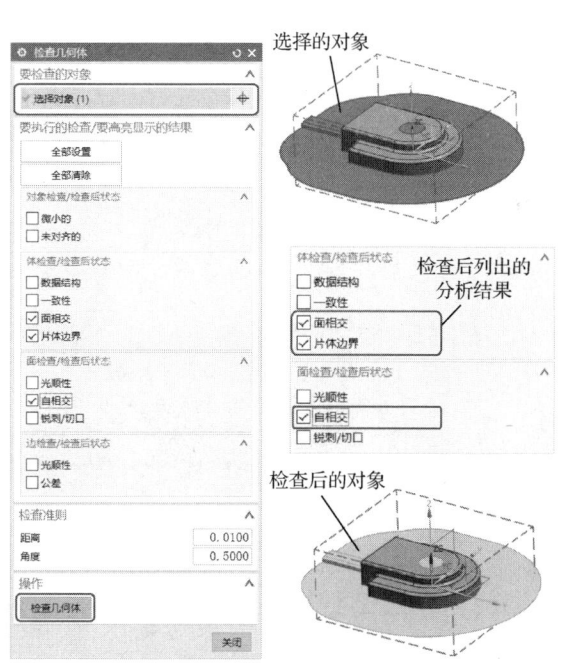

图 2-87 自动分割型腔部件

图 2-88 分型面的检查

在【检查几何体】对话框的【操作】选项区单击【信息】按钮，系统弹出【信息】窗口。

通过该窗口，设计者可以查看分型面检测的信息。【信息】窗口如图 2-89 所示。

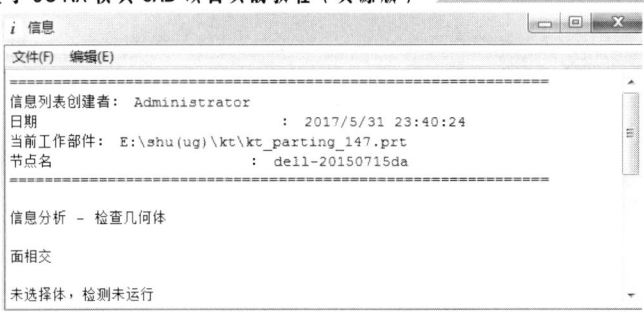

图 2-89 【信息】窗口

> **行家指点：**
> 一般情况下，几何体检查的结果中若出现边界数为 1，则说明该分型面没问题；若出现多个边界数，则说明该分型面存在问题，需要修复。

做做练练 9

打开已经完成【设计分型面】的装配模型（见图 2-69），定义型腔和型芯。

步骤 1：定义型腔。单击【模具分型工具】工具条中的【定义型腔和型芯】按钮，系统弹出【定义型腔和型芯】对话框，在【区域名称】中选择【型腔区域】，此时系统自动选择分型面。定义型腔和型芯如图 2-90 所示。

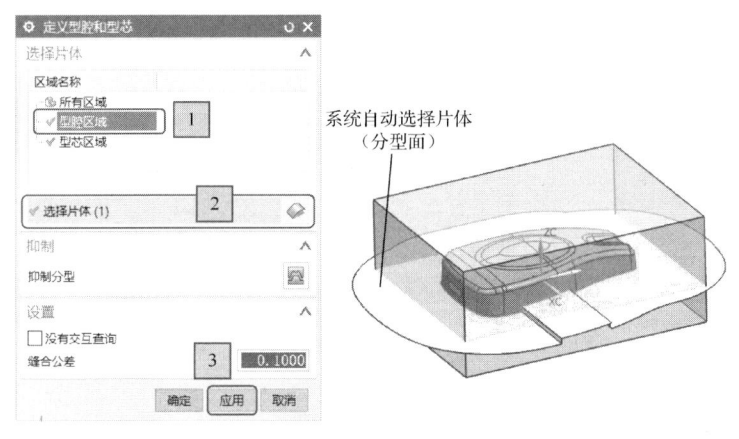

图 2-90 定义型腔和型芯

在【定义型腔和型芯】对话框中单击【应用】按钮。系统弹出【查看分型结果】对话框，单击【确定】按钮，同时屏幕上出现创建的定模型腔。创建的定模型腔如图 2-91 所示。

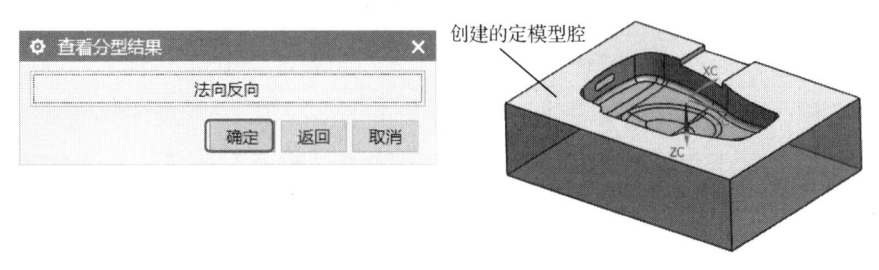

图 2-91 创建的定模型腔

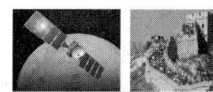

步骤 2：定义型芯。同理，用步骤 1 中创建型腔的方法创建型芯，创建的型芯如图 2-92 所示。

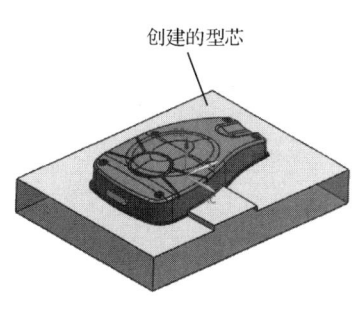

图 2-92 创建的型芯

2.4 成型零件再设计

2.4.1 小镶块设计

构成塑料模具型腔的零件统称为成型零件。上面几节讲述的是 Mold Wizard 模块的模具成型零件设计方法，最终形成了定模型腔和动模型芯两大块。但为了定模型腔和动模型芯的加工工艺可行性，一些难以加工的部分和圆形的孔、槽、环可以从整体的成型零件中分割出来做成镶块，就形成了小镶块设计，Mold Wizard 模块就提供了小镶块设计的工具。

小镶块的设计方法分成了两部分，第一部分是创建小镶块，第二部分是修剪小镶块。

1. 创建小镶块

单击【注塑模向导】工具条中的【子镶块库】按钮，在【重用库】对话框中的【成员选择】栏中选择【CAVITYSUB】，系统弹出【子镶块设计】对话框，如图 2-93 所示。

在【子镶块设计】对话框的【详细信息】栏中各部位解释如下：SHAPE（类型）有两类，即方形和圆形（见图 2-93）；FOOT（足）有 ON、OFF 两类，是指镶块底部有足和没有足；MATERIAL（材料）有三种材料选择，即 P20、H13、S7；镶块底部中点定位 X_LENGTH、Y_LENGTH、Z_LENGTH 分别表示方形镶块的长、宽、高，圆形镶块只有直径和高度两个尺寸 X_LENGTH 和 Y_LENGTH。

根据所设计的小镶块的要求设置合理的尺寸，单击【确定】按钮完成小镶块创建。

2. 修剪小镶块

单击【注塑模向导】工具条中的【修边模具组件】按钮，系统弹出【修边模具组件】对话框，选择创建的小镶块进行修剪，在【设置】栏中的【目标范围】选择【任意】选项，单击【确定】按钮完成小镶块的修剪。

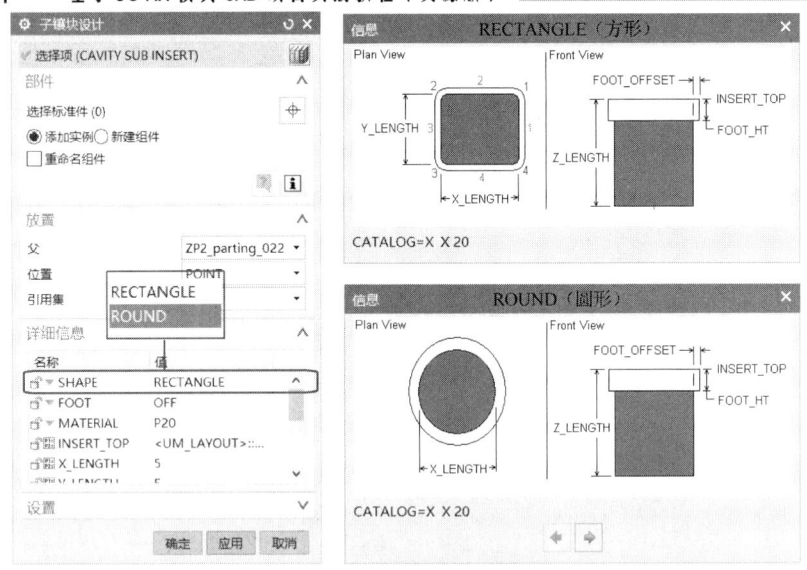

图 2-93　小镶块参数设置

具体操作方法见做做练练 10。

做做练练 10

打开如图 2-94 所示的 ZP2 型腔装配模型，隐藏定模型腔和塑件。

步骤 1：创建小镶块。单击【注塑模向导】工具条中的【子镶块库】按钮，在【重用库】对话框的【成员选择】栏中选择【CAVITYSUB】，系统弹出【子镶块设计】对话框（见图 2-95）。设置对话框中的信息，SHAPE 为 ROUND、FOOT 为 ON、X_LENGTH 为 28、Z_LENGTH 为 50，设置完成后单击【确定】按钮。

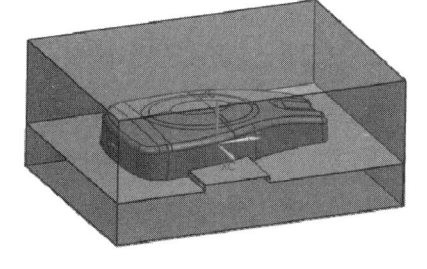

图 2-94　ZP2 型腔装配模型

系统弹出【点】对话框，在模型中选择需加小镶块部位的圆心，单击【确定】按钮完成设置，完成图如图 2-95 所示。

> **行家指点**：
> 若加载的小镶块有些偏移，可先选中已加载的小镶块，右击，再执行【移动】命令进行调整。
> 因一模两腔是镜像的，故小镶块加载也是成对的。

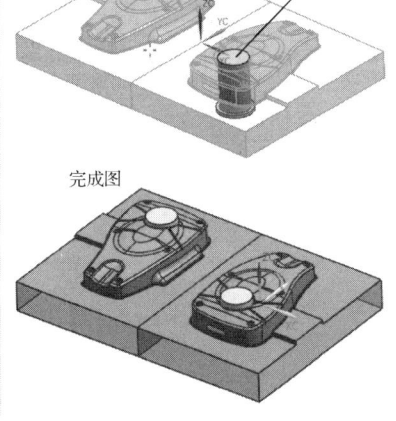

图 2-95　创建小镶块

第 2 章 注塑模型腔设计

步骤 2：修剪小镶块。

（1）修剪小镶块底部止转面：执行【格式】>【WCS】>【动态】命令，将坐标设置在如图 2-96 所示的位置。

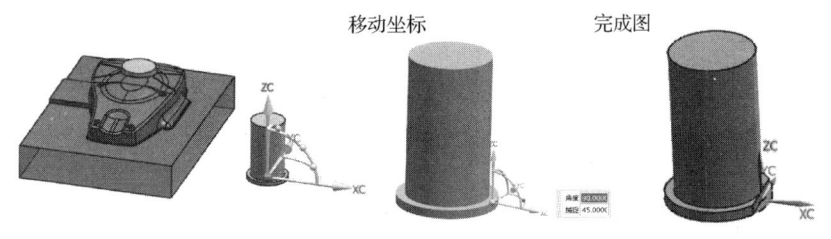

图 2-96 修剪小镶块底部

将小镶块设置为【工作部件】，执行【插入】>【修剪】>【修剪体】命令，系统弹出【修剪体】对话框，选择小镶块为目标体，选择 ZC-YC 平面为工具并调整方向，单击【确定】按钮，完成图如图 2-96 所示。

（2）修剪小镶块成型部分：单击【注塑模向导】工具条中的【修边模具组件】按钮，系统弹出【修边模具组件】对话框，在对话框中选择小镶块为修剪目标体，在【设置】区目标范围选项中选择【任意】选项，单击【确定】按钮，修剪小镶块成型部分如图 2-97 所示。

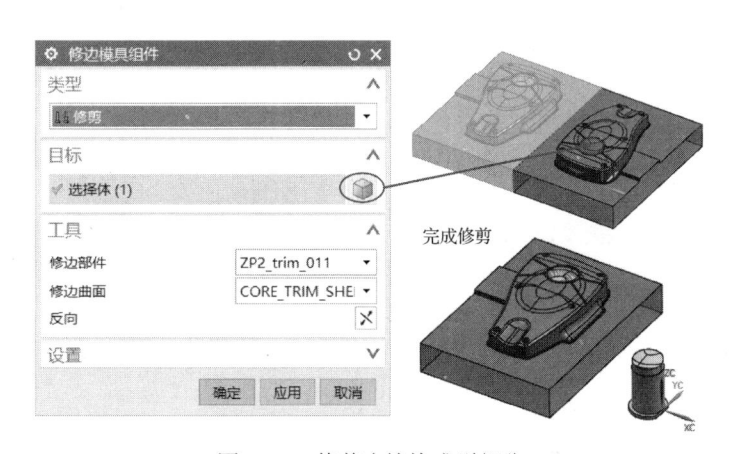

图 2-97 修剪小镶块成型部分

扫一扫看微课视频：虎口设计

2.4.2 虎口设计

虎口又称作管位或定位角，在模具注塑过程中起到防压和保护作用，用来平衡模具受力、防止偏移。

虎口设计分三个步骤：创建实体、调整参数、修剪型腔虎口。

具体的操作方法如下。

1. 创建实体

将型芯设置为【工作部件】。

单击【格式】>【WCS】>【动态】，将坐标移到型腔的一角，调整好方向。创建实体如图 2-98 所示。

单击【插入】>【设计特征】>【长方体】，系统弹出【块】对话框，在对话框的尺寸栏中输入【20、20、10】，单击【确定】按钮，完成图如图 2-98 所示。

图 2-98 所示的创建实体

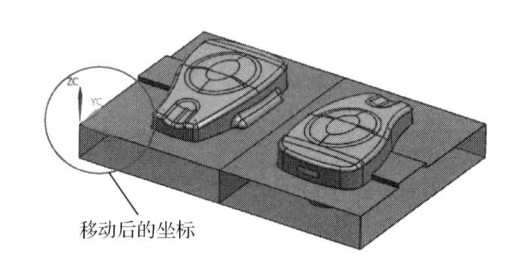

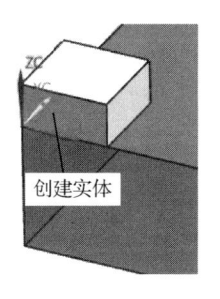

移动后的坐标

创建实体

图 2-98 创建实体

2. 调整参数

1）设置拔模斜度

单击【插入】>【特征细节】>【拔模】，系统弹出【拔模】对话框，在对话框的【类型】选项区中选择【从边】;【矢量】为 ZC；设置拔模角度为 5°；选择如图 2-99（a）所示的两条边，单击【确定】按钮。

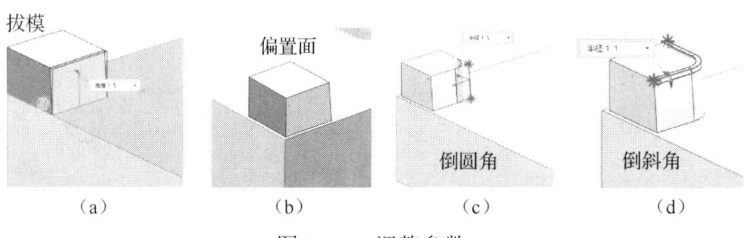

（a）拔模　（b）偏置面　（c）倒圆角　（d）倒斜角

图 2-99 调整参数

2）偏置面

单击【插入】>【偏置/缩放】>【偏置面】，系统弹出【偏置面】对话框，选择如图 2-99（b）所示的两个面，设置距离为 0.5 mm，调整好方向，单击【确定】按钮。

3）倒圆角、倒斜角

单击【插入】>【特征细节】>【边倒圆】，系统弹出【边倒圆】对话框，选择如图 2-99（c）所示的边，设置圆角半径为 5 mm，单击【确定】按钮。

单击【插入】>【特征细节】>【倒斜角】，系统弹出【倒斜角】对话框，设置横截面为【对称】，半径为 1，选择如图 2-99（d）所示的边，单击【确定】按钮。

4）镜像虎口

镜像虎口如图 2-100 所示。

单击【编辑】>【变换】，系统弹出【变换】对话框，选择已完成的虎口，单击【确定】按钮，系统弹出【变换】对话框，继续选择【通过一平面镜像】，选择 XC-ZC 平面，单击【确定】按钮，选择【复制】，单击【取消】按钮。

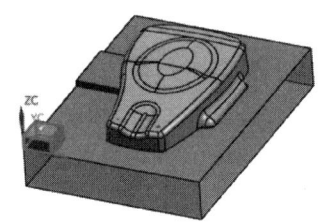

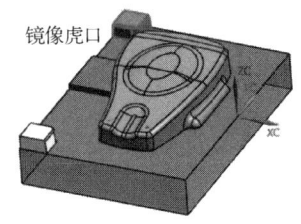

图 2-100 镜像虎口

单击【插入】>【组合】>【合并】，将型芯和创建的虎口合并。

第 2 章 注塑模型腔设计

3. 修剪型腔虎口

1) 修剪虎口

用【wave 几何链接器】将型芯和型腔连接到一个层中。

单击【插入】>【组合】>【减去】,将型腔板虎口剪出,如图 2-101(a)所示。

2) 用替换修剪虎口

将型腔设为工作部件。

单击【插入】>【同步建模】>【替换面】,选择虎口的内侧面为【要替换面】,虎口的外侧面为【替换面】,设置【距离】为 0 mm,单击【确定】按钮,如图 2-101(b)所示。

3) 设置避空

单击【插入】>【同步建模】>【偏置区域】,选择型腔虎口的顶面,偏置距离为 0.5 mm,单击【确定】按钮,如图 2-101(c)所示,完成型腔虎口的设计。

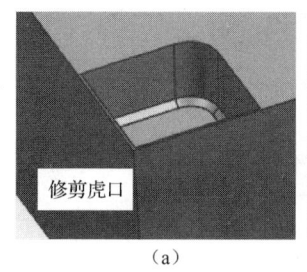

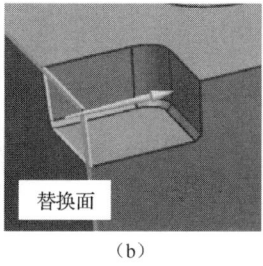

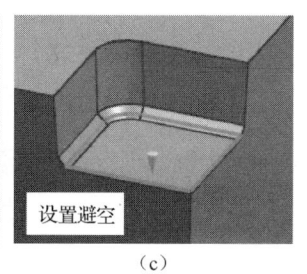

图 2-101 修剪型腔虎口

思考与练习 2

1. 打开如图 2-102 所示的 SG 产品模型(一),完成项目初始化、设置模具坐标系、插入工件及塑模验证(验证项目:产品质量、产品壁厚)等操作。

2. 打开如图 2-103 所示的 DQG 产品模型,完成产品的工件创建(工件尺寸:以产品外形尺寸为基准往四周增加 20 mm)一模二腔布局操作。**练习模型图 2-103**。

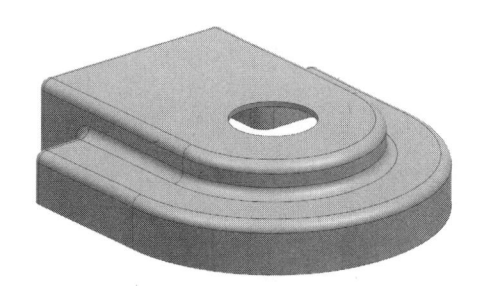

图 2-102 SG 产品模型(一)

3. 打开如图 2-104 所示的 Shell 产品模型,用【注塑模向导】工具条中的【曲面补片】工具完成产品的靠破孔。**练习模型图 2-104**。

4. 打开如图 2-105 所示的 HG 产品模型,用【注塑模向导】工具条中的【创建方块】、【修剪区域补片】、【曲面补片】、【桥接产品缺口曲线】、【扩大区域补片】工具完成产品的靠破孔。**练习模型图 2-105**。

5. 以如图 2-106 所示的 SG 产品模型(二)为参照模型,完成 SG 注塑模型腔设计。**练习模型图 2-106**。

作业要求：
（1）毛坯尺寸为塑件外围尺寸单边放大 20 mm；
（2）塑件材料为 ABS；
（3）模具结构建议为一模一腔。

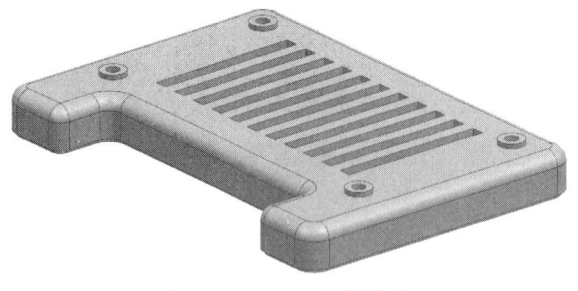

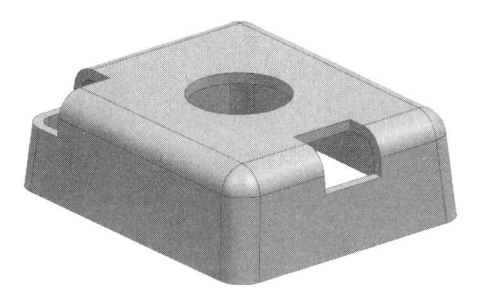

图 2-103　DQG 产品模型

图 2-104　Shell 产品模型

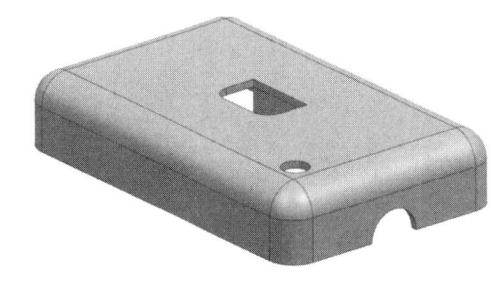

图 2-105　HG 产品模型

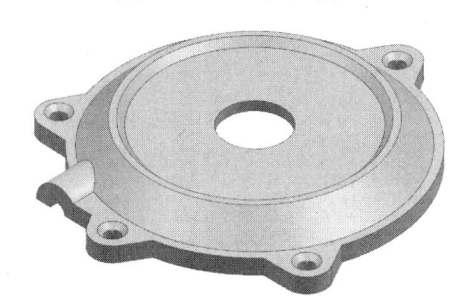

图 2-106　SG 产品模型（二）

第3章 注塑模结构设计

本章以用 Mold Wizard 模块设计注塑模结构的过程为脉络,详细阐述在 Mold Wizard 模块中设计注塑模结构所用的各种标准件和常用件的调用方法,以及设计注塑模结构的各种特征,注塑模工具的运用方法。

本章每一节都配有具体的实例操作,从而使初学者能从做中学,学中练,循序渐进地掌握注塑模结构设计的方法。

知识要点
- 模架设计
- 推出机构设计
- 冷却系统设计
- 浇注系统设计
- 滑块和斜顶设计

3.1 模架设计

在注塑模向导中，主要包含了 HASCO、DME、LKM、FUTABA 这 4 个大厂的模架目录库。模架的大小取决于模仁的尺寸，模仁的尺寸越大，相对来说模架的尺寸也会越大。而模架的形式则取决于塑件的外观要求、尺寸大小、结构和经济成本等因素，其中最重要的还是模具结构。

3.1.1 模架选取

1.【重用库】对话框

在【注塑模向导】工具条中单击【模架】按钮，系统弹出【模架库】对话框，在屏幕的左侧【资源条】选项中单击【重用库】按钮，系统弹出模架【重用库】对话框，如图 3-1 所示。

在【重用库】对话框中包括【名称】【搜索】【成员选择】等内容，而【名称】栏中列出了厂家目录，其中有 DME、FUTABA、HASCO、LKM 等模架供应商，【成员选择】栏中列出了主模架型号。

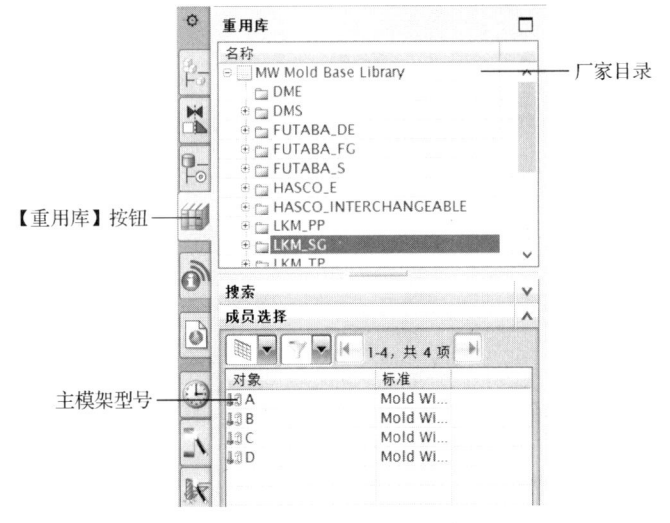

图 3-1 【重用库】对话框

> **行家指点：**
> 当加载的模架与型腔位置不对时，可再次打开【模架库】对话框，此时对话框中有【旋转模架】按钮（见图 3-2），单击此按钮可将已载入的模架旋转 90°。

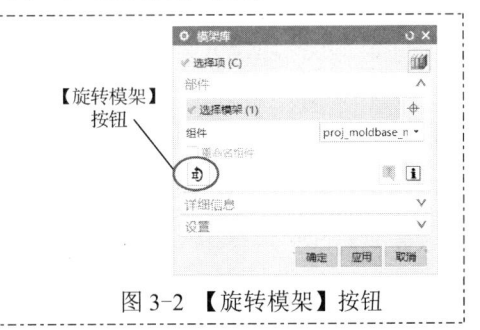

图 3-2 【旋转模架】按钮

2. 模架库对话框

单击【模架库】按钮，系统弹出如图 3-3 所示的【模架库】对话框。单击该对话框中的【类型信息】按钮可以显示或隐藏布局信息窗口，单击【布局信息】按钮可以查看选择的模架形式，在【详细信息】栏下的列表中可以编辑模架主要尺寸及参数，在【设置】栏中可以对模架中型腔、型芯的位置进行编辑。

3. 布局信息对话框

在【模架库】对话框类型信息中单击【隐藏信息窗口】按钮，系统显示【信息】对话框，如图 3-4 所示，这些尺寸信息只有在多腔模布局对话框中做过自动对中后才能显示。【W】表示沿 XC 方向的最大宽度,【L】表示沿 YC 方向的最大宽度,【Z_up】表示型腔块的高度,【Z_down】表示型芯块的高度。其中【W】和【L】用于初选模架索引列表中的 X-Y 平面尺寸,【Z_up】和【Z_down】则作为选择模板厚度时的参数。

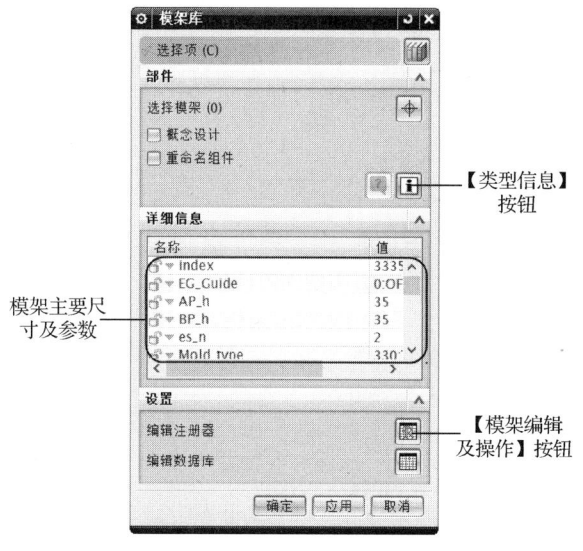

图 3-3 【模架库】对话框

图 3-4 【信息】对话框

4. 模架参数

【模架库】对话框的【详细信息】栏中列有模架主要尺寸及参数。其中,图 3-5 (a) 中的【move_open】表示动定模板之间的间隙;【EJB_open】表示推板与动模座板之间的间隙;图 3-5 (b) 中的【AP_h】表示 A 板厚度;【BP_h】表示 B 板厚度;【Mold_type】表示模架类型。

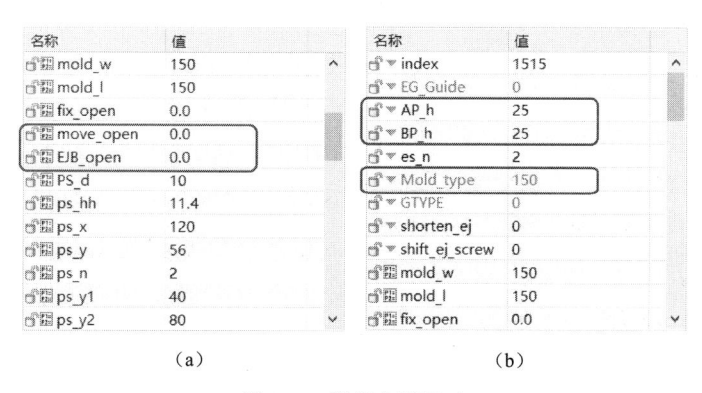

图 3-5 模架主要尺寸

3.1.2 模板开框设计

1. 定模板开框设计

1) 插入腔体

在【注塑模向导】工具条中单击【布局】按钮,系统弹出【型腔布局】对话框,在对

话框的【编辑布局】栏中选择【编辑插入腔】选项(见图 3-6),系统弹出【刀槽】对话框,在该对话框中有两种避空角类型,下方的 R 表示避空角的半径、type 表示避空角的类型,【刀槽】对话框如图 3-7 所示,在该对话框中设置完成后单击【确定】按钮完成插入腔体。

图 3-6　编辑插入型腔　　　　　　　　图 3-7　【刀槽】对话框

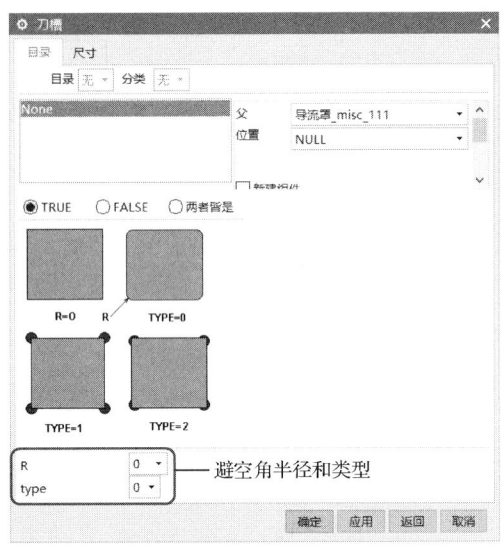

2)修剪腔体

在【注塑模向导】工具条中单击【腔体】按钮,系统弹出【腔体】对话框,选择模具中的 A 板为目标,选择模具中的腔体为修剪工具。【腔体】对话框如图 3-8 所示。

图 3-8　【腔体】对话框

3)型腔固定

在【注塑模向导】工具条中单击【标准件库】按钮,系统弹出【标准件管理】对话框及【重用库】对话框(见图 3-9),在【标准件管理】对话框中可以选择标准件类型、标准件型号,设置标准件尺寸。

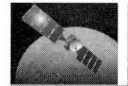

第 3 章 注塑模结构设计

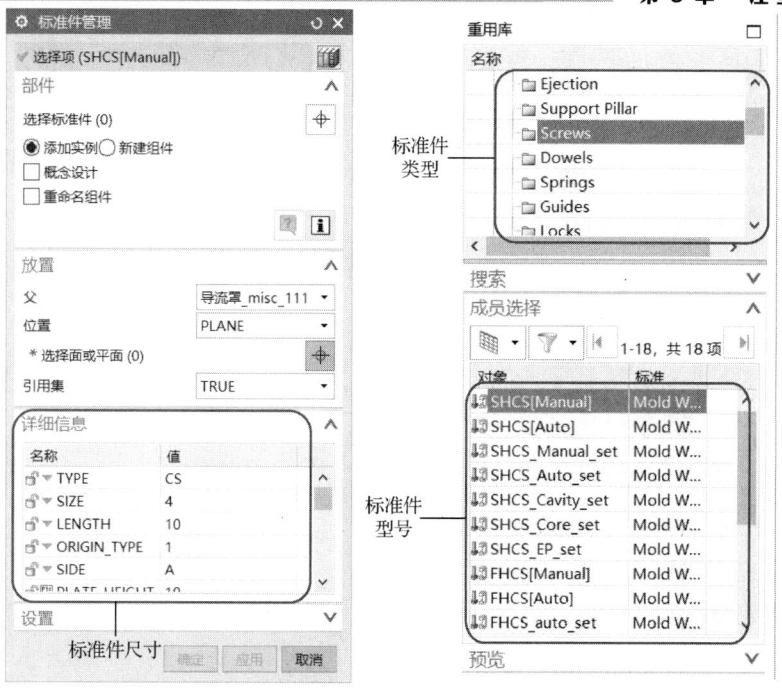

图 3-9 【标准件管理】对话框及【重用库】对话框

在【标准件管理】对话框中单击【确定】按钮，系统弹出【标准件位置】对话框，在【标准件位置】对话框中依次输入螺钉指定点的坐标，单击【确定】按钮完成螺钉紧固件的安装。【标准件位置】对话框如图 3-10 所示。

2. 动模板开框设计

动模板开框的设计流程与操作方法和定模板开框设计一样，此处不再赘述。

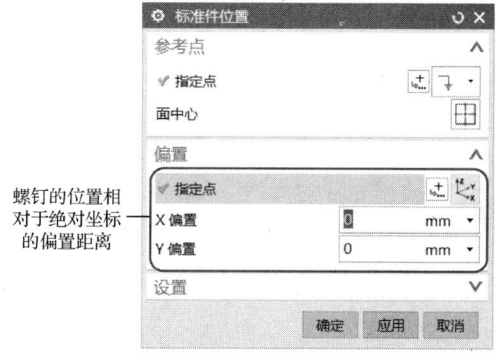

图 3-10 【标准件位置】对话框

做做练练 11

以 ZP2 为例进行模架设计操作。

1. 模架设计

步骤 1：设置模架参数。打开 ZP2 型腔组件如图 3-11 所示，单击【注塑模向导】工具条中的【模架】按钮，系统弹出【模架库】对话框和【重用库】对话框。

在【重用库】对话框中选择如图 3-12 所示的参数，即在【名称】栏中选择 LKM_SG（龙基模架）；在【对象】栏中选择 C 型。

【模架库】对话框的参数设置如图 3-13 所示，【index】设置为 3540；【AP_h】和【BP_h】都设置为 70；【Mold_type】设置为 400：I；【shift_ej_screw】设置为 4；【move_open】设置为 1，设置完成后单击【确定】按钮。系统加载模架完成图，如图 3-14 所示。

77

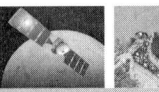

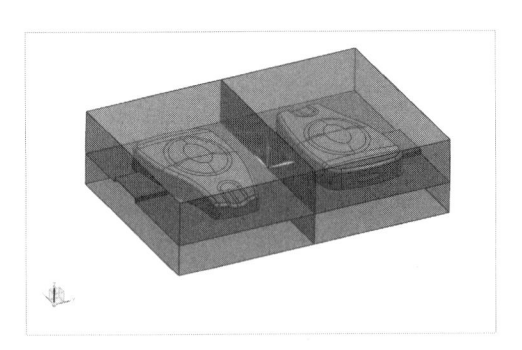

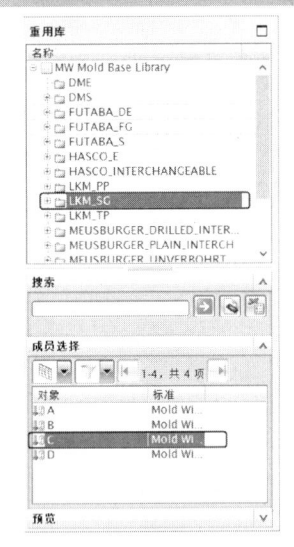

图 3-11 ZP2 型腔组件   图 3-12 【重用库】对话框设置

图 3-13 【模架库】对话框的参数设置   图 3-14 加载模架完成图

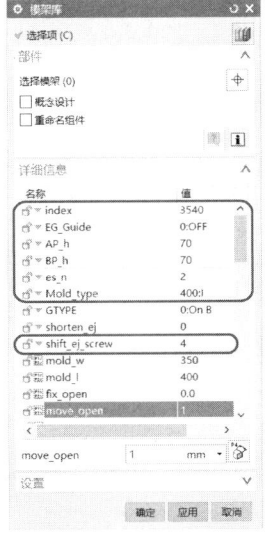

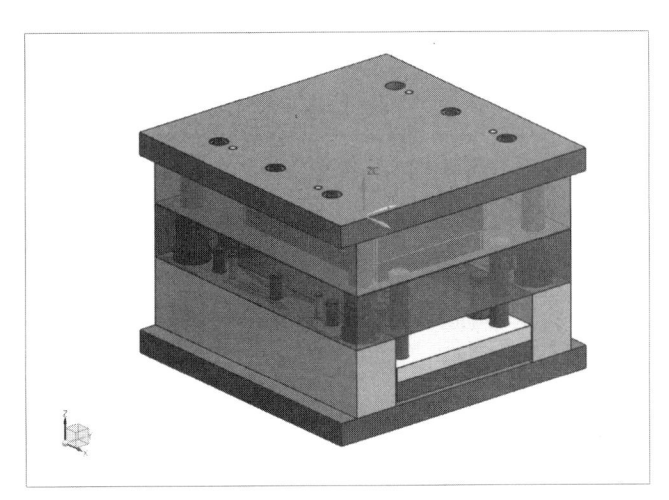

步骤 2：旋转模架。观察模架的 3D 模型，若发现型腔的位置方向不对，可再次选择【注塑模向导】工具条中的【模架】按钮，系统再次弹出【模架库】对话框，在对话框中单击【旋转】按钮，此时模架旋转 90°，旋转到合适位置后单击【确定】按钮完成旋转（见图 3-15）。

2. 模板开框设计

步骤 1：插入型腔。打开已完成模架设计的组件，在【注塑模向导】工具条中单击【布局】按钮，系统弹出【布局】对话框，选择【型腔布局】对话框中的【编辑插入腔】按钮，系统弹出【刀槽】对话框（见图 3-16），在对话框中设置【R】为 10，【type】为 1，设置完成后单击【确定】按钮，完成插入型腔。

步骤 2：修剪型腔。单击【注塑模向导】工具条中的【腔体】按钮，系统弹出【腔体】对话框，在该对话框中单击【选择体】按钮并在模型中选中 A、B 板作为修剪目标体，单击

【选择对象】按钮并选择型腔体为修剪工具（见图 3-17），设置完成后单击【确定】按钮，完成修剪腔体。

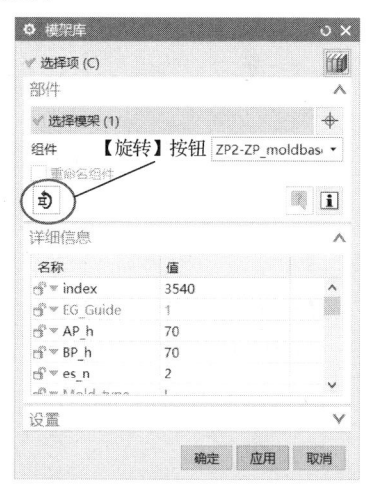

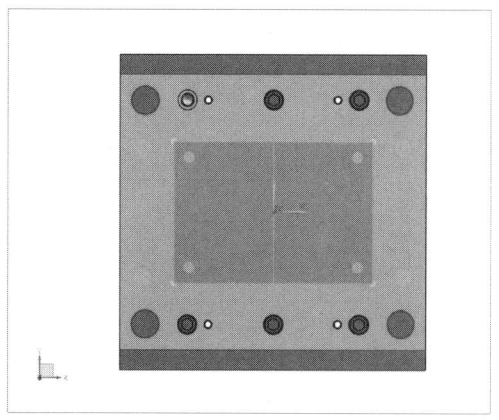

图 3-15　旋转模架

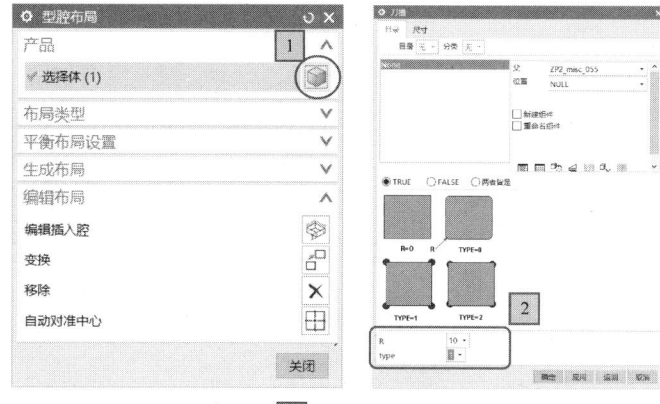

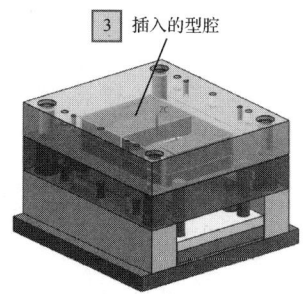

图 3-16　插入腔体操作步骤

在【装配导航器】中找到型腔部件，右击此型腔部件，在浮动菜单中选择【替换引用集】中的【空】，去除 A、B 板中的腔体材料，如图 3-18 所示。

步骤 3：安装型腔。单击【注塑模向导】工具条中的【标准件库】按钮，系统弹出【标准件管理】对话框，在【重用库】对话框中单击【名称】>【DME_MM】>【Screws】>【对象】>【SHCS[Manual]】；在【标准件管理】对话框中单击【选择面或平面】，并在模型中选择螺钉安装平面，如图 3-19 所示。

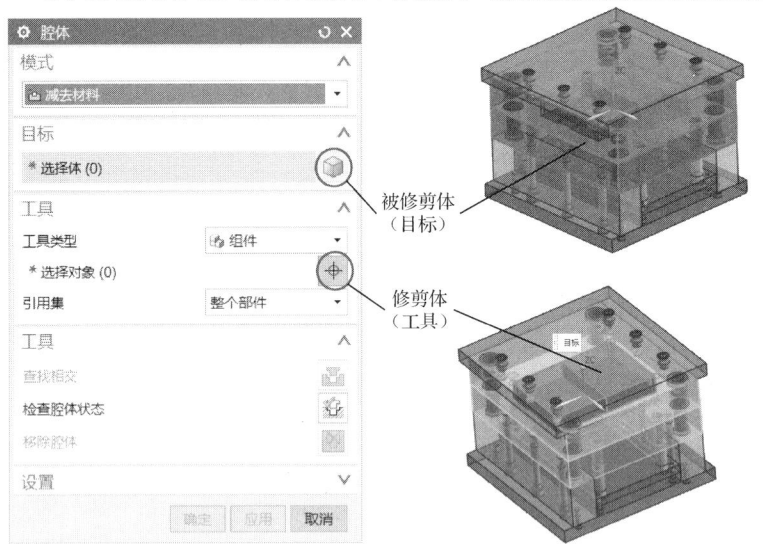

图 3-17　修剪腔体操作步骤

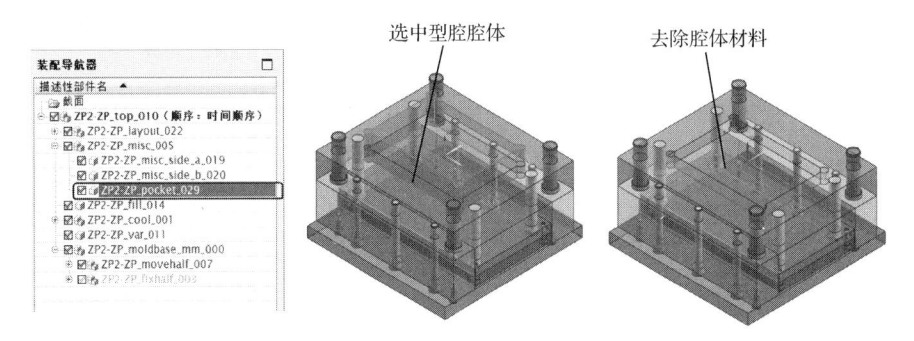

图 3-18　去除 A、B 板中的腔体材料

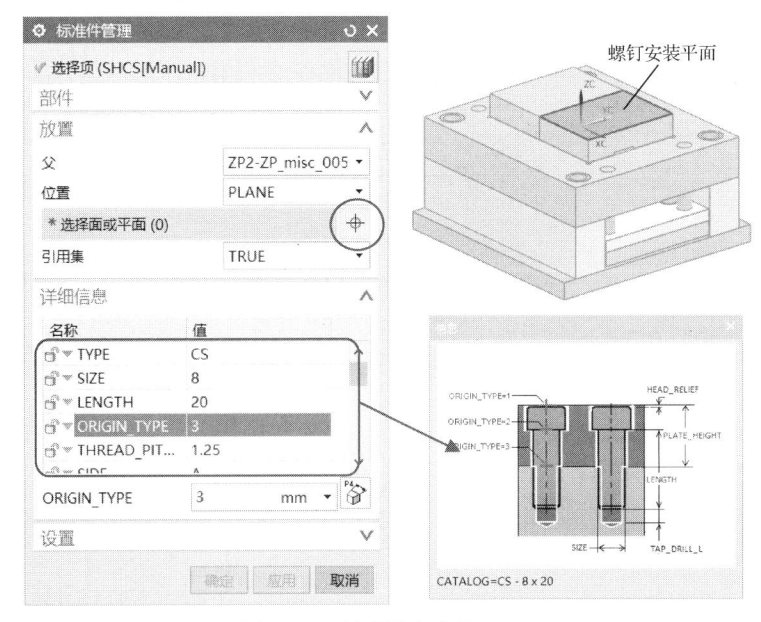

图 3-19　型腔固定步骤（1）

系统弹出【标准件位置】对话框,依次输入 4 个螺钉的位置值,数值如图 3-20 所示,设置完成后单击【确定】按钮完成定模型腔固定。

参照上述步骤,完成动模型腔的固定。

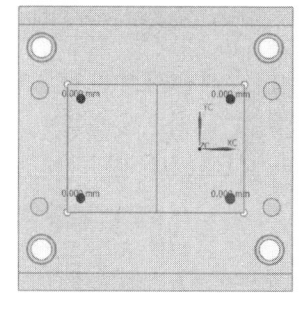

图 3-20 型腔固定步骤(2)

3.2 浇注系统设计

注塑模必须有一个浇道系统引导熔融塑料(简称熔料)进入模具的型腔,此浇道系统被称为浇注系统。浇注系统一般由 3 部分组成,即浇口、主流道和分流道。

浇口:连接型腔和分流道的一个关键入口,其形状多样,与塑件产品形状、尺寸和分型面等有密切关系。

主流道:熔料注入模具最先经过的一段流道,在实际生产中,直接采用一个标准的浇口套来使这一部分成型。

分流道:熔料从主流道到浇口之间的一段流道,位于分型面的一侧或两侧。

3.2.1 定位环设计

定位环(Locating Ring)的主要作用是,在进行注射时,喷嘴能很好地与浇口套上的主入口对准,提高定位正确性。

扫一扫看微课视频:定位圈和浇口套设计

1. 定位环型号选择

单击【注塑模向导】工具条中的【标准件库】按钮,系统弹出【标准件管理】对话框,在资源条选项中单击【重用库】按钮,在【重用库】对话框中选择【MISUMI】文件夹,在【MISUMI】文件夹中选择定位环【Locate Rings】文件夹,在【成员选择】栏中可根据定位环型号缩略图选择需要的定位环型号。定位环选择如图 3-21 所示。

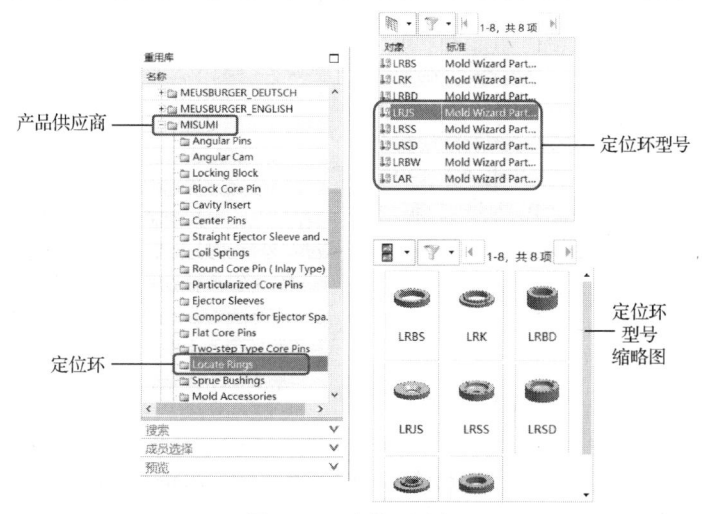

图 3-21 定位环选择

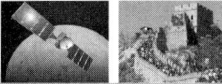

2. 定位环尺寸设置

在【标准件管理】对话框的【详细信息】栏中可对定位环具体尺寸进行设置，各部位的尺寸可根据【详细信息】栏中的示意图来进行设置，其中【D】为外圆直径；【T】为厚度；【B】为内孔直径。定位环尺寸设置如图 3-22 所示。

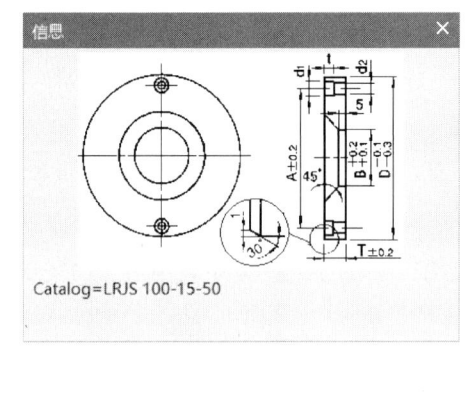

图 3-22　定位环尺寸设置

3.2.2　浇口套设计

1. 主流道设计参考原则

（1）浇口套内孔呈圆锥形 $\alpha=2°\sim6°$，表面粗糙度 $Ra=0.8\sim1.6\ \mu m$，锥度需适当。锥度过大，压力减小，会产生涡流，熔料中易混入空气而产生气穴；锥度过小、流速增大，会造成注射困难。

（2）浇口套小端直径应比注塑机喷嘴直径大 1～2 mm，以免积存残料，造成压力下降。

（3）一般在浇口套大端设置倒圆角 $R=1\sim3$ mm，以利于流料。

（4）主流道与喷嘴接触处设计成半球面凹坑，其深度常取 3～5 mm，浇口套球形半径应比喷嘴球形半径大 1～2 mm，一般 $SR=19\sim22$ mm，以防漏胶。

（5）主流道应尽量短，以减少凝料回收，并减少压力损失和热量损失。

2. 浇口套型号选择

与定位环一样，单击【标准件库】按钮，弹出【标准件管理】对话框，在与其对应的资源条选项的【重用库】对话框中选择常用的种类【MISUMI】，再选浇口套文件夹【Sprue Bushings】，在【成员选择】栏中可根据浇口套缩略图选择所需要的型号。浇口套型号选择如图 3-23 所示。

3. 浇口套尺寸设置

在【标准件管理】对话框的【详细信息】栏中可对定位环具体尺寸进行设置，各部位的尺寸可根据【信息】对话框中的示意图对照进行，其中【SR】为进浇口球头半径；【P】为进浇口直径；【A】为主流道直径；【L】为浇口套长度；【Dh6】为底端直径。浇口套尺寸设置如图 3-24 所示。

第 3 章　注塑模结构设计

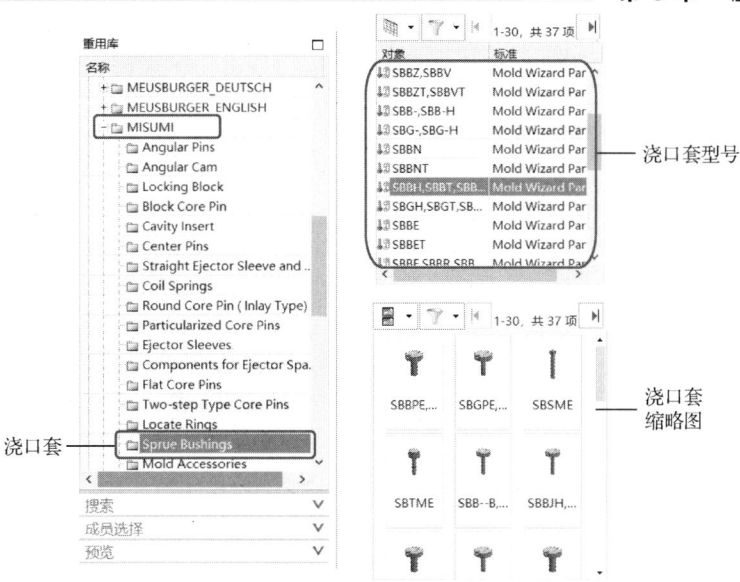

图 3-23　浇口套型号选择

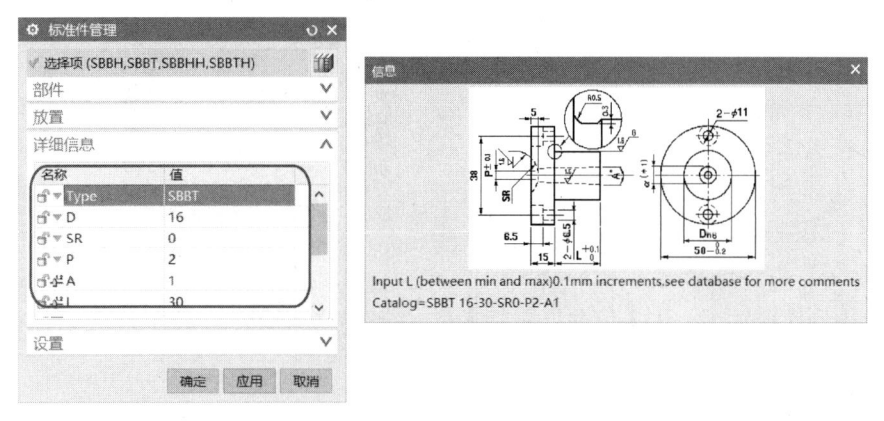

图 3-24　浇口套尺寸设置

> **行家指点：**
> 在【详细信息】栏中设置主要尺寸时，如果在列表框中没有找到合适的标准尺寸，那么先选择一个最接近的标准尺寸，然后重新设置标准件【值】。这样可避免由于尺寸设置不当引起模型加载失败。

做做练练 12

以 ZP2 为例，进行定位环、浇口套设计操作。

步骤 1：定位环设计。打开已完成模架设计的组件，在【注塑模向导】工具条中单击【标准件库】按钮，系统弹出【标准件管理】对话框，单击【重用库】>【MISUMI】>【Locate Rings】，在【成员选择】栏中选择【LRJS】选项。

在【标准件管理】对话框的【详细信息】栏中进行尺寸设置，设置完成后单击【确

83

定】按钮，注塑模向导程序自动加载定位环到模架。定位环设计如图 3-25 所示。文件不需要关闭，接下来继续使用此文件来完成主流道设计。

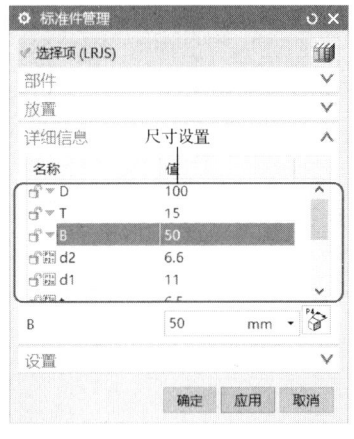

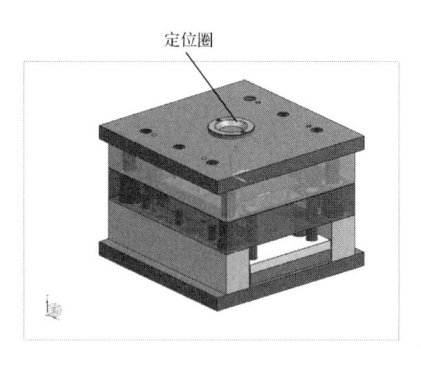

图 3-25　定位环设计

步骤 2：设计主流道。在【分析】的下拉菜单中选择【测量距离】命令，系统弹出【测量距离】对话框，在【类型】栏中选择【距离】选项，测量模架顶部至分型面之间的距离。测量距离结果如图 3-26 所示。

继续在【重用库】对话框中选择浇口套种类，单击【MISUMI】>【Sprue Bushings】，在【成员选择】栏中选择【SBBH，SBBT，SBBHH，SBBTH】选项。在【标准件管理】对话框的【详细信息】栏中进行尺寸设置，设置完成后单击【确定】按钮。注塑模向导自动加载浇口套到模架。浇口套设计如图 3-27 所示。

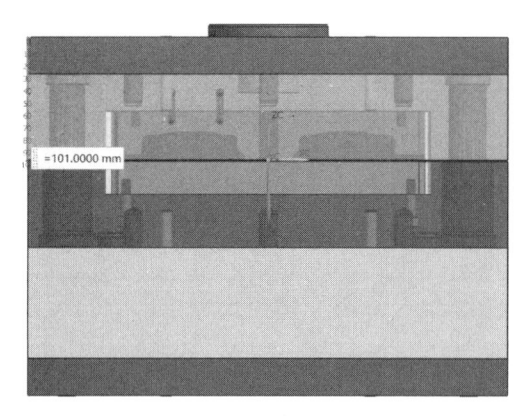

图 3-26　测量距离结果

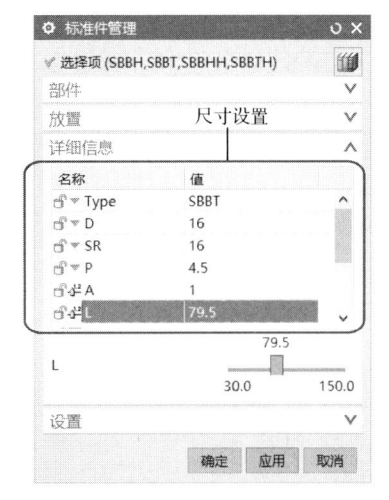

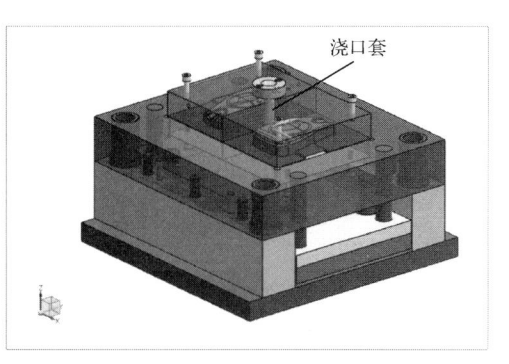

图 3-27　浇口套设计

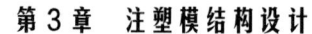

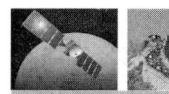

步骤 3：固定定位浇口套。再次在【重用库】对话框中选择螺钉种类，单击【DME_MM】>【Screws】，在【成员选择】栏中选择【SHCS[Manual]】选项。在【标准件管理】对话框的【详细信息】栏中进行螺钉尺寸设置，单击【部件】栏中的【选择面或平面】，在模型中选择螺钉沉孔平面（见图 3-28），单击【确定】按钮。系统弹出【标准件位置】对话框，指定螺钉放置平面，如图 3-28 所示，单击【应用】按钮，依次完成浇口套的固定。

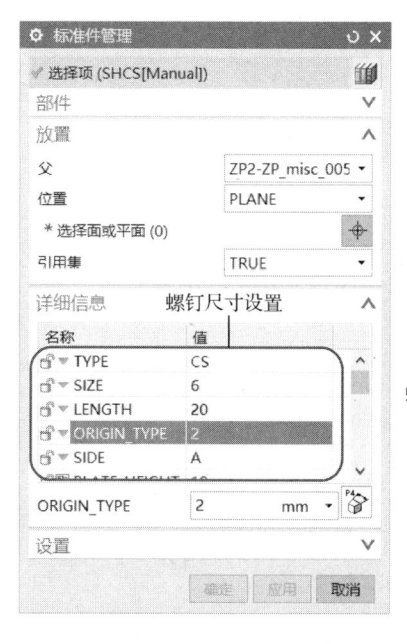

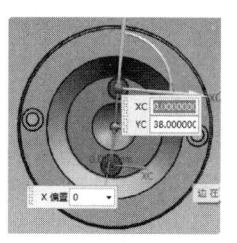

图 3-28　加载螺钉步骤

根据以上方法，完成定位环螺钉固定。

扫一扫看微课视频：创建分流道

3.2.3　分流道设计

分流道是连接主流道和浇口的桥梁，起分流和转向作用。分流道必须在压力损失最小的情况下，将熔料以较快速度送到浇口处充模。对于设计分流道，有一个总的设计原则：必须保证分流道的表面积与其体积之比的值尽量小。

分流道常用的截面形状有圆形、半圆形、矩形、梯形、U 形、正六边形等。

设计分流道时可以采用如下设计原则。

（1）在条件允许的情况下，分流道截面面积尽量小，长度尽量短。

（2）分流道的表面不要过于光滑（Ra=1.6 μm），以利于保温。

（3）分流道较长时，应在流道的末端设置凝料穴，以防止凝料和空气进入型腔。

（4）在多型腔模具中，各分流道应尽量保持一致，主流道截面面积应大于各分流道截面面积之和。

（5）分流道一般采用平衡方式，如果未采用平衡方式，则要求各型腔同时进浇，排列紧凑，流程短。

（6）流道设计时应先取较小尺寸，以便试模后有修正余量。

单击【注塑模向导】工具条中的【流道】按钮，弹出【流道】对话框，如图 3-29 所示。

1. 引导线

系统提供了两种方法创建引导线：草图模式、曲线。

草图模式：用于定义调整分流道引导图样。单击【绘图截面】按钮，进入创建草图模式，可以通过草图模式绘制流道曲线。

曲线：单击【选择曲线】按钮，选取已经存在的曲线作为引导线串；按住 Shift 键，单击已经被选中的曲线可移除被选中的引导线。

2. 流道

选择流道体：单击选取已经存在的流道；按住 Shift 键，单击已经被选中的流道可移除被选中的流道。

3. 截面

【截面】栏用于创建流道通道，流道的截面类型如图 3-30 所示。当创建引导线后，系统会自动根据截面的形状设置尺寸，自动生成流道通道。

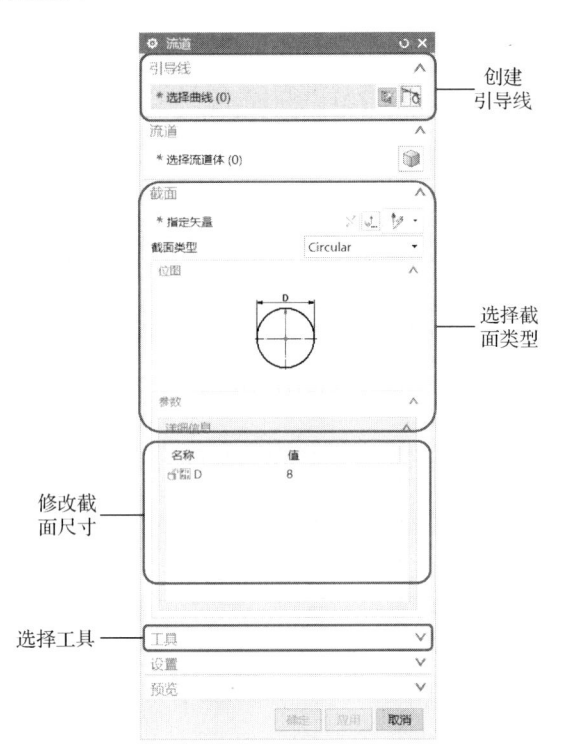

图 3-29 【流道】对话框

圆　　抛物线　　梯形　　六角形　　半圆

图 3-30 流道的截面类型

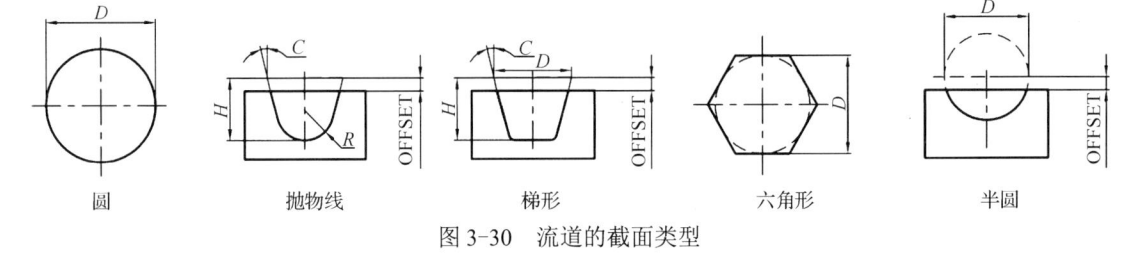

4. 工具

系统提供了【布尔】和【删除】等工具，可以对所创建的流道进行求和、求差、删除等操作。

3.2.4 浇口设计

浇口是熔料进入型腔的最后一道关卡，其作用是使熔料以较快速度进入型腔并将其充满，能很快冷却、封闭，防止型腔内还未冷却的熔料倒流。浇口的种类有很多种，有直接浇口、潜伏式浇口、矩形浇口、扇形浇口、环形浇口等，可根据产品的形状、成型要求等选择合适的浇口类型。

浇口的选择和设置可以参考以下原则。

（1）浇口应开设在产品壁厚的部分，便于顺利填充。

（2）浇口位置应选择在充模流程最短的位置，以减少压力损失。

（3）大型或扁平产品建议采用多点进胶，以防止产品翘曲变形和短射。

（4）浇口尽量开设在不影响产品外观和功能处，可开在边缘或底部处。

（5）在细长型芯位置处，应尽量避免开设浇口，以免料流直接冲击型芯，产生变形、错位和弯曲。

单击【注塑模向导】工具条中的【浇口库】按钮，系统弹出【浇口设计】对话框，如图3-31所示，对话框中各个项目的解释如下。

1. 平衡

平衡式浇口用于多型腔模具，浇口位置创建于每个阵列型腔的相同位置。当平衡式浇口中的一个浇口被修改、重定位和删除，所有相应的浇口都随之改变。

2. 位置

浇口可以安置在型芯侧、型腔侧或两侧都有，取决于选用的浇口类型。例如，潜伏式浇口几乎完全放置在型腔侧或型芯侧。圆形浇口可以放置在两侧。

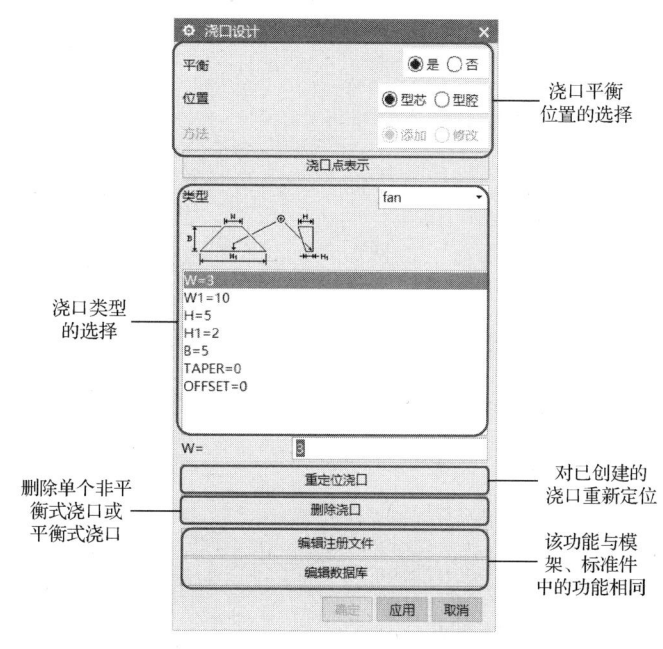

图3-31 【浇口设计】对话框

3. 方法

当选择了一个浇口后，【浇口设计】对话框中的【方法】便自动设置为【修改】，所选的浇口参数会在编辑窗口中显示；如果【方法】设置为【添加】，则可按所选类型加入一个新浇口，并可以在参数对话框中定义参数。

4. 类型和位图

【类型】选项提供了几种常用的浇口类型，如矩形、扇形和点浇口等，可以直接选取所需的浇口类型，与此同时，在其下面的位图也会进行相应的改变，列出所选浇口的参数位置。每个浇口在位图中都用符号表示浇口的参考原点。

5. 浇口点表示

浇口点表示确定浇口的参考点，能引导设置浇口，当选择浇口点表示功能后，弹出如图3-32所示的【浇口点】对话框。

（1）点子功能：用点构造器创建参考点。

（2）面/曲线相交：用选取的面和曲线的交点作为参考点。

（3）平面/曲线相交：用平面和曲线的交点作为参考点。

（4）曲线上的点：在曲线上创建一个点作为参考点。只要选取一条曲线，系统默认以曲线的一端作为参考点，创建的点以此参考点进行位置调整。【在曲线上移动点】对话框如图 3-33 所示。

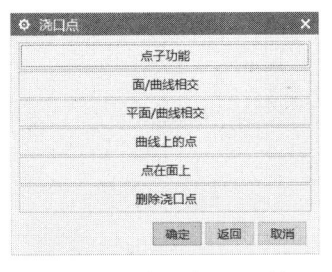

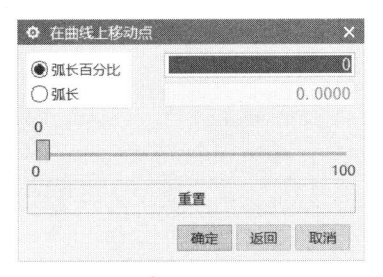

图 3-32 【浇口点】对话框　　　图 3-33 【在曲线上移动点】对话框

（5）点在面上：在选取的面上创建一个参考点作为浇口的参考点，可以使用如图 3-34 所示的两种方式调节参考点的位置。

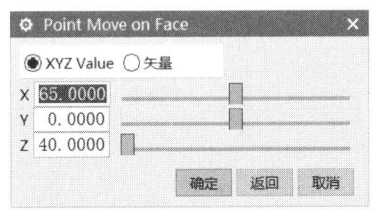

（a）沿 X、Y、Z 方向调整　　　（b）沿矢量方向调整

图 3-34　点在面上

6. 重新定位浇口

对于已经创建完成的浇口，如果对其位置不是很满意，可以选取需要修改的浇口，单击【重定位浇口】按钮，系统弹出如图 3-35 所示的【REPOSITION】对话框，在此对话框中有【变换】和【旋转】两个功能，类似于【型腔布局】对话框中的功能。

7. 删除浇口

可删除非平衡式浇口或平衡式浇口，如果没有其他同名浇口，则将关闭相应的文件名。

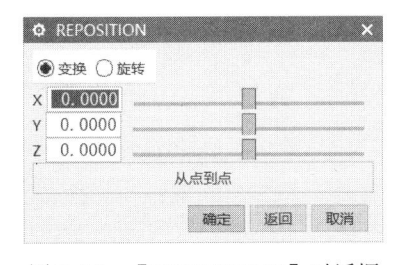

图 3-35　【REPOSITION】对话框

8. 编辑注册文件和数据库

编辑注册文件和数据库的功能与模架、标准件中的功能相同。

做做练练 13

以 ZP2 为例，进行分流道设计操作。

1. 分流道设计

步骤 1：旋转【WCS】。ZP2 塑件产品的材料为 ABS，分流道采用圆形截面，$D=5$ mm。打开 ZP2 组件模型，如图 3-36 所示。

打开【装配导航器】界面，找到【ZP2-ZP-layout-022】，双击使其成为【工作部件】。

第 3 章　注塑模结构设计

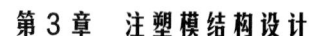

右击【ZP2-ZP-layout-022】,在弹出的快捷菜单中选择【设为工作部件】会得到一样的效果。

单击【格式】>【WCS】>【动态】,将【WCS】旋转30°,如图3-36所示。

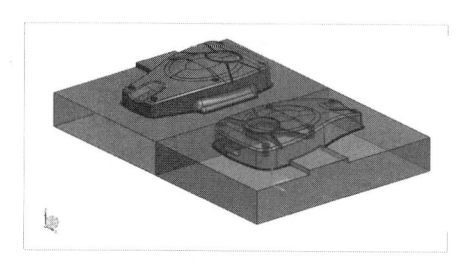

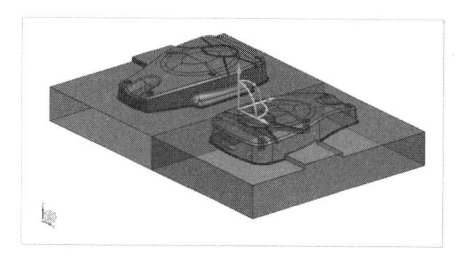

图 3-36　旋转【WCS】

步骤 2:草绘分流道引导线。单击【注塑模向导】工具条中的【流道】按钮,系统弹出【流道】对话框。单击【流道】对话框中的【草绘】按钮,系统弹出【创建草图】对话框,在此对话框中选择【创建平面】,选择XC-YC 平面为草绘平面,绘制总长为 35 mm 的引导直线。草绘流道引导线结果如图 3-37 所示。

步骤 3:设计分流道。在【流道】对话框的【截面类型】中选择【Circular】,在【参数】栏中设置【D】值为5。

参数设置完成后,单击【确定】按钮,创建如图 3-38 所示的分流道。

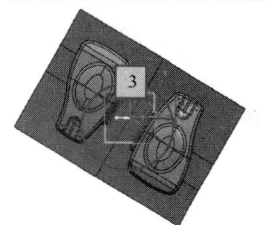

图 3-37　草绘流道引导线结果

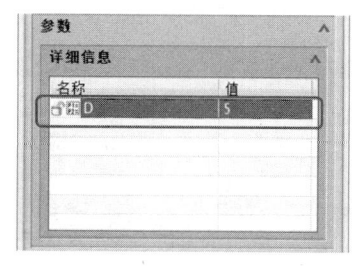

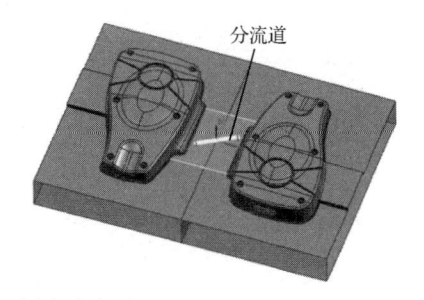

图 3-38　创建分流道

2. 潜伏式浇口设计

步骤 1:浇口参数设置。单击【注塑模向导】工具条中的【浇口库】按钮,系统弹出【浇口设计】对话框,如图 3-39 所示。在对话框中设置【平衡】为【是】,【位置】为【型芯】,【类型】为【tunnel】,参数【d】为 0.8,【HD】为 11,其余不修改。设置完成后单击【应用】按钮。

此时,系统弹出【点】对话框,默认其对话框中的位置,单击【确定】按钮。系统弹出【矢量】对话框,选择【类型】为 XC 轴,单击【确定】按钮之后,浇口就加载到坐标中心位置,如图 3-39 所示。

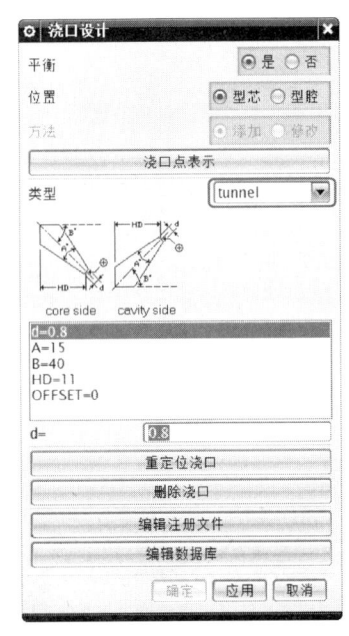

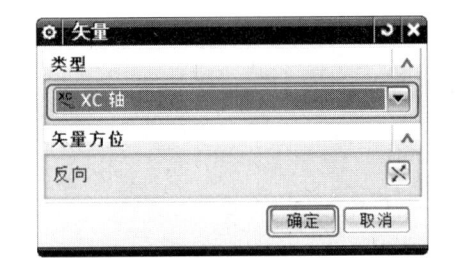

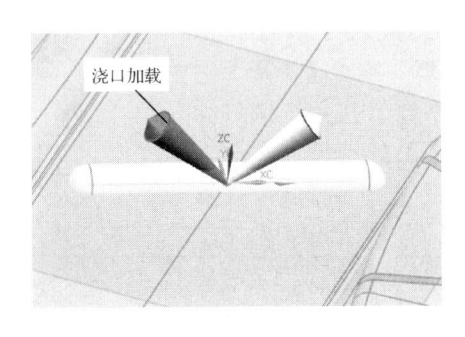

图 3-39 设计潜伏式浇口(1)

步骤 2:浇口位置重定位。在【浇口设计】对话框中,单击【重定位浇口】按钮,系统弹出【REPOSITION】对话框,如图 3-40 所示,在对话框中单击【从点到点】按钮,在弹出的【点】对话框中,选择浇口开端的圆心为第一个点,再选择横浇道的端部圆心为另一个点,单击【确定】按钮后就将浇口移到横浇道的顶端,注意方向,如图 3-40 所示。

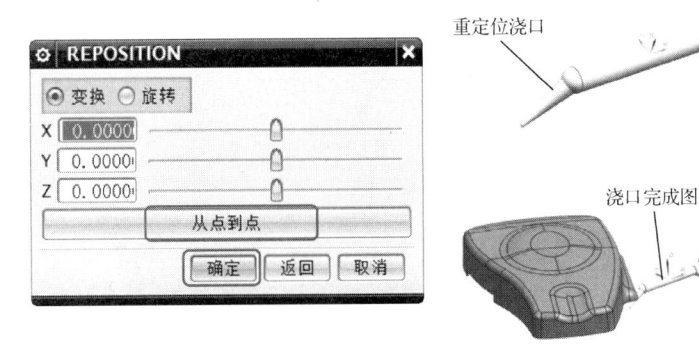

图 3-40 设计潜伏式浇口(2)

> **行家指点**:
> 浇口一般是成对出现的,移动浇口时只要移动一只,另一只就会自动就位。

3.3 推出机构设计

注射成型后将塑料制件及浇注系统的凝料从模具中脱出的机构称为推出机构。推出机构的动作通常是由安装在注塑机上的顶杆完成的。

顶杆位置的选择：

（1）顶杆的位置应选择在脱模阻力最大的地方。

（2）顶杆要均匀布置，保证塑件顶出时受力均匀，塑件推出平稳不变形。

（3）顶杆位置选择时应注意塑件本身的强度和刚度，应尽可能选择在壁厚和凸缘处。

（4）顶杆位置选择还应考虑到顶杆本身的刚性。当细长顶杆受到较大脱模力时，推杆会失稳变形，这时就必须增大顶杆的直径或增加顶杆的数量。

3.3.1 顶杆及拉料杆设计

单击【注塑模向导】工具条中的【标准件库】按钮，系统弹出【标准件管理】对话框及【重用库】对话框如图 3-41 所示。

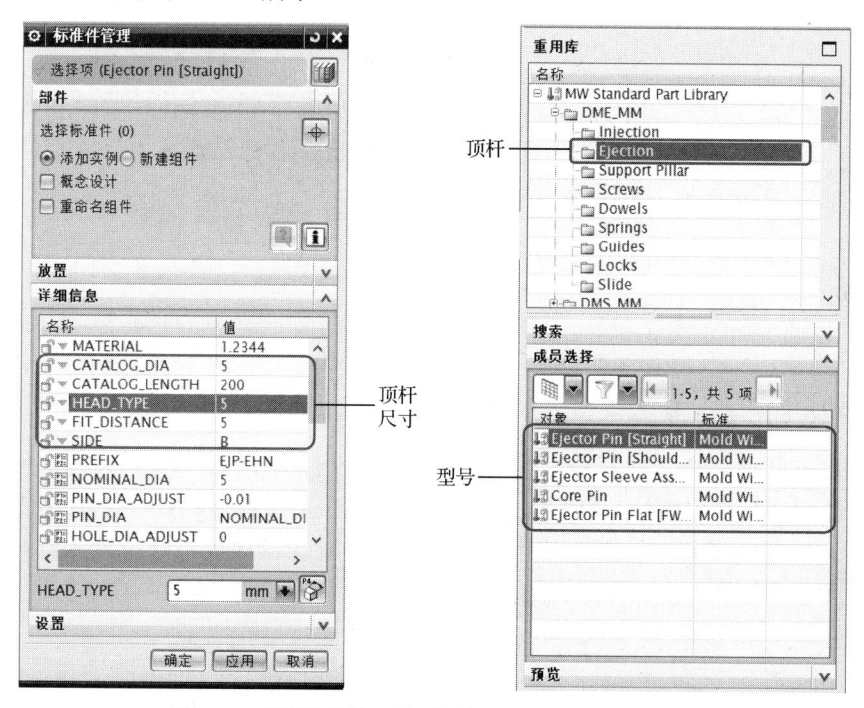

图 3-41 【标准件管理】对话框及【重用库】对话框

1. 顶杆类型选择

单击【标准件库】按钮，系统弹出【标准件管理】对话框，在资源条选项中选择【重用库】按钮，在【重用库】对话框中选择【DME_MM】文件夹中的顶杆【Ejection】文件夹，在【成员选择】栏中可根据顶杆缩略图选择所需要的型号，也可在【标准件管理】对话框的【信息】栏中查看细节图，如图 3-42 所示。

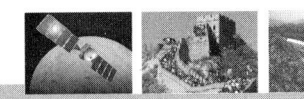

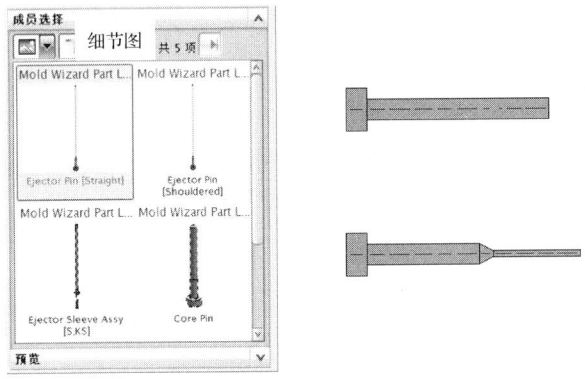

图 3-42　细节图

2. 顶杆尺寸设置

在【标准件管理】对话框的【详细信息】栏中可对顶杆具体尺寸进行设置，各部位的尺寸可根据【信息】对话框中的示意图对照进行设置，其中【CATALOG_DIA】为顶杆直径；【CATALOG_LENGTH】为顶杆长度；【HEAD_TYPE】为顶杆定位类型。顶杆尺寸设置如图 3-43 所示。

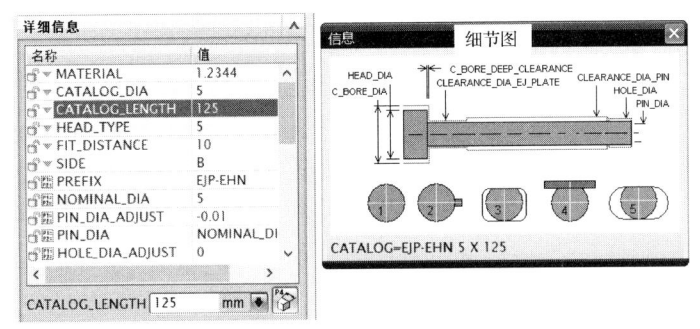

图 3-43　顶杆尺寸设置

3. 拉料杆设计

拉料杆的作用是将主流道凝料从定模浇口套中拉出，这时推出机构开始工作，将塑件和浇注系统凝料一起推出模外。最常用的拉料杆为 Z 字形拉料杆，它工作时依靠 Z 字形钩将主流道凝料拉出浇口套，还有一种拉料杆形式为分别在动模板上开设反锥度凝料穴，再在它们的后面设置推杆。拉料杆形式如图 3-44 所示。

Z字形拉料杆　　　　反锥度凝料穴拉料杆

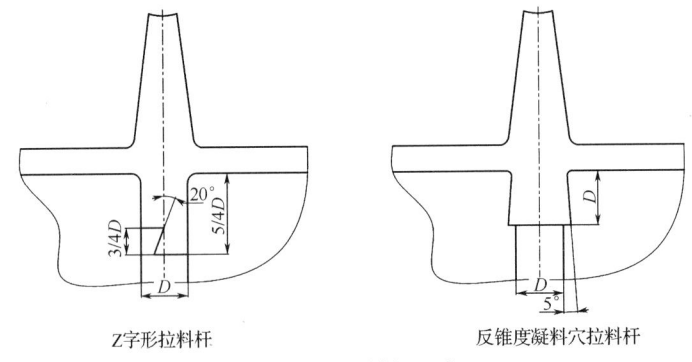

图 3-44　拉料杆形式

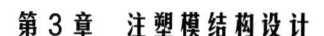

拉料杆的设计步骤与顶杆一样，Z 字形拉料杆的头部是用【拉伸】【减去】等命令设计完成的。

3.3.2 推管设计及顶杆后处理

扫一扫看微课视频：推管设计和顶杆后处理

1. 推管设计

推管是推杆中的一种，也称司筒或空心推杆，它适用于环形、筒形塑件或带孔的部分塑件推出工作，具体的设计方法在做做练练 14 中详解。

2. 顶杆后处理

由于插入的顶杆比较长，需要对其进行修剪操作。

（1）单击【注塑模向导】工具条中的【顶杆后处理】按钮，系统弹出【顶杆后处理】对话框，如图 3-45 所示。

（2）依次选择产品中的所有顶杆为【目标体】，单击【工具片体】按钮，在【修边曲面】下拉列表框中选择【CORE_TRIM_SHEET】选项，即型芯面片体，如图 3-45 所示。

图 3-45 【顶杆后处理】对话框

3.3.3 推管芯子固定设计

扫一扫看微课视频：推管芯子固定设计

推管芯子是成型孔的型芯，一般安装在动模板上，推管的作用是顶出塑件，一般安装在推件板上。推管芯子可用压板与螺钉固定安装在动模座板上。

具体的设计方法在做做练练 14 中详解。

做做练练 14

1. 顶杆、拉料杆

步骤 1：顶杆设计。打开 ZP2 组件模型，并隐藏定模部分。

单击【注塑模向导】工具条中的【标准件库】按钮，系统弹出【标准件管理】对话框，【名称】和【成员选择】分别选择【Ejection】和【Ejector Pin[Straight]】。顶杆参数设置如图 3-46 所示。

在【标准件管理】的【详细信息】栏中设置顶杆直径【CATALOG_DIA】为 5，顶杆长度【CATAOG_LENGTH】为 200，顶杆定位类型【HEAD_TYPE】为 5，如图 3-46 所示。

> **行家指点：**
> 此处，当设置顶杆的长度时，也可以选择更长的长度，不一定必须设置为 200，只要足够长即可，最终系统会根据型芯面自动裁剪。

图 3-46 顶杆参数设置

单击【标准件管理】对话框中的【确定】按钮，系统弹出【点】对话框，在该对话框中输入坐标（25,18,0）后单击【确定】按钮，再依次输入另两根顶杆的坐标为（88,-30,0）和（42,-30,0），完成顶杆设计。顶杆坐标、顶杆完成图如图 3-47 所示。

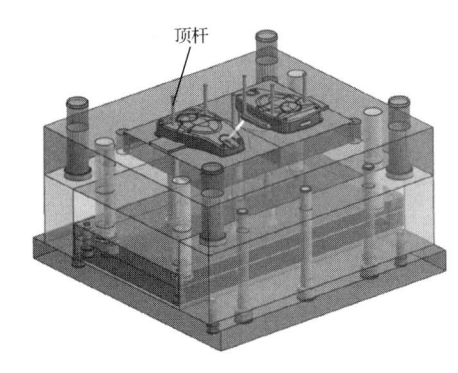

图 3-47 顶杆坐标、顶杆完成图

步骤 2： 拉料杆设计。拉料杆的尺寸，直径为 5、长度为 130、类型 5，拉料杆坐标为（0,0,0）。与设计推杆的方法相同，先设计好推杆，再将推杆的头部修剪成拉料杆。

将拉料杆设为工作部件，单击【插入】>【设计特征】>【拉伸】，绘制如图 3-48 所示的截面，在拉伸对话框中设置参数，单击【确定】按钮，完成拉料杆头部的修剪。修剪拉料杆头部如图 3-48 所示。

2. 推管设计及推杆后处理

步骤 1： 推管设计。单击【注塑模向导】工具条中的【标准件库】按钮，系统弹出【标准件管理】对话框，【名称】和【成员选择】分别选择【Ejection】和【Ejector Sleeve Assy[S，KS]】选项。

第 3 章 注塑模结构设计

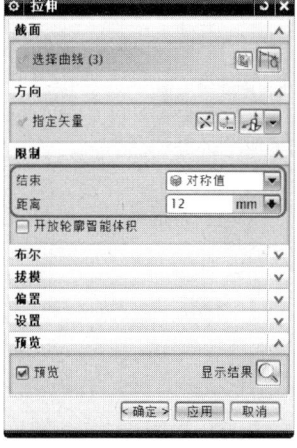

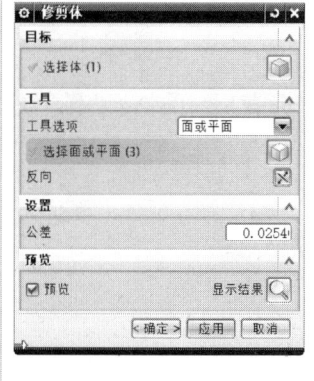

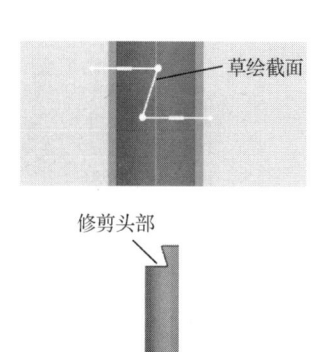

图 3-48 修剪拉料杆头部

在【标准件管理】对话框的【详细信息】栏中设置参数【PIN_CATALOG_DIA】为 2，【PIN_CATALOG_LENGTH】为 250，【SLEEVE_CATALOG_LENGTH】为 175，【PIN_HEAD_TYPE】为 1（见图 3-49），设置完成后单击【确定】按钮。

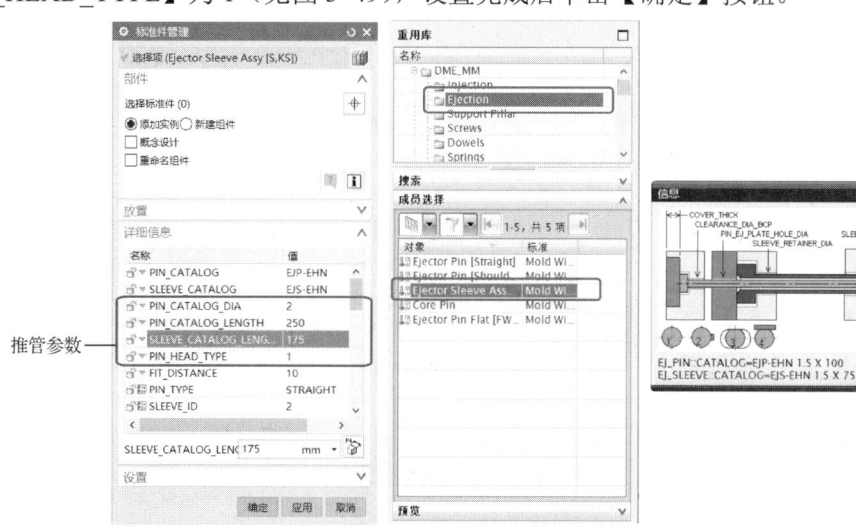

图 3-49 推管参数设置

系统弹出【点】对话框，选择【点位置】中的【选择对象】按钮，在屏幕模型中选择要加载推杆的位置中心，单击【确定】按钮，依次选择要加载的推管的位置，完成推管设计。推管加载如图 3-50 所示。

步骤 2：推杆后处理。单击【注塑模向导】工具条中的【顶杆后处理】按钮，系统弹出【顶杆后处理】对话框。在对话框中选择加载的顶杆和推管，在【设置】栏中将【配合长度】设置为 12，设置完成后单击【确定】按钮。顶针、推管修剪结果如图 3-51 所示。

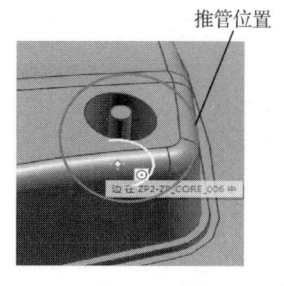

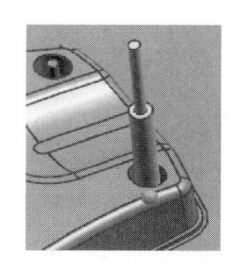

图 3-50 推管加载

95

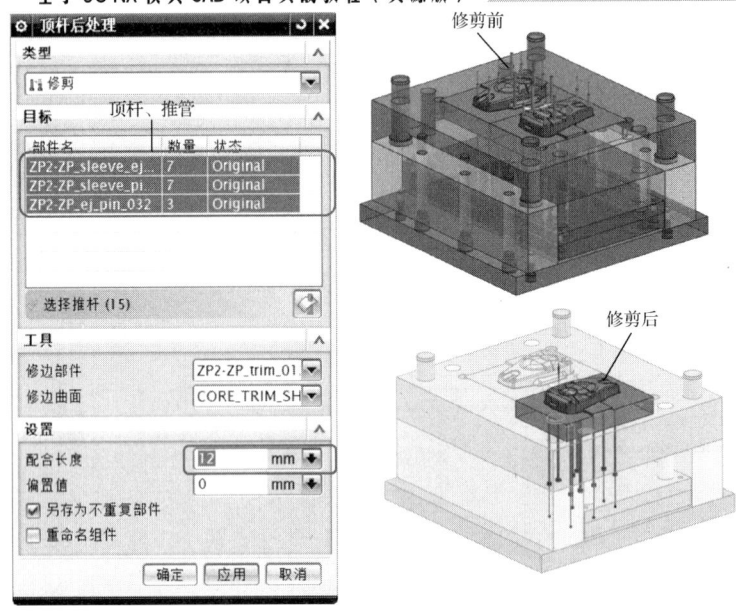

图 3-51 顶针、推管修剪结果

3. 推管芯子固定设计

步骤 1：设计推管芯子固定板。单击【注塑模向导】工具条中的【标准件库】按钮，系统弹出【标准件管理】对话框，在资源条选项中选择【重用库】按钮，在【重用库】对话框中选择【MISTUMI】文件夹中的【Angular Pins】文件夹，在【成员选择】栏中选择【App（Stopper Plate for Angular Pin）】选项。推管芯子固定件参数设置如图 3-52 所示。

在【标准件管理】对话框的【详细信息】栏中设置如图 3-52 所示的数值。

在【标准件管理】对话框中单击【选择面或平面】按钮，选择动模固定板底面。

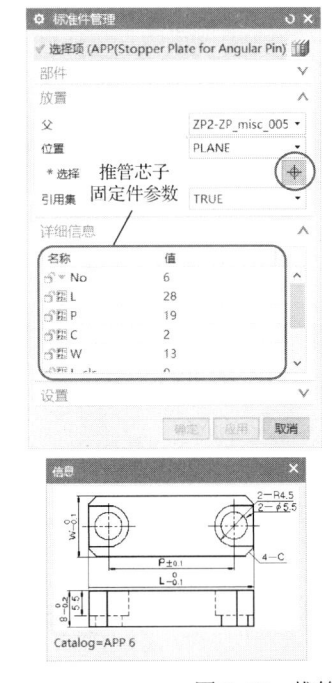

图 3-52 推管芯子固定件参数设置

单击【确定】按钮，系统弹出【点】对话框，在对话框中选择【指定点】，然后在模型中选择推管芯子中心，单击【确定】按钮，完成推管芯子固定座安装。同理，依次完成 5 个固定座安装。安装推管芯子固定座如图 3-53 所示。

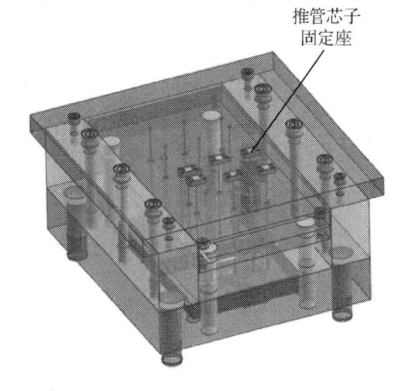

图 3-53 安装推管芯子固定座

步骤 2：安装推管芯子固定压板螺钉。单击【注塑模向导】工具条中的【标准件库】按钮，系统弹出【标准件管理】对话框，在资源条选项中选择【重用库】按钮，在【重用库】对话框中选择【DME_MM】文件夹中的【Screw】文件夹，在【成员选择】栏中选择【SHCS[Manual]】选项，单击【标准件管理】对话框中的【选择面或平面】按钮，在压块模型上选择放置螺钉的平面，设置螺钉参数，设置完成后单击【确定】按钮。系统弹出【点】对话框，安装推管芯子固定压板螺钉如图 3-54 所示。

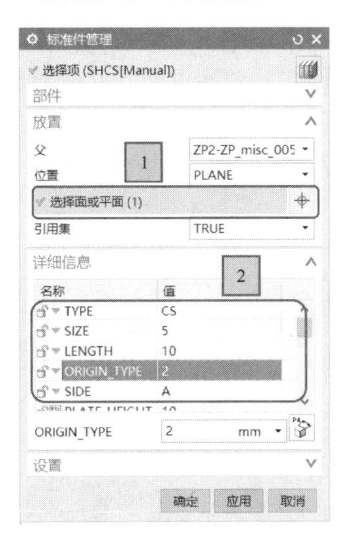

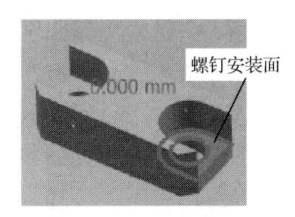

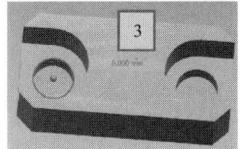

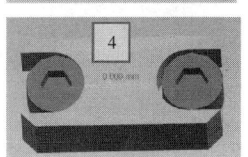

图 3-54 安装推管芯子固定压板螺钉

在【装配导航器】中选择推管芯子固定件，单击【装配】>【组件位置】>【移动组件】，系统弹出【移动组件】对话框，在对话框中进行设置（见图 3-55），设置完成后单击【确定】按钮。

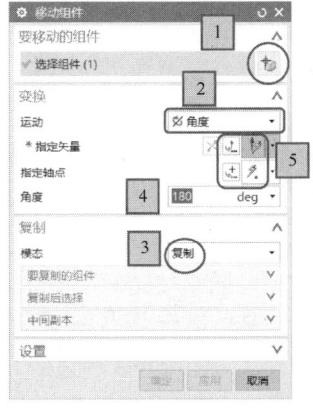

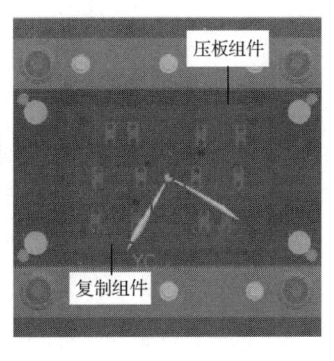

图 3-55 推管芯子固定组件镜像

3.3.4 推出机构的导向与复位

推出机构在注塑模工作时,每开合模一次,就往复运动一次,除推杆和复位杆与模板的滑动配合以外,其余部分均处于浮动状态。为使推出机构往复运动保持灵活和平稳,必须设计推出机构的导向装置,推出机构在开模推出塑件后,为进行下一次的注射成型工作,还必须使推出机构复位。

1. 支撑柱

支撑柱是安装在动模座板和动模支撑板之间,起着保证推出机构运动导向和增加动模成型过程的稳定性,防止在成型时动模支撑板挠曲变形等作用的部件。支撑柱一般可以设置两根,而对于中、大型模具需要安装四根。

在 Mold Wizard 模块中,支撑柱标准件存放在【标准件库】中,单击【FUTABA_MM】>【Support】>【Support Pillar】,系统弹出【标准件管理】对话框,其中包含了各种支撑柱的选项,单击【信息】按钮可以查看支撑柱的形式(见图 3-56),在【标准件管理】对话框中设置所需要的参数,设置支撑柱的位置及安装平面即可,具体操作方法见后面的做做练练 15。

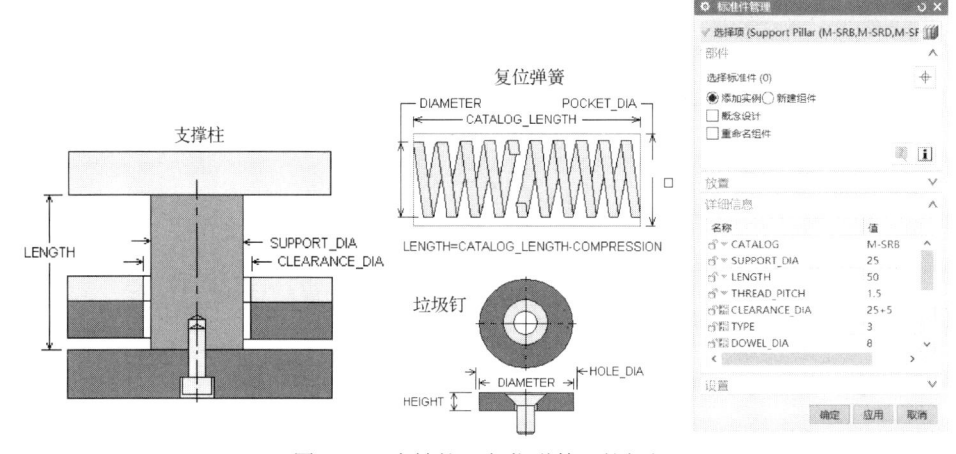

图 3-56 支撑柱、复位弹簧、垃圾钉

2. 复位弹簧

使推出机构复位最简单、最常用的方法是在推杆固定板上同时安装复位杆,标准模架中有复位杆设计。此外,还有一种推出机构复位装置是复位弹簧,复位弹簧是利用压缩弹簧的回力使推出机构复位的,其复位先于合模动作之前完成。

设计复位弹簧时要注意,复位弹簧应对称安装在推杆固定板的四周,一般为 4 个,常常安装在复位杆上,也可将复位弹簧柱对称地设置在推杆固定板上,还可将其设置在推杆导柱上。

在 Mold Wizard 模块中支撑柱标准件存放在标准件库里,单击【FUTABA_MM】>【Springs】>【Spring[M_FSB]】,系统弹出【标准件管理】对话框,其中包含了各种复位弹簧的选项,单击【信息】按钮可以查看复位弹簧的形式(见图 3-56),在【标准件管理】对话框中设置所需的参数,设置复位弹簧的位置及安装平面,具体操作方法见后面的做做练练 15。

3. 垃圾钉

当模具注塑时,很难保证在顶针板顶出时没有垃圾(如铁屑)掉进去,如果没有垃圾

钉，则顶针板复位时很容易被垃圾顶住，不能回到正确位置。

垃圾钉安装在动模座板与推杆固定板之间，一般安装 4 个到 6 个，以模具的大小而定。

在 Mold Wizard 模块中，支撑柱标准件存放在【标准件库】中，单击【DME_MM】>【Locks】>【Shoulder Plate for Interlock_AGS】，系统弹出【标准件管理】对话框，其中包含了各种垃圾钉的选项，单击【信息】按钮可以查看垃圾钉的形式（见图 3-56），在【标准件管理】对话框中设置所需的参数，设置弹簧的位置及安装平面，具体操作方法见后面的做做练练 15。

做做练练 15

以 ZP2 为例，进行支撑柱、复位弹簧、垃圾钉的设计操作。

打开 ZP2 的装配模型，将浇注系统、推出机构隐藏，支撑柱设计如图 3-57 所示。

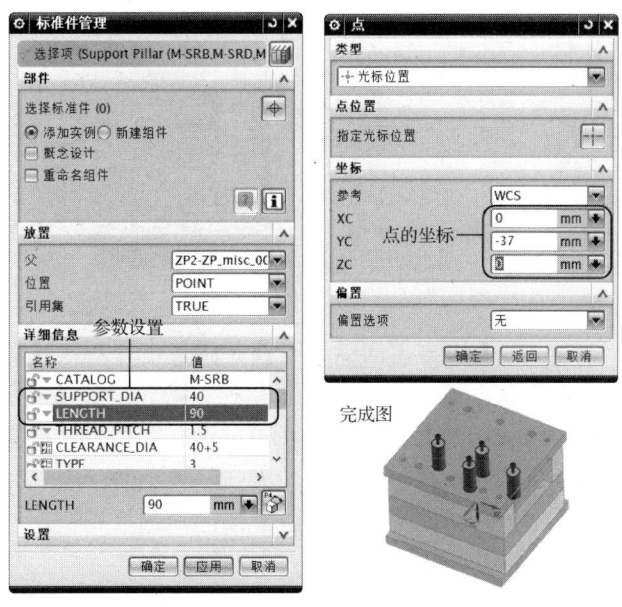

图 3-57 支撑柱设计

步骤 1：支撑柱设计。在【注塑模向导】工具条中，单击【标准件库】按钮，系统弹出【标准件管理】对话框，在资源条选项中选择【重用库】按钮，在【重用库】对话框中选择【FUTBAB_MM】文件夹中的【SUPPORT】文件夹，在【成员选择】栏中选择【Suppore Pillar（M-SRB）】。

在【标准件管理】对话框中修改参数：【SUPPORT_DIA】（支撑柱内径）为 40；【LENGTH】（长度）为 90。修改完成后单击【确定】按钮。这时系统弹出【点】对话框，在此对话框中输入坐标（0,-37,0），单击【确定】按钮，完成第一个支撑柱的设计。

继续在【点】对话框中输入坐标（0,37,0）、（130,0,0）、（-130,0,0），完成另外三根支撑柱的设计，完成图如图 3-57 所示。

步骤 2：复位弹簧设计。在【注塑模向导】工具条中，单击【标准件库】按钮，系统弹出【标准件管理】对话框，在资源条选项中选择【重用库】按钮，在【重用库】对话框中选择【DME_MM】文件夹中的【Springs】文件夹，在【成员选择】栏中选择【Spring】选项。在【标准件管理】对话框中修改参数：【INNER_DIA】（复位弹簧内径）为 25.5；【CATALOG_LENGTH】（复位弹簧长度）为 88.9；【DISPLAY】（显示）为 DETATLED。选择如图 3-58 所示的面为放置平面，完成设置后单击【确定】按钮。

这时，系统弹出【标准件位置】对话框，选择复位杆的圆心作为定位点，完成设置后单击【应用】按钮，这样一根弹簧就加载完成了，接着依次选择另外三个复位杆圆心，加载另外三根弹簧，如图 3-58 所示。

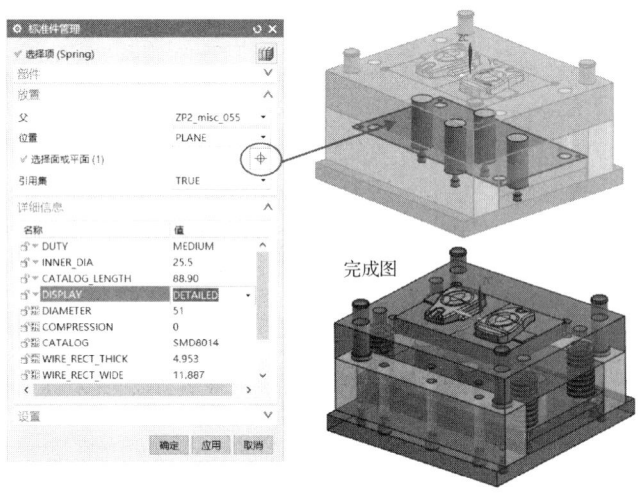

图 3-58 复位弹簧设计

步骤 3：垃圾钉设计。在【注塑模向导】工具条中单击【标准件库】按钮，系统弹出【标准件管理】对话框，在资源条选项中选择【重用库】按钮，在【重用库】对话框中选择【DME_MM】文件夹中的【Locks】文件夹，在【成员选择】栏中选择【Shoulder Plate for Interlock-AGS】选项。

在【标准件管理】对话框中单击【放置平面】按钮，选择动模座板的上表面为放置面（见图 3-59），设置完成后单击【确定】按钮。

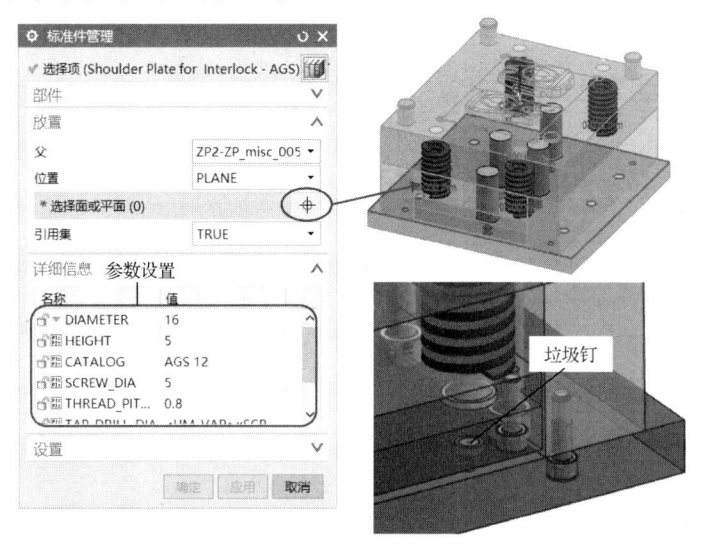

图 3-59 垃圾钉设计

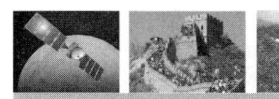

系统弹出【标准件位置】对话框,选择复位杆圆心作为定位点,单击【应用】按钮,再依次单击其他 3 个点,单击【确定】按钮,完成垃圾钉的加载。

3.4 滑块和斜顶设计

在模具设计中经常会遇到产品存在倒扣的现象。对于这种现象,是因为没能采用正常的脱模方式,在实际生产中,滑块和斜顶是常用的处理倒扣的两种方法。

滑块和斜顶主要由两部分组成:完成斜向运动的滑块和斜顶体机构,以及与塑件上倒扣部分形状相匹配的头部。滑块和斜顶体由 Mold Wizard 模块定制的标准件组成,头部设计需要用创建实体、分割实体、修剪体等特征工具来完成。

3.4.1 滑块与斜顶体设计

1.【滑块与浮升销设计】对话框

单击【注塑模向导】工具条中的【滑块和浮升销库】按钮,系统弹出【滑块和浮升销设计】对话框,如图 3-60 所示。【滑块和浮升销设计】对话框内共有三类标准件,Slide(滑块体)、Lifter(斜顶体)及 Standard Parts(标准部件)。其中,Slide 中有 11 个类型;Lifter 中有 6 个类型(见图 3-61)。设计者可根据模具结构的需要选用合适的滑块和斜顶体。

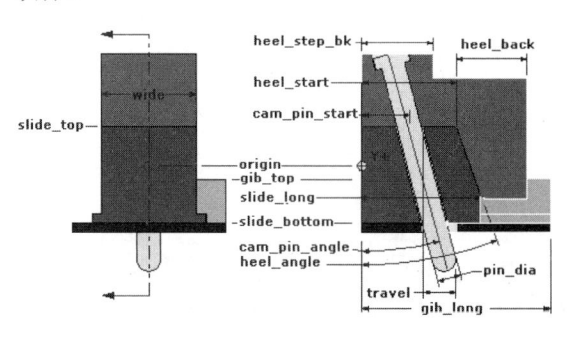

图 3-60 【滑块和浮升销设计】对话框

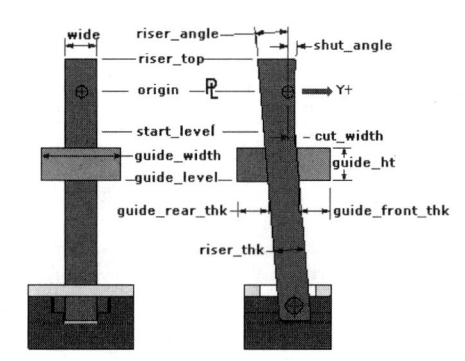

图 3-61 滑块与斜顶体

2. 滑块/斜顶的方位

在加入滑块/斜顶前必须先定义好坐标系的方位,滑块/斜顶的放置位置是根据坐标系的原点和坐标轴定义的。

Mold Wizard 模块规定,WCS 的+YC 方向必须沿着滑块/斜顶的移动方向。从图 3-61 中可以看到,每个滑块/斜顶的示意图中都标明了原点、+YC 方向和分型线,可以按照说明创建坐标系。

滑块/斜顶的各个参数都可进行编辑，可以参照参数示意图，找到各个参数所表达的含义，在【尺寸】对话框中找到需要修改的参数，修改成自己设计的参数值即可。

3.4.2 滑块与斜顶头设计

Mold Wizard 模块提供了滑块与斜顶头的创建方法：实体头和修剪体。

实体头方法常用于滑块的设计，用创建一个实体的方法设计滑块头，大致步骤如下。

（1）在型芯或型腔内创建一个头部实体。

（2）加入合适的滑块/斜顶标准体。

（3）用 WAVE 链接头部实体到滑块/斜顶体部件上。

（4）对头和体进行布尔求和。

除了上述的创建流程，也可以先新建一部件，并将头部文件链接到新建的部件中去，然后与滑块/斜顶体装配固定，这种方法更可取，因为可以独立对头部进行加工。

修剪体方法使用的是修剪功能，用型腔/型芯的修剪片体修剪所选实体。具体的设计方法在做做练练 16 中详解。

做做练练 16

以 ZP2 为例，进行斜顶设计操作。

打开 ZP2 的装配模型，将模架、浇注、推出机构隐藏。

步骤 1：加载斜顶组件。单击【注塑模向导】工具条中的【创建方块】按钮，系统弹出【创建方块】对话框，在该对话框中设置区域中的【设置】间隙为 1，其余为 0；选择塑件凸出部分的面，单击【确定】按钮。创建方块如图 3-62 所示。

单击【格式】>【WCS】>【动态】，将【WCSF】设在方块顶边中心，调整【WCS】的方向到合适位置，方便斜顶的加载。

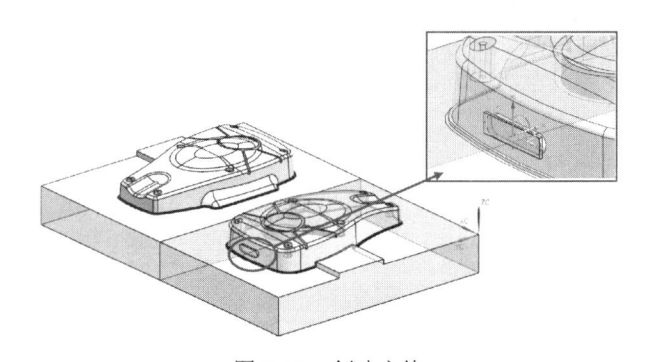

图 3-62 创建方块

单击【滑块和浮升销库】按钮，弹出【滑块和浮升销设计】对话框，在【重用库】对话框中单击【Lifter】>【Dowel Lifter】，在【滑块和浮升销设计】对话框中修改斜顶的参数。修改【riser angle】为 8（图中未显示）；【wide】为 22；单击【确定】按钮完成斜顶的创建。斜顶的创建如图 3-63 所示。

步骤 2：修剪斜顶头部。双击模型中的【方块】，修改【方块】尺寸，将方块的前、后、上、下参数分别设置为 5、6、17、10，完成【方块】的修改。单击【拔模】按钮，系统弹出【拔模】对话框，在【类型】中选择【从边】，调整角度和方向，在模型中选择【方块】的边，单击【确定】按钮，完成【方块】的拔模（见图 3-64）。

单击【滑块和浮升销库】按钮，系统弹出【滑块和浮升销设计】对话框。在该对话框中单击【选择标准件】按钮，并在模型中选择创建的斜杆，单击【重定位】按钮，系统弹出【移动组

件】对话框,在模型中选择 Y 轴方向,设置参数(见图 3-65),设置完成后单击【确定】按钮。

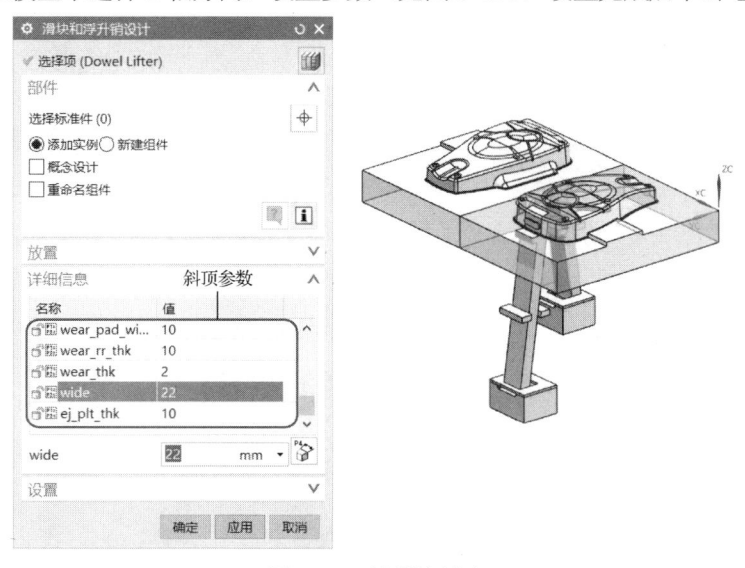

图 3-63　斜顶的创建

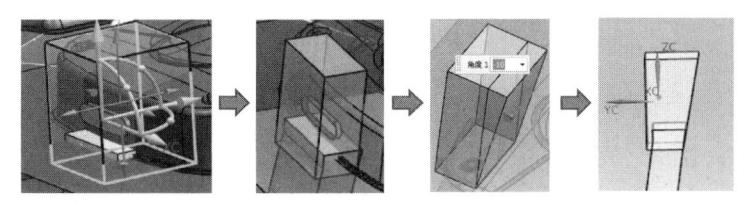

图 3-64　修改【方块】尺寸、拔模

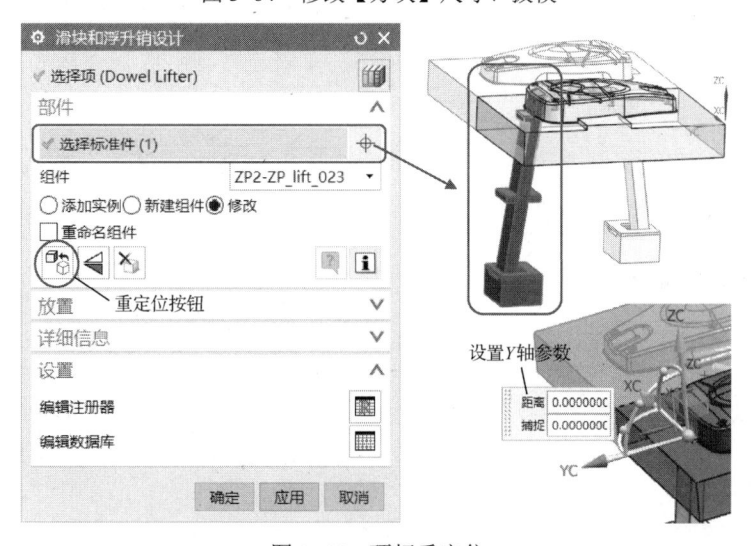

图 3-65　顶杆重定位

单击【插入】>【偏置/缩放】>【偏置面】,在模型中选择方块前面,设置偏置值为 3,单击【确定】按钮。将顶杆模型设为【工作部件】。单击【插入】>【关联复制】>【WAVE 几何链接器】,系统弹出【WAVE 几何链接器】对话框,选择方块模型,单击【确定】按钮。方块偏置面、头部与斜顶的链接如图 3-66 所示。

图 3-66 方块偏置面、头部与斜顶的链接

单击【插入】>【同步建模】>【替换面】，把创建方块的侧面和斜顶杆的侧面替换成一致。单击【合并】按钮，在【合并】对话框中，选择顶杆为【目标】，方块为【工具】，设置完成后单击【确定】按钮，将斜顶头部与斜顶杆合并。

单击【修边模具组件】按钮，系统弹出【修边模具组件】对话框，【目标】选择斜顶杆，【设置】中的【目标范围】设置

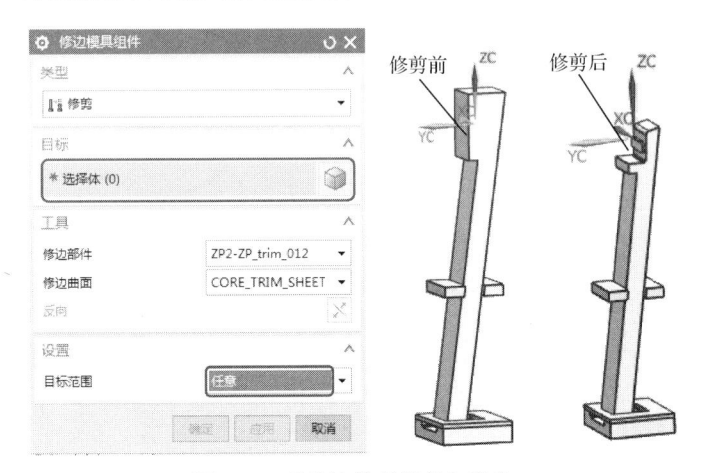

图 3-67 【修边模具组件】操作

为【任意】，单击【确定】按钮，完成斜顶的修剪。【修边模具组件】操作如图 3-67 所示。

> **行家指点：**
> 由于加载后的斜顶和型芯没有位于一个组件下，因此斜顶的成型部分（滑块头）和斜顶未成为一个整体，因此需要使用【WAVE 几何链接器】链接滑块体到斜顶组件。

3.5 冷却系统设计

模具温度（简称模温）是指模具型腔和型芯的表面温度。不论是热塑性塑料还是热固性塑料的模塑成型，模具温度对塑料制件的质量和生产率都有很大的影响。冷却系统的设计主要是为了在完成注塑后，加快产品的冷却，提高生产的效率，缩短成型周期。

冷却系统的设计可以参考以下原则。

（1）冷却水路数量尽量多，冷却水路孔径尽量大。为了使型腔表面温度分布趋于均匀，防止塑料制件不均匀收缩和产生残余应力，在模具结构允许的情况下，应尽量多设置冷却水路，并使用较大的截面面积。

（2）冷却水路至型腔表面的距离应尽量相等。一般情况下，冷却水路直径、冷却水路到型腔表面的最短距离和冷却水路之间的间距采用 1∶3∶5 的原则设计。水道孔边至型腔表面的距离应大于 10 mm。

第 3 章 注塑模结构设计

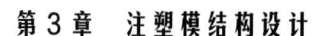

（3）浇口处加强冷却。一般在浇口附近温度最高，距浇口越远温度越低，因此浇口附近应加强冷却，通常将冷却水路的入口设置在浇口附近，使浇口附近的模具在较低温度下冷却，而远离浇口部分的模具在经过一定程度热交换的温水作用下冷却。

（4）冷却水路出入口温差应尽量小。一般出入口温差控制在 5~6 ℃，冷却效果最佳。

（5）对于收缩率较大的塑料，冷却水路应尽量沿塑料收缩的方向设置。

（6）冷却水路的布置应避开塑料制件易产生熔接痕的部位。塑料制件易产生熔接痕的地方，本身温度就比较低，如果在该处再设置冷却水路，就会更加促使熔接痕产生。

（7）冷却水路不应通过镶件与模板的接缝处，以防漏水。

（8）水管接头的部位，应设置在不影响操作的位置。堵头藏深至少 8 mm，水嘴根据客户要求制造在凹入或凸出模外。

3.5.1 动模和定模水路水管设计

动模和定模水路由水管、水嘴、水堵、密封圈组成，如图 3-68 所示。

单击【注塑模向导】工具条中的【模具冷却工具】按钮，在【模具冷却工具】工具条中单击【冷却组件设计】按钮，弹出【冷却组件设计】对话框，如图 3-69 所示。该对话框分三个区域，分别是【重用库】对话框中的目录选择区域，【冷却组件设计】对话框中的父选项及位置选择区域、尺寸输入区域。

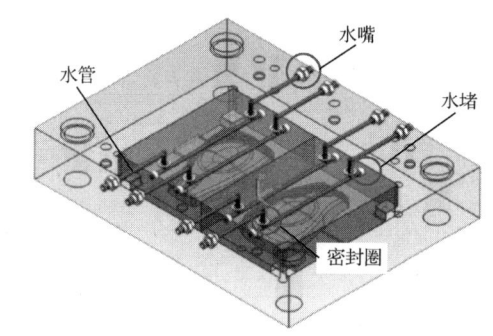

图 3-68　冷却水路组成

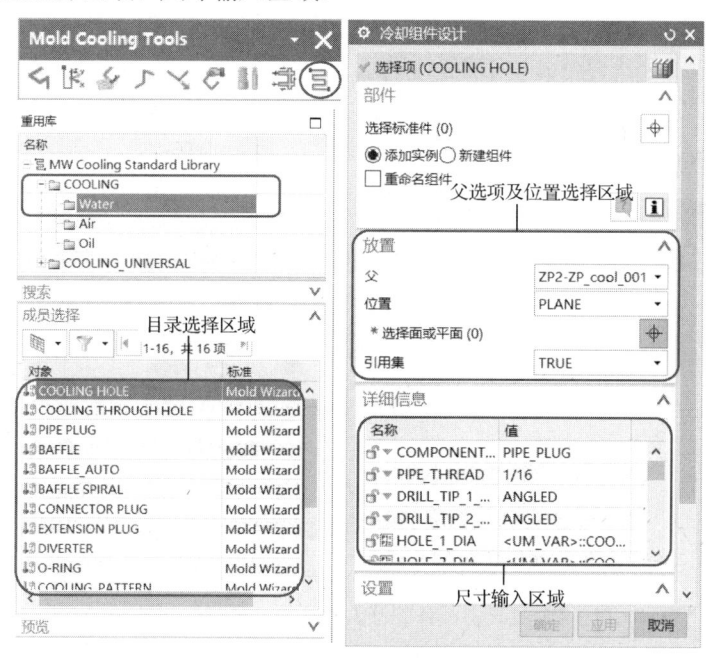

图 3-69　【冷却组件设计】对话框

使用【冷却组件设计】方法创建冷却水道与采用【标准部件库】命令创建标准件的方

法相同，只要通过对照参数图，设置对应的尺寸值即可。

冷却水管的设置及具体操作可见做做练练 17。

3.5.2 动模和定模水路标准件设计

1. 水堵设计对话框

单击【注塑模向导】工具条中的【模具冷却工具】按钮，在【模具冷却工具】工具条中单击【冷却组件设计】按钮，弹出如图 3-70 所示的【冷却组件设计】对话框（水堵设计），在资源条选项中单击【重用库】按钮，在【重用库】对话框中选择【COOLING】文件夹中的【Water】文件夹，先在【冷却组件设计】对话框中选择【PIPE PLUG】选项，然后按标准件安装方法进行安装，具体操作方法见后面的做做练练 17。

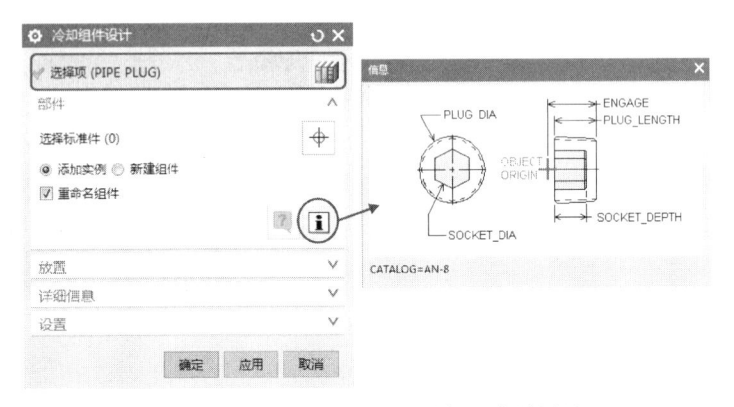

图 3-70 【冷却组件设计】对话框（水堵设计）

2. 密封圈设计对话框

在【冷却组件设计】对话框中选择【O-RING】（密封圈）选项，系统弹出如图 3-71 所示的【冷却组件设计】对话框（密封圈设计），然后按标准件安装方法进行安装，具体操作方法见后面的做做练练 17。

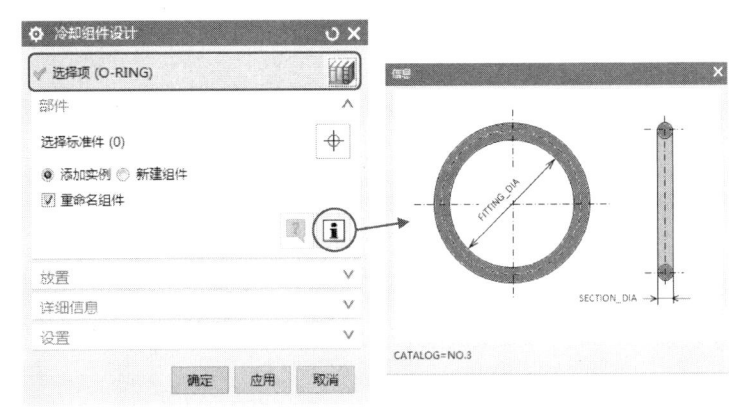

图 3-71 【冷却组件设计】对话框（密封圈设计）

3. 水嘴设计对话框

在【冷却组件设计】对话框中选择【CONNECTOR PLUG】（水嘴）选项，系统弹出如

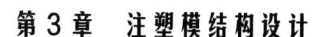

图 3-72 所示的【冷却组件设计】对话框，然后按标准件安装方法进行安装，具体操作方法见后面的做做练练 17。

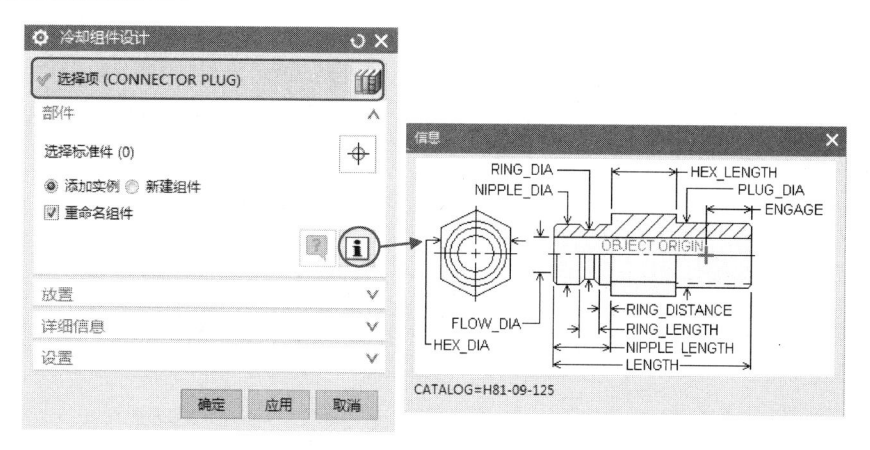

图 3-72 【冷却组件设计】对话框（水嘴设计）

3.5.3 水路系统后处理

扫一扫看微课视频：水路系统后处理

水路系统后处理就是将设计好的水路系统从动模板和定模板及动模型芯和定模型腔（A、B 板）中剪切掉。

单击【注塑模向导】工具条中的【腔体】按钮，系统弹出【腔体】对话框，如图 3-73 所示。【模式】设置为【减去材料】，【目标】选择为动、定模板与型腔，【工具】选择为水管管路、管路标准件。

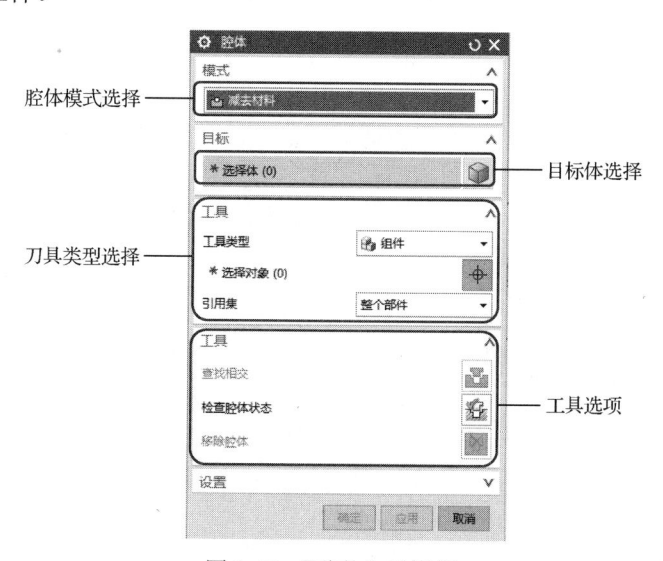

图 3-73 【腔体】对话框

做做练练 17

以 ZP2 为例，进行冷却水管设计。
打开 ZP2 的装配模型，将模架、浇注、推出机构等隐藏。

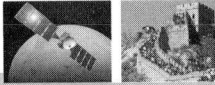

步骤 1：定模板冷却水道设计。单击【注塑模向导】工具条中的【模具冷却工具】按钮，系统弹出【冷却模工具】工具条，选择【冷却标准件库】按钮，弹出【冷却组件设计】对话框，在资源条选项中选择【重用库】按钮，在【重用库】对话框中选择【COOLING】文件夹中的【Water】文件夹，在【成员选择】栏中选择【COOLING HOLE】选项，在【冷却组件设计】对话框中将管道深度【HOLE_1_DEPTH】设置为105，将【HOLE_2_DEPTH】设置为105（见图3-74）。

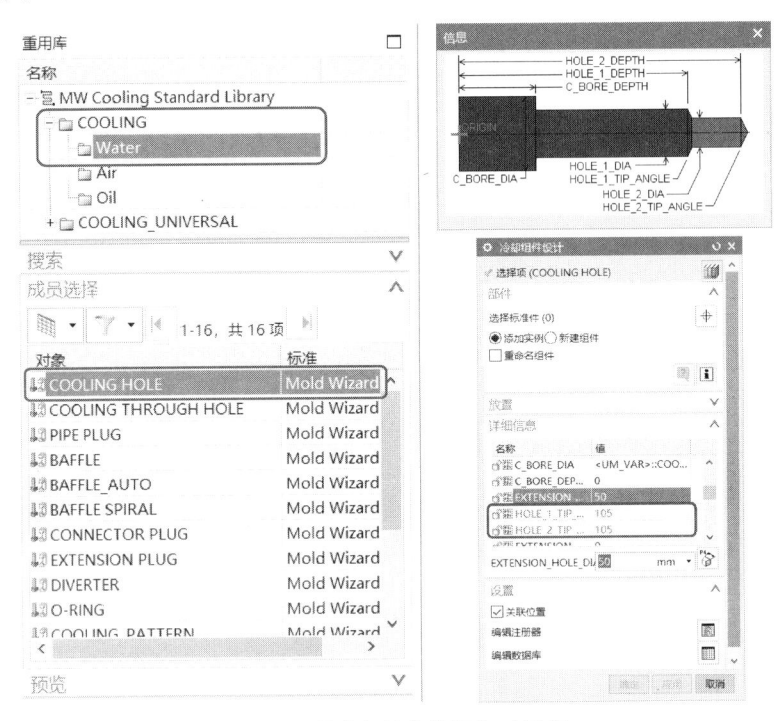

图3-74 【冷却组件设计】对话框

在【冷却组件设计】对话框中选择模型中如图3-75所示的面，单击此对话框中的【确定】按钮，在【标准件位置】对话框中将参考设置为【绝对】后设置 $X=80$、$Y=55$，单击【确定】>【应用】，完成第一根冷却水管的设计。继续在【标准件位置】对话框中输入 X 的偏置值为40，单击【应用】按钮，完成第二根冷却水管的设计。

图3-75 冷却水管打孔面

步骤 2：定模型腔冷却水管设计。隐藏定模板，接着根据步骤1的设计方法设计定模型腔的冷却水管，其中在【冷却组件设计】对话框中将管道深度【TOLE_1_DEPTH】设置为180，【TOLE_2_DEPTH】设置

第 3 章 注塑模结构设计

为 180，选择如图 3-76 所示的面为打孔面，孔点的坐标为（40,32），另一个点把 X 坐标偏移 40，完成后如图 3-76 所示。

步骤 3：设计定模板与定模型腔连接水管。根据步骤 1 的设计方法设计定模型腔与定模板间的连接冷却水管，在【冷却组件设计】对话框中将管道深度【HOLE_1_DEPTH】设置为 25，【HOLE_2_DEPTH】设置为 25，选择如图 3-77 所示的面为打孔面，点的坐标选择在定模板冷却孔的中心。设计定模板与定模型腔连接水管如图 3-77 所示。

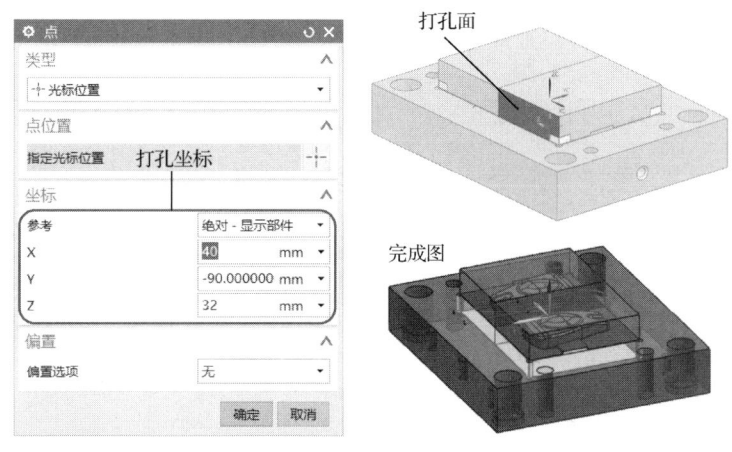

图 3-76 定模型腔冷却水管设计

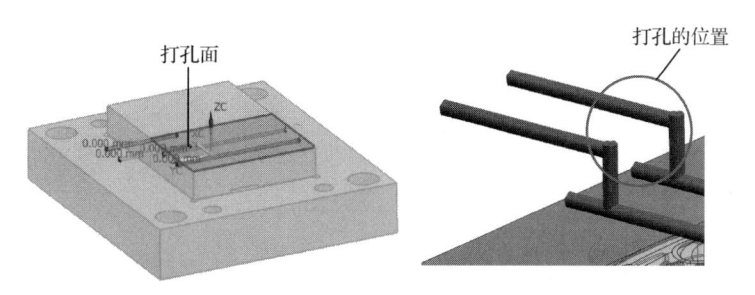

图 3-77 设计定模板与定模型腔连接水管

■**行家指点**：

当发现水管安装位置不正确时，可以回到【冷却组件设计】对话框，在【部件】中选择需要重新定位的管道，单击【重定位】按钮（见图 3-78），重新输入坐标即可。

图 3-78 【重定位】按钮

步骤4：设计冷却水管标准件。

（1）水堵设计。在【模具冷却工具】工具条中单击【冷却标准件库】按钮，系统弹出【冷却组件设计】对话框和【重用库】对话框，在【重用库】对话框中单击【COOLING】>【Water】>【PIPE PLUG】，在【放置】栏的【位置】选项中选择【PLANE】（平面），水堵参数不变，水堵参数对话框如图3-79所示。

单击【选择面或平面】按钮，在模型中选择如图3-80所示的型腔侧面，单击【确定】按钮。在弹出的【标准件位置】对话框中选择如图3-80所示的水管中心为水堵放置位置，单击【应用】按钮，继续选择另一根水管的中心，单击【应用】按钮完成水堵的设计。

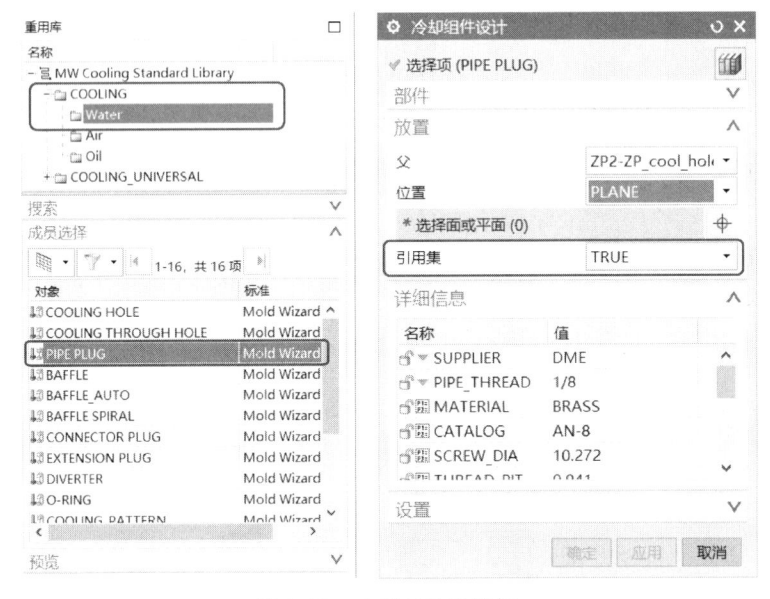

图3-79 水堵参数对话框

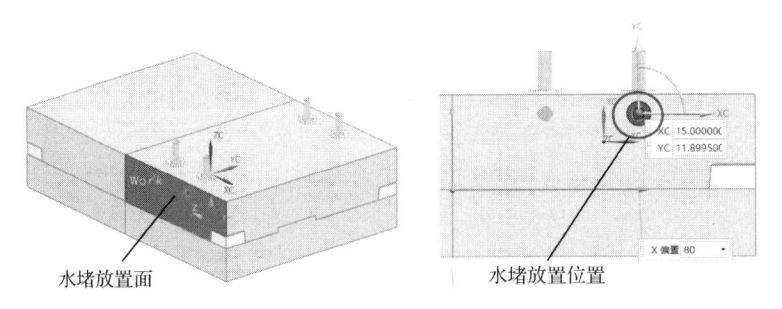

图3-80 水堵放置位置

（2）密封圈设计。继续在【重用库】对话框中单击【COOLING】>【Water】>【O-RING】，在【放置】栏的【位置】选项中选择【PLANE】（平面），设置密封圈厚度【SECTION_DIA】为1.5，设置内径尺寸【FITTING_DIA】为10。密封圈参数对话框如图3-81所示。

单击【选择面或平面】按钮，在模型中选择如图3-82所示的型腔顶面，单击【确定】按钮。在弹出的【标准件位置】对话框中，选择如图3-82所示的四个水管中心为密封圈安装位置，单击【应用】按钮，完成密封圈设计。

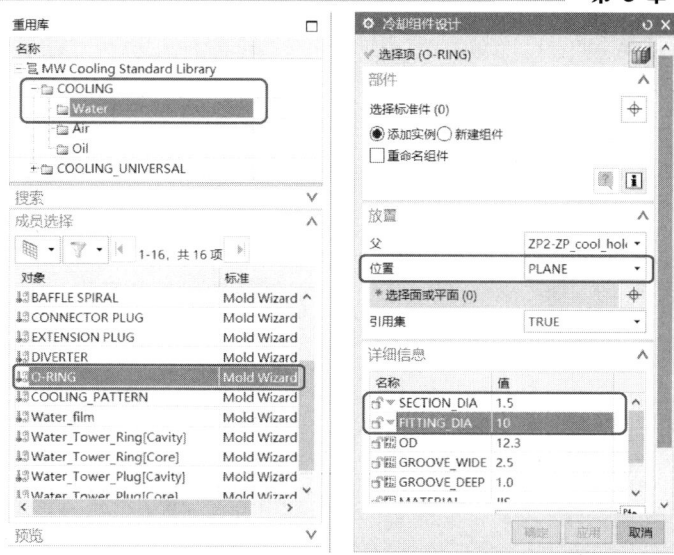

图 3-81　密封圈参数对话框

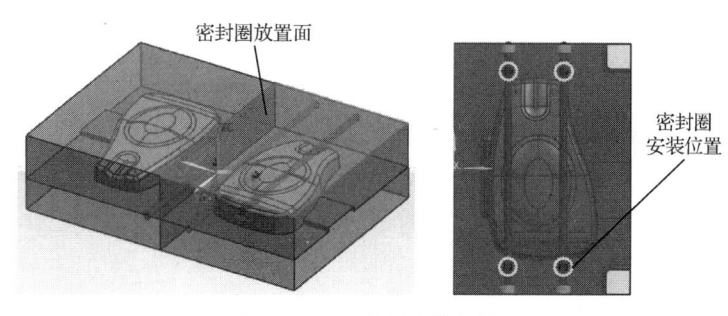

图 3-82　密封圈安装位置

仔细观测密封圈安装位置，发现其沉在型腔表面内，若要装在型腔顶面上，可重新打开【冷却组件设计】对话框，单击【选择标准件】按钮，选择模型中的密封圈，单击对话框中的【翻转方向】按钮（见图 3-83）。

（3）水嘴设计。继续在【重用库】对话框中单击【COOLING】>【Water】>

图 3-83　密封圈【翻转方向】

【CONNCTOR PLUG】，在【放置】栏的【位置】选项中选择【PLANE】（平面），水嘴型号【SUPPUIER】为【DME】。水嘴参数设置如图 3-84 所示。

单击【选择面或平面】按钮，在模型中选择如图 3-85 所示的型腔顶面，单击【确定】按钮。在弹出的【标准件位置】对话框中，选择如图 3-85 所示的水管中心为水嘴的安装位置，单击【应用】按钮，继续选择另一根水管的中心，单击【应用】按钮，完成水嘴设计。

图 3-84 水嘴参数设置

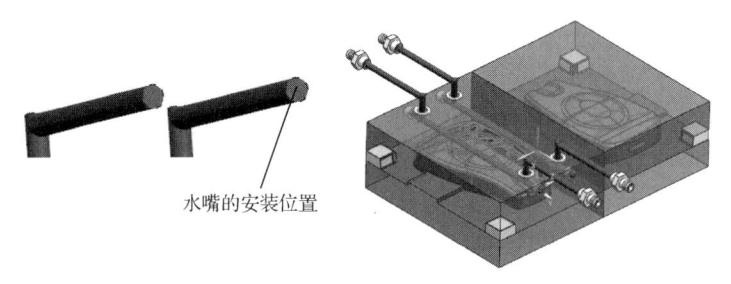

图 3-85 水嘴的安装位置

（4）镜像冷却水管。镜像水管组件：单击【装配】>【组件】>【镜像装配】，系统弹出【镜像装配向导】对话框，选择需要镜像的水管零件，以 XC-ZC 平面为对称平面，顺着向导完成水管组件的镜像，如图 3-86 所示。

镜像型腔水管组件：运用同样的方法，选择要镜像的所有水路管件，以 YC-ZC 为对称面，完成冷却水管的镜像，如图 3-86 所示。

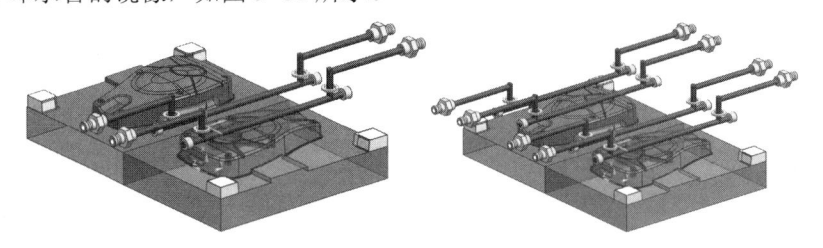

图 3-86 冷却水管镜像

（5）动模水路设计。动模水路设计的方法与步骤和定模水路设计一样。动模冷却水路如图 3-87 所示。

步骤 5：水路系统后处理。单击【注塑模向导】工具条中的【腔体】按钮，系统弹出【腔体】对话框，选择 A 板、B 板、定模型腔、动模型腔为目标体，动模和定模水管、水

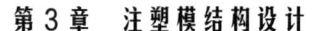

堵、密封圈为工具（见图 3-88），单击【确定】按钮，完成水路系统后处理。

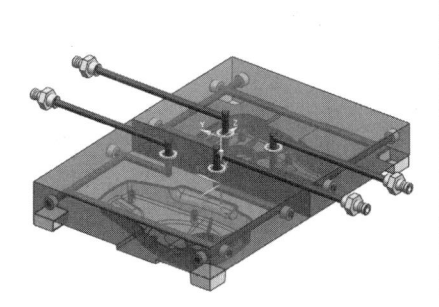

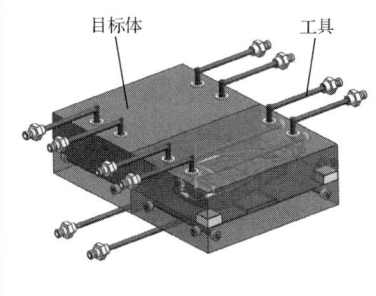

图 3-87　动模冷却水路　　　　　　　　图 3-88　水路系统后处理

思考与练习 3

1．打开如图 3-89 所示的 KT 模具型腔，完成如下作业。

（1）完成模架设计，参考参数如下。

一模二腔，使用龙记大水口模架，型号为 LKM_SG　C 型，尺寸为 index 3550，A 板厚度为 80 mm，B 板厚度为 70 mm，模架种类为 400∶I，动、定模板间隙为 1 mm。

（2）完成模板开框设计，插入型腔、修剪腔体。

（3）完成动、定模型腔固定，参考安装螺钉为内六角 M8。

2．完成如图 3-90 所示的 KT 模具的浇注系统设计。

各型号、尺寸如下：

（1）定位环：LRJS，D=100 mm，B=50 mm；

（2）浇口套：SBBH，SR=13 mm，P=3.5 mm，L=89 mm；

（3）添加定位环浇口套安装螺钉；

（4）横浇道：Runner[2]，D=5 mm，L=40 mm；

（5）侧浇口：Gate[Side]，D=5 mm，$L1$=5.5 mm；

（6）切出各安装件的位置。

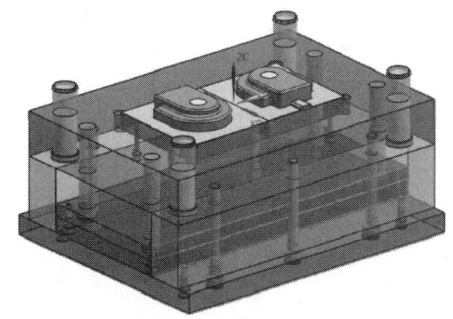

图 3-89　KT 模具型腔　　　　　　　　图 3-90　KT 模具的浇注系统设计

3．完成如图 3-91 所示的 SG 模具的推出机构设计。

（1）推杆设计，推杆直径 D=5 mm；

（2）推管设计，推管直径 D=4.5 mm；

（3）拉料杆设计；

（4）推管芯子固定设计。

4．完成如图 3-92 所示的 skt 注塑模项目设计。

（1）2 个侧向分型的斜顶机构设计。

参考尺寸（方块拉伸尺寸）：前 3 mm、后 5 mm、上 8 mm、下 5 mm。

（2）冷却水管设计。

参考尺寸：水管直径为 6 mm，沿 X 方向布置，H 为 15 mm，$H1$ 和 $H2$ 均为 10 mm，水管中心的坐标为（50,100）。

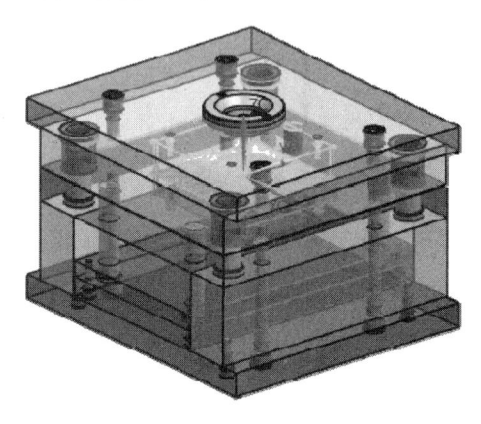

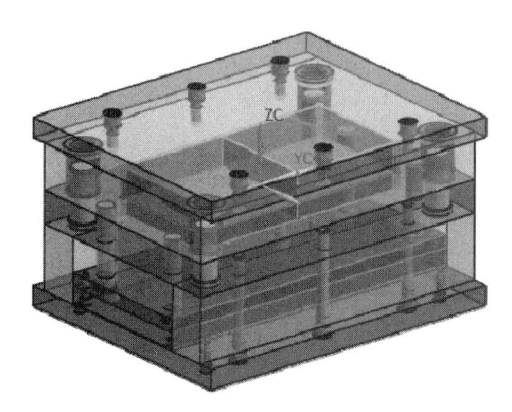

图 3-91　SG 模具　　　　　　　图 3-92　skt 注塑模

下篇 实践篇

第4章

典型二板模：导流罩注塑模的设计

本章将Mold Wizard模块的功能运用到实际塑件模具设计中去，以导流罩为例，详细阐述导流罩注塑模设计过程：定义型腔和型芯、镶件、推板、模架、浇注系统、冷却系统、推出机构设计及其他零部件的设计加载。

本章的每一步骤都配有具体的操作过程，从而使初学者能达到从做中学，学中练，循序渐进地掌握注塑模设计的方法。

知识要点
- 镶件设计
- 点浇口设计
- 推板设计
- 支撑柱设计

4.1 导流罩注塑模项目目标

4.1.1 开模塑件分析

1. 导流罩设计资料

1）产品信息

产品名称：导流罩。

材料：PC。

收缩率：0.45%。

公差等级：MT5。

产品质量：20.52g。

塑件的外表面需进行抛光处理，四周不允许有波峰。

2）注塑机信息

注塑机型号：XS-ZY-125。

额定注射量（cm^3）：125。

螺杆（柱塞）直径（mm）：42。

注射压力（MPa）：120。

注射行程（mm）：115。

注射方式：螺旋式。

锁模力（kN）：900。

最大成型面积（cm^2）：320。

模板最大行程（mm）：300。

模具最大厚度（mm）：300。

模具最小厚度（mm）：200。

喷嘴球头 SR（mm）：12。

喷嘴孔直径（mm）：4。

3）模具设计基本信息

模具寿命：20 万模次。

型腔数目：一模一腔。

2. 导流罩模具方案确立

1）塑件内外结构分析

导流罩塑件 3D 模型如图 4-1 所示。该塑件为壳体类塑件，通过测量可以得出塑件总的长、宽、高尺寸分别为 120 mm、80 mm、30 mm。

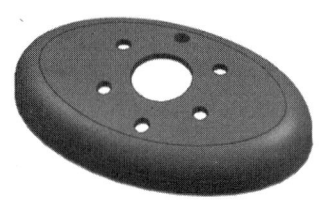

图 4-1 导流罩塑件 3D 模型

第4章 典型二板模：导流罩注塑模的设计

塑件表面为曲面，有六小一大共七个通孔，孔都是上下直孔，不需要侧抽芯，模具结构比较简单。

2）模具型腔方案初步设计

（1）最大分型线：塑件的最大分型线应根据塑件结构定义，该塑件底面为最大截面，分型线可设在底面外侧边界，如图4-2所示。

（2）分型面预览：主分型面是分割动、定模型腔的曲面，该塑件的底面平整，一个大平面就能进行分割，可用【有界平面】等工具进行设计。塑件顶面有六大一小共七个曲面孔，利用【曲面补片】功能可将顶面进行修补（靠破孔）。主分型面、靠破孔如图4-3所示。

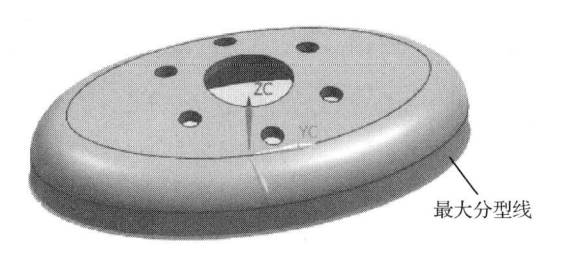

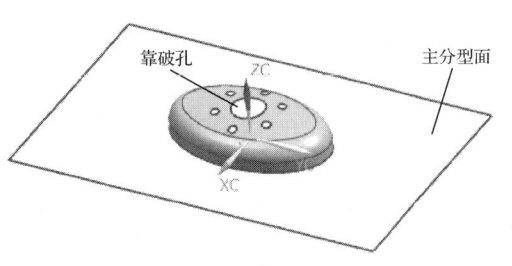

图4-2 最大分型线　　　　　　　　图4-3 主分型面、靠破孔

（3）动、定模拆分预览如图4-4所示。

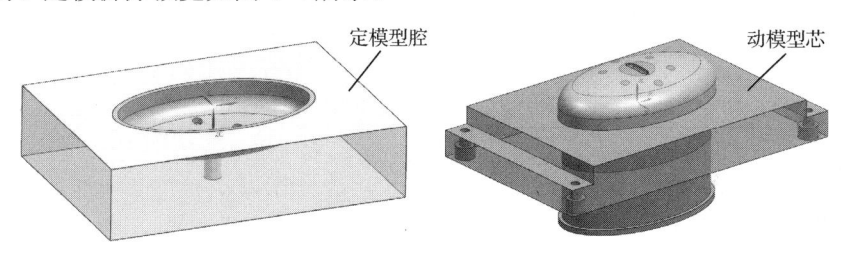

图4-4 动、定模拆分预览

（4）镶件拆分预览：因塑件顶面是曲面，曲面上孔的镶件底部要做止转，防止错位，如图4-5所示。

（5）推件板镶块拆分预览：该塑件因顶面为曲面并且该曲面上有七个通孔，使用推件板推出比推杆推出更方便，如图4-6所示。

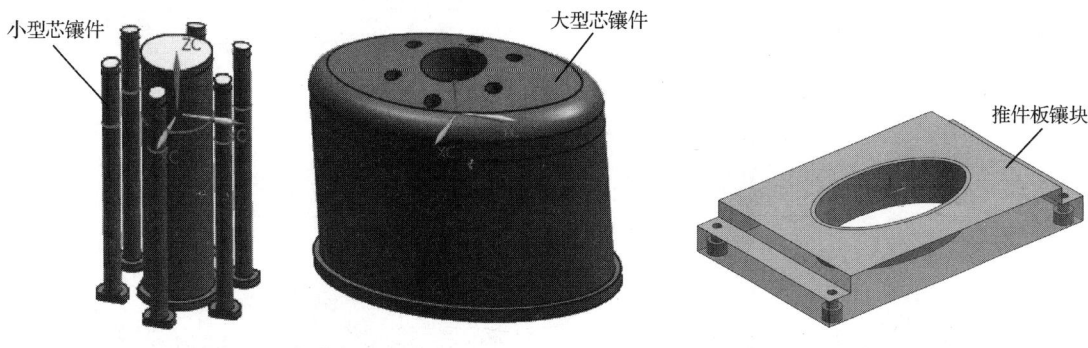

图4-5 镶件拆分预览　　　　　　　　图4-6 推件板镶块拆分预览

4.1.2 模具结构分析

通过塑件结构分析，确立了型腔设计方案后，将开始进行模具布局、浇注系统设计、模架设计等。

1. 模具布局

该模具为一模一腔，型腔布局如图 4-7 所示。

2. 浇注系统设计

1）浇口设计预览

根据塑件的外表面需进行抛光处理，四周不允许有波峰的设计要求，塑件的进胶位置可设置在塑件中间的大孔两侧面。浇口形式及位置如图 4-8 所示。

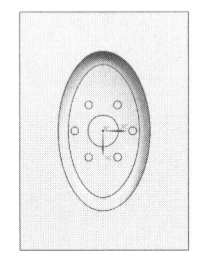

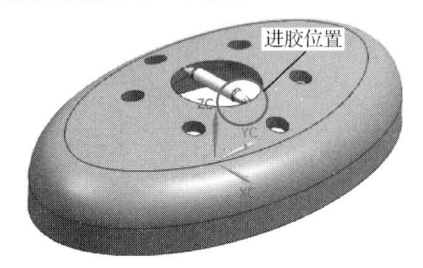

图 4-7 型腔布局　　　　图 4-8 浇口形式及位置

2）浇口套和定位圈

注塑机的型号为 XS-ZY-125；喷嘴球头 SR 为 12 mm；喷嘴孔直径为 4 mm；定位圈的直径为 ϕ100 mm。浇口套和定位圈预览如图 4-9 所示。

3. 模架设计

在选取模具形式时要考虑到模具结构为推件板推出、模具型腔尺寸、推出距离等因素。

1）选取模架

模架的大小取决于模仁的尺寸，模仁的尺寸越大，模架的尺寸也会越大。根据设计的浇口种类，这里采用侧浇口，采用 LKM_TP 二板型模架比较合适。LKM_TP 二板型模架如图 4-10 所示。

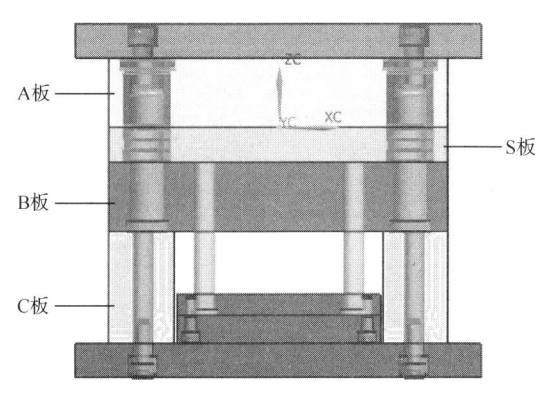

图 4-9 浇口套和定位圈预览　　　　图 4-10 LKM_TP 二板型模架

2）模架长宽尺寸选取

根据前面确定的模仁长宽尺寸可以计算出模架的宽度为 250 mm，长度为 250 mm，图 4-10 所示为粗略设计的模具动、定模平面 2D 图。

3）模架模板厚度选取

根据知识篇第 1 章中的知识，由型腔尺寸（150 mm×110 mm×95 mm）可计算出 A 板、B 板和 C 板的厚度值，A 板为 50 mm，B 板为 50 mm，C 板为 80 mm，S 板为 25 mm，如图 4-10 所示，动模板与推件固定板的距离为 5 mm，其他模板的参数可查找厂家提供的模架资料。

4.2 导流罩注塑模型腔设计

4.2.1 设计准备

1. 项目初始化

在 UG NX 10.0 中打开导流罩 3D 模型。

在【启动】模块下单击【所有应用模块】>【注塑模向导】，弹出【注塑模向导】工具条，在【注塑模向导】工具条中单击【初始化项目】按钮，弹出如图 4-11 所示的【初始化项目】对话框。

在【初始化项目】对话框中选择产品，指定存放路径，在材料处选择 PC，系统会推荐常用的产品收缩率（这个数值是可以更改的），本例使用系统推荐的收缩率，设置完成后单击【确定】按钮完成项目初始化。

图 4-11 【初始化项目】对话框

> **行家指点：**
> 材料数据库中主要存放产品的常用材料及其收缩率，用户可以根据产品使用的具体材料，在数据库中新建或编辑材料及其收缩率。

2. 定义模具坐标系

在【注塑模向导】工具条中单击【模具 CSYS】按钮，系统弹出【模具 CSYS】对话框，如图 4-12 所示。选择【当前 WCS】为当前的模具坐标系，单击【确定】按钮。

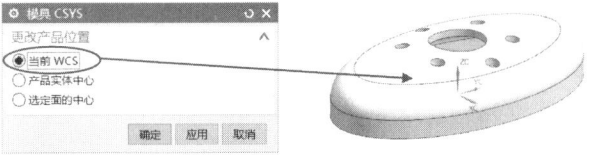

图 4-12 【模具 CSYS】对话框

> **行家指点：**
> 设置模具坐标系是模具设计中相当重要的一步，模具坐标系的原点须设置于模具动模和定模的接触面上，模具坐标系的 XC-YC 平面须定义在动模和定模的接触面上，模具坐标系的 ZC 轴正方向指向熔料注入模具主流道的方向。模具坐标系与产品模型的相对位置决定了产品模型在模具中放置的位置，是模具设计成败的关键。

3. 创建工件

在【注塑模向导】工具条中单击【工件】按钮，系统弹出【工件】对话框。

在【工件】对话框中单击【绘制截面】按钮，系统进入截面草绘界面，删除画面上系统自带的标识尺寸。单击【草图工具】工具栏中的【快速尺寸】，标注工件的长和宽为 150×110。单击【完成草图】按钮，完成草图，在【工件】对话框中单击【确定】按钮，完成工件尺寸创建。创建【工件】操作步骤如图 4-13 所示。

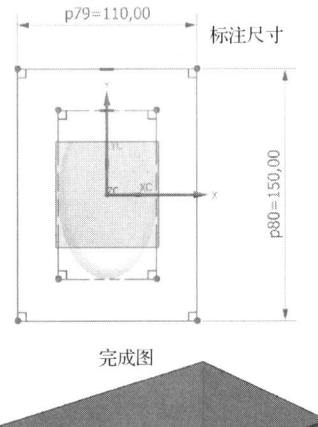

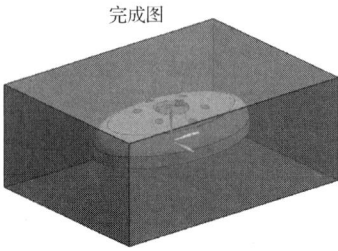

图 4-13 创建【工件】操作步骤

> **行家指点：**
> 模具型腔和型芯毛坯的外形尺寸大于产品尺寸，是用于加工模具型腔和型芯的坯料。Mold Wizard 模块自动识别产品外形尺寸并预定义模具型腔、型芯毛坯的外形尺寸，其默认值在模具坐标系 6 个方向上均比产品外形尺寸大 25mm，用户也可以根据实际要求自定义尺寸。Mold Wizard 模块通过"分模"将模具坯料分割成模具型腔和型芯。

4.2.2 检查区域

1. 【计算】选项卡

单击【注塑模向导】工具条上的【模具分型工具】按钮，系统弹出【模具分型工具】工具条，单击【检查区域】按钮，弹出【检查区域】对话框。

第 4 章　典型二板模：导流罩注塑模的设计

选择产品实体，指定 ZC 轴为脱模方向，单击【计算】按钮（见图 4-14），软件自动分析属于型芯型腔的面，完成后，【计算】按钮的图标会变灰。

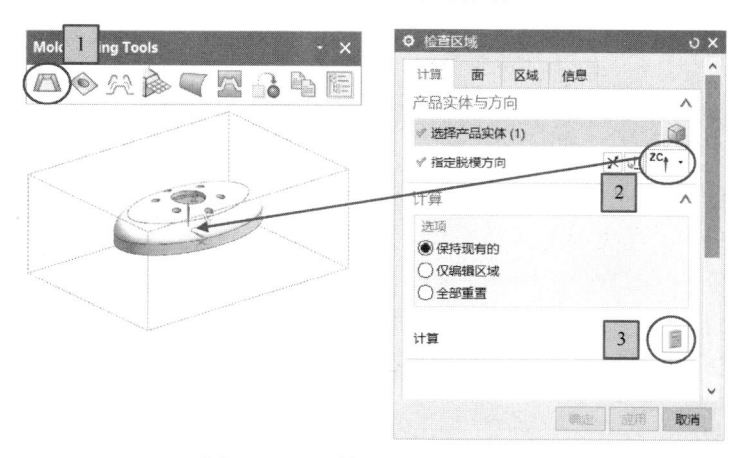

图 4-14　【计算】选项卡操作步骤

2.【区域】选项卡

（1）单击【区域】选项卡，在此选项卡中单击【设置区域颜色】按钮，产品面变为三种颜色（见图 4-15）。在【定义区域】栏中显示【未定义区域】有 8 个，分析其原因，这 8 个区域的竖直面，有 1 个是塑件外表面的竖直面，可归为型腔，另外的竖直面是 6 小 1 大共 7 个孔，孔的竖直面既可以归在型芯，也可以归在型腔，根据之前拟定的分模方案，7 个孔做成动模型芯，故将 7 个孔的面归于型芯区域。

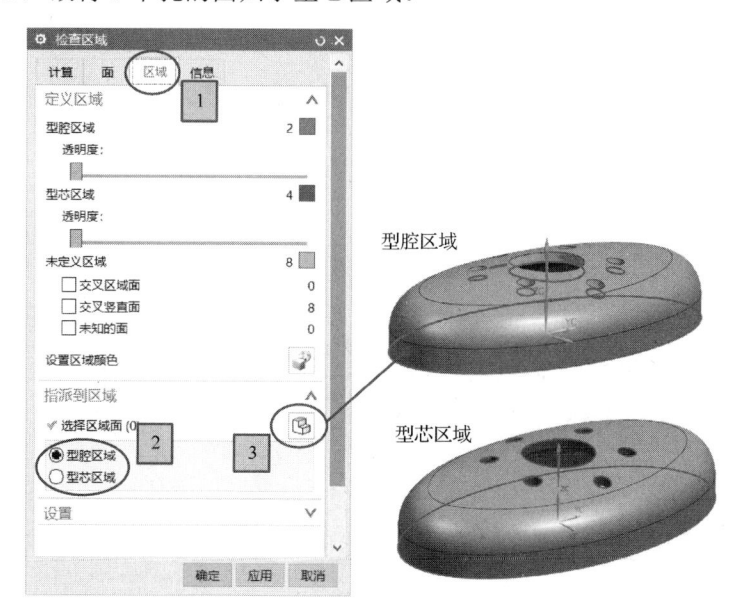

图 4-15　【区域】选项卡操作步骤

（2）在【指派到区域】栏中勾选【型腔区域】，单击【选择区域面】按钮，指定外表面为型腔区域，设置完成后单击【应用】按钮；勾选【型芯区域】，单击【选择区域面】按钮，指定 7 个孔的内表面为型芯区域，设置完成后单击【应用】按钮。所有设置完成后单击【确定】按钮。此时产品面只有 2 种颜色,型芯区域的为蓝色,型腔区域的为棕色。

4.2.3 修补破孔

要分割动、定模,需要做闭合的分型面,因此接下来的步骤就是将 7 个通孔的面修补起来,与型芯型腔面合为完整的面,为分型做准备。

扫一扫看微课视频:修补破孔

(1)在下拉菜单中单击【插入】>【曲面】>【修补开口】,系统弹出【修补开口】对话框,如图 4-16 所示。

(2)在【修补开口】对话框中,【类型】选择【已拼合的补片】类型,在【要修补的面】栏中,单击【选择面】按钮,在模型中选择如图 4-16 方框 1 所示的曲面。

(3)在【要修补的开口】栏中,单击【选择边】按钮,依次选择模型上的 7 个孔边。所有设置完成后单击【确定】按钮,完成如图 4-16 所示的曲面补片。

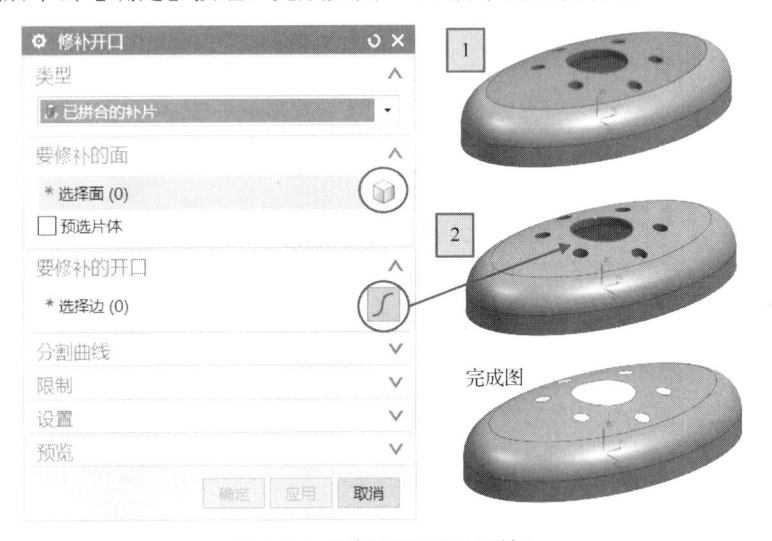

图 4-16 【修补开口】对话框

4.2.4 设计分型面

1. 定义区域

扫一扫看微课视频:设计分型面

完成补面后,就可将产品上的面定义为型芯和型腔面。在【模具分型工具】工具条中单击【定义区域】按钮,系统弹出【定义区域】对话框,勾选【设置】栏中的【创建区域】、【创建分型线】选项(见图 4-17),设置完成后单击【确定】按钮。

2. 创建分型面

根据产品分析,该产品的主分型面在产品底面,在产品底面创建一张大平面是创建分型面的一个重要步骤。

单击【模具分型工具】工具条中的【设计分型面】按钮,系统弹出【设计分型面】对话框。

在【设计分型面】对话框中,选择产品底面椭圆作为分型线,在【创建分型面】栏中单击【有界平面】按钮,沿着产品分型线在 U、V 两个方向延伸平面,形成大平面。

第 4 章　典型二板模：导流罩注塑模的设计

图 4-17　【定义区域】创建步骤

调整分型面的长、宽比，单击【确定】按钮，完成大平面的创建。分型面创建步骤如图 4-18 所示。

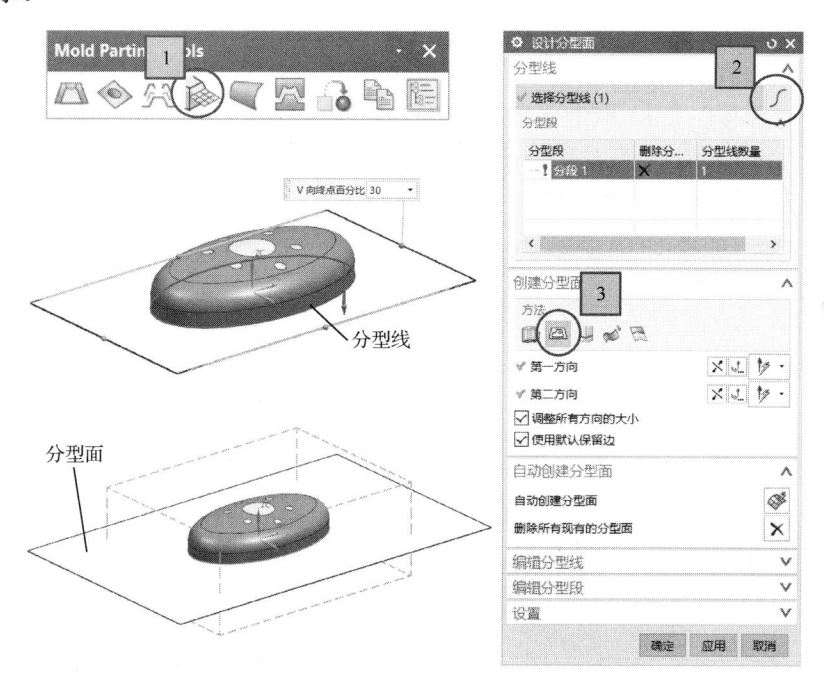

图 4-18　分型面创建步骤

■行家指点：
分主型面的尺寸一定要大于工件的尺寸，否则动、定模不能分型。

3. 编辑曲面补片

将步骤 2 中完成的大平面和靠破孔修补完的片体编辑成一张完整的分型面。
（1）在【模具分型工具】工具条中单击【编辑分型面和曲面补片】按钮，弹出【编辑

分型面和曲面补片】的对话框。

（2）系统默认选中大平面及修补的面（靠破孔面），若未选中则要手工选择未选中的面，单击【确定】按钮，完成如图 4-19 所示的编辑分型面。

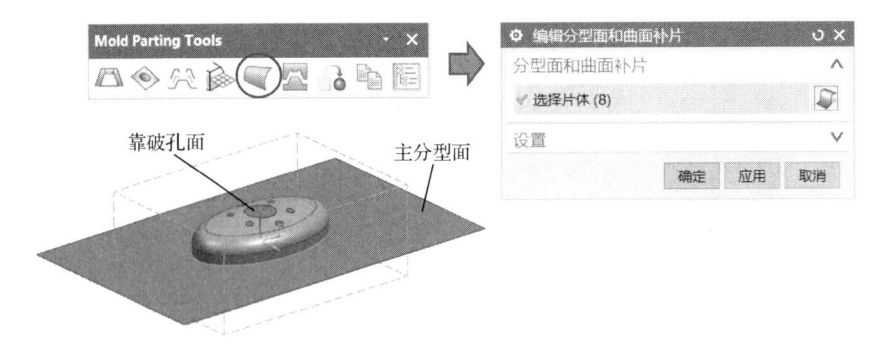

图 4-19　编辑分型面

4.2.5　定义型芯和型腔

扫一扫看微课视频：定义型芯和型腔

1. 定义型腔

单击【模具分型工具】工具条中的【定义型芯和型腔】按钮，在【定义型芯和型腔】对话框中选择【型腔区域】，单击【确定】按钮，此时模具的型腔设计完毕。按住鼠标中键翻转查看分型结果，单击【确定】按钮，型腔设计结果如图 4-20 所示。

图 4-20　型腔设计结果

2. 定义型芯

单击【模具分型工具】工具条中的【定义型芯和型腔】按钮，在【定义型芯和型腔】对话框中选择【型芯区域】，单击【确定】按钮，此时模具的型芯设计完毕。按住鼠标中键翻转查看分型结果，单击【确定】按钮，型芯设计结果如图 4-21 所示。

第 4 章 典型二板模：导流罩注塑模的设计

图 4-21 型芯设计结果

4.2.6 动模镶件设计

根据模具设计方案，本产品用推板脱模，需要将动模型芯固定，推件板将塑件从型芯上匀速推出，故必须将推板和型芯分离，将 7 个通孔的位置拆分为镶件，中间大椭圆的位置也要拆分为镶件。

1. 设置工作部件

在总装配环境下，选择型芯工件右击，系统弹出快捷菜单，在快捷菜单中选择【设为工作部件】，将型芯设为工作部件，如图 4-22 所示。

图 4-22 将型芯设为工作部件

2. 拆分镶件

1）创建投影曲线

单击【插入】>【派生曲线】>【投影】，系统弹出【投影曲线】对话框，选择 8 条曲线，指定投影面为大分型面（见图 4-23），单击【确定】按钮完成投影曲线的创建。

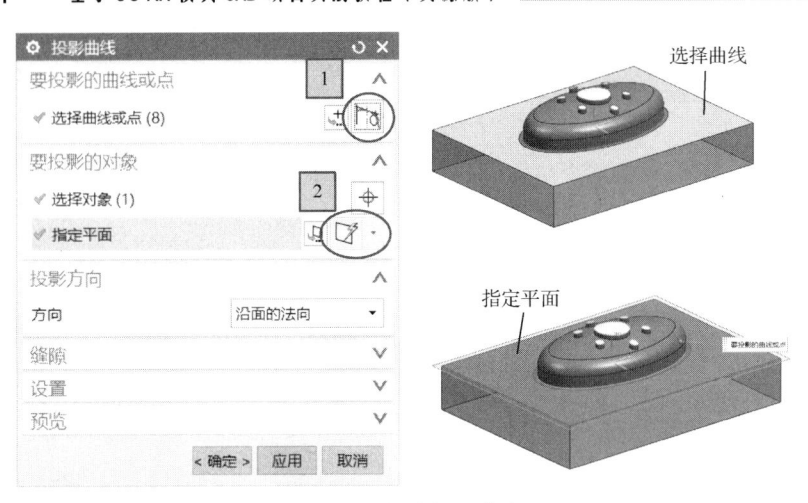

图 4-23 创建投影曲线

2）创建拉伸

单击【插入】>【设计特征】>【拉伸】，系统弹出【拉伸】对话框，选择 7 条型芯投影曲线，在该对话框的【方向】栏选择-ZC 轴方向，在【限制】栏中选择开始距离为-25 mm，结束距离为 50 mm，单击【确定】按钮完成型芯镶件的拉伸。使用同样的方法拉伸大椭圆。创建拉伸如图 4-24 所示。

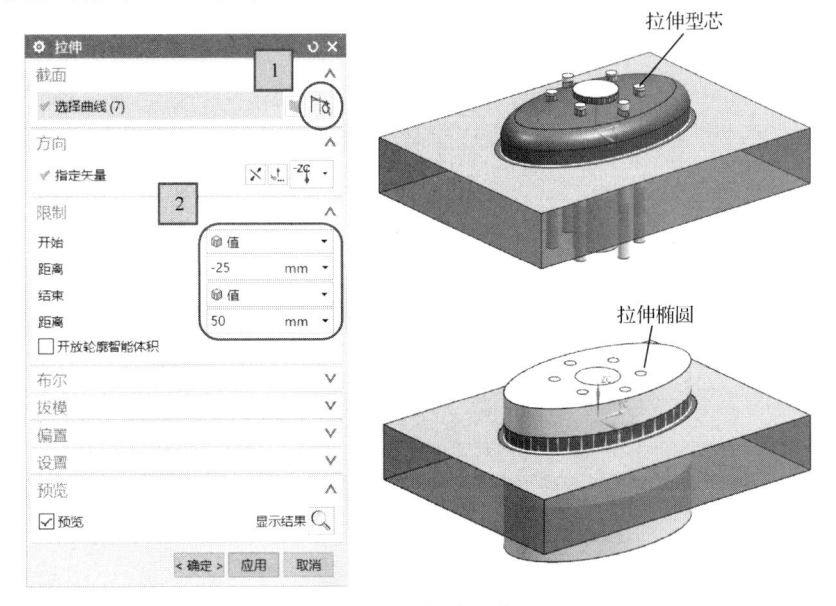

图 4-24 创建拉伸

3）拆分镶件

单击【插入】>【修剪】>【拆分体】，系统弹出【拆分体】对话框，在该对话框中【目标】选为型芯工件，【工具】选为型芯投影、椭圆拉伸面（见图 4-25），设置完成后单击【确定】按钮。

第 4 章　典型二板模：导流罩注塑模的设计

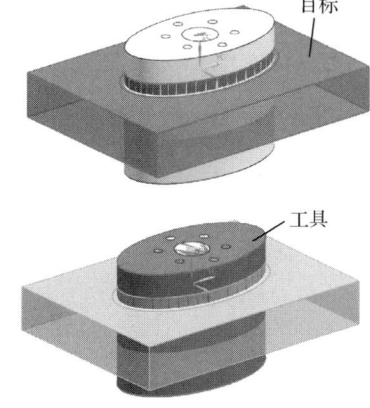

图 4-25　拆分体制作步骤

单击【编辑】>【特征】>【移除参数】，选择全部工件作为【移除参数】对话框的选择对象，单击【确定】按钮，移除工件参数如图 4-26 所示。

图 4-26　移除工件参数

删除拉伸的 7 个型芯、椭圆的实体，得到需要的镶件，如图 4-27 所示。

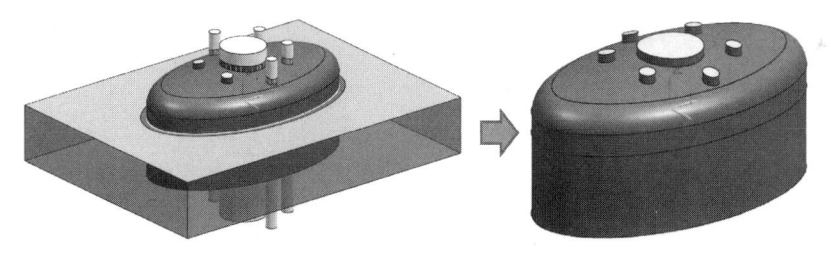

图 4-27　删除型芯、椭圆实体

4.2.7　制作镶件挂台

扫一扫看微课
视频：制作镶件挂台

1. 偏置型芯

单击【插入】>【同步建模】>【偏置区域】，选择所有镶件的底面，偏置距离为 35 mm，单击【确定】按钮。偏置型芯如图 4-28 所示。

2. 拉伸挂台

单击【插入】>【设计特征】>【拉伸】，系统弹出【拉伸】对话框，选择所有镶件底面的曲线，选择+ZC 轴，距离为 3 mm，选择偏置为单侧，结束为 2 mm（图 4-29），单击【确定】按钮。

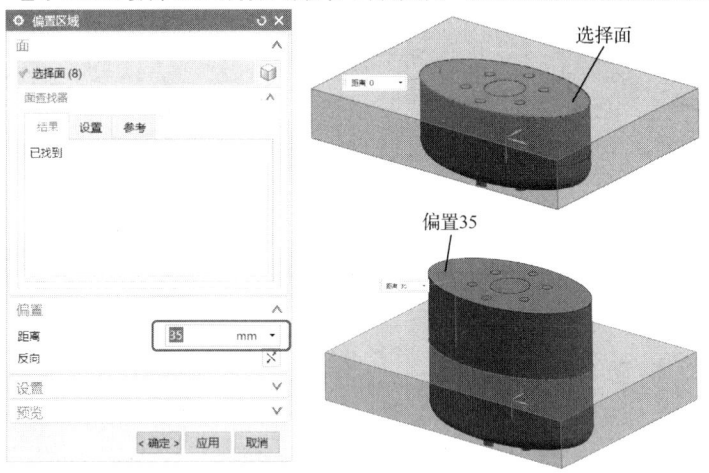

图 4-28 偏置型芯

单击【插入】>【组合】>【合并】,将拉伸的型芯挂台与型芯镶件各自合并。型芯挂台的制作如图 4-29 所示。

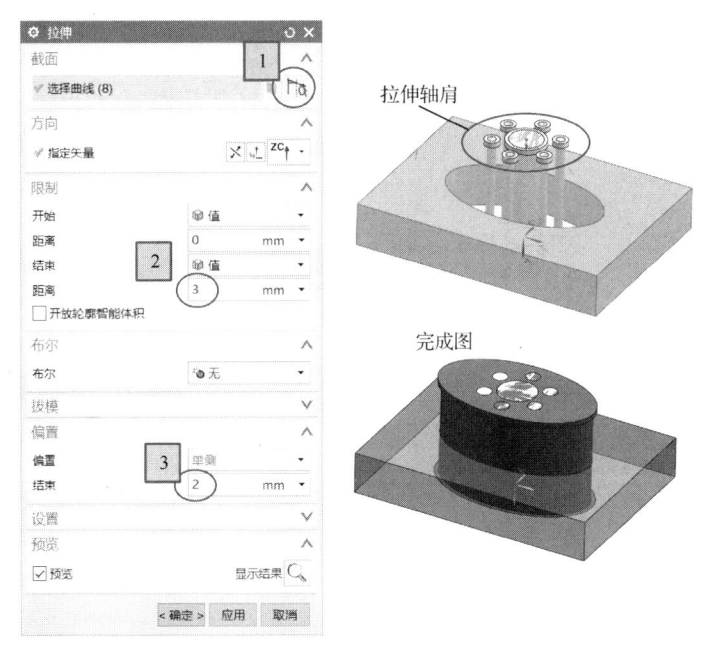

图 4-29 型芯挂台的制作

若每一根型芯镶件单独用【拉伸】命令制作型芯挂台,可在【拉伸】命令对话框中的【布尔】栏中选择【求和】选项,并选中与其对应的型芯镶件进行求和。

3. 挂台止转

由于这 7 个镶件的头部带有曲面形状,所以需要做止转处理。单击【插入】>【设计特征】>【拉伸】,系统弹出【拉伸】对话框,在该对话框中单击【绘制截面】按钮,绘制如图 4-30 所示的截面,向下拉伸 5 mm,选择相交拉杆为求差修剪体。型芯止转轴肩如图 4-30 所示。按如此方法完成全部 7 根型芯的止转轴肩创建。

第 4 章　典型二板模：导流罩注塑模的设计

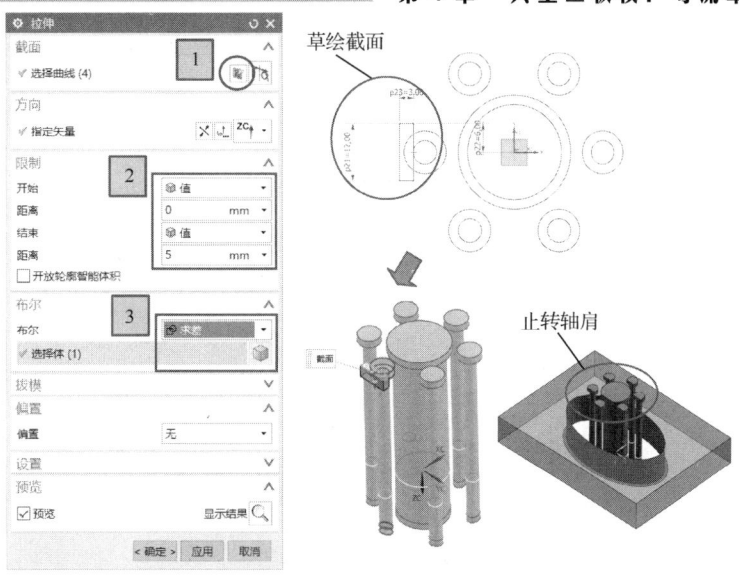

图 4-30　型芯止转轴肩

4. 制作型芯安装孔

单击【插入】>【组合】>【减去】，系统弹出【求差】对话框，先选择椭圆拉伸体为目标，再选择 7 个型芯为工具，勾选【保存工具】复选框，单击【确定】按钮。型芯安装孔的制作如图 4-31 所示。

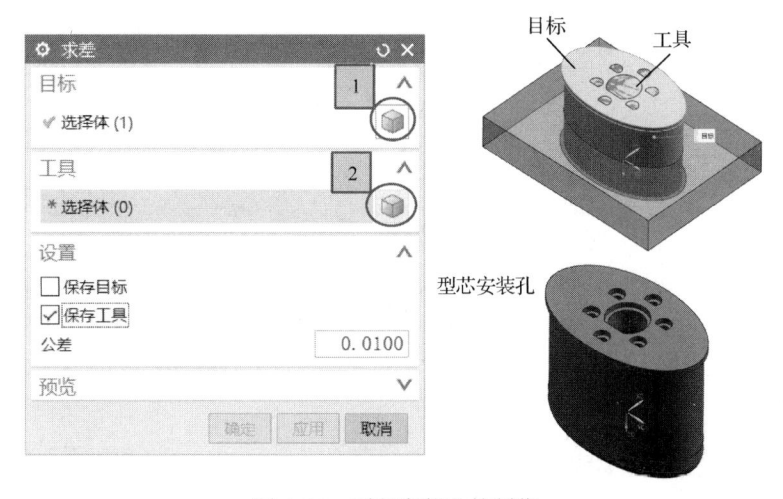

图 4-31　型芯安装孔的制作

4.2.8　制作型芯板（推件板）挂台

选择动模部件，右击将其设为工作部件。

1. 拆分推件板

单击【插入】>【修剪】>【拆分体】，系统弹出【拆分体】对话框，在该对话框中选择型芯板为目标，【工具选项】选择【新建平面】，选择上表面为指定平面，在【距离】对话

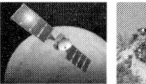

框中输入与上表面偏置的距离-10 mm，单击【确定】按钮。用【拆分体】对话框拆分型芯板如图 4-32 所示。

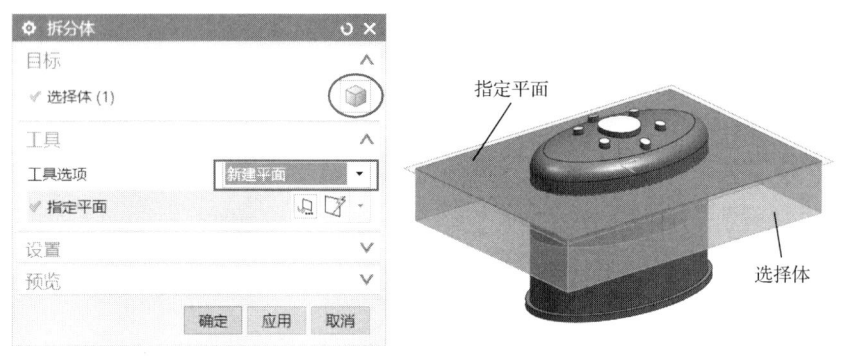

图 4-32　用【拆分体】对话框拆分型芯板

2. 偏置挂台两侧面

单击【插入】>【同步建模】>【偏执区域】，系统弹出【偏置区域】对话框，选择侧边两个面为选择面，偏置距离为 15 mm（见图 4-33），单击【确定】按钮。

单击【插入】>【组合】>【合并】，将刚才分割的两块板合并。

至此，导流罩模具型腔设计已全部完成。导流罩模具型腔如图 4-34 所示。

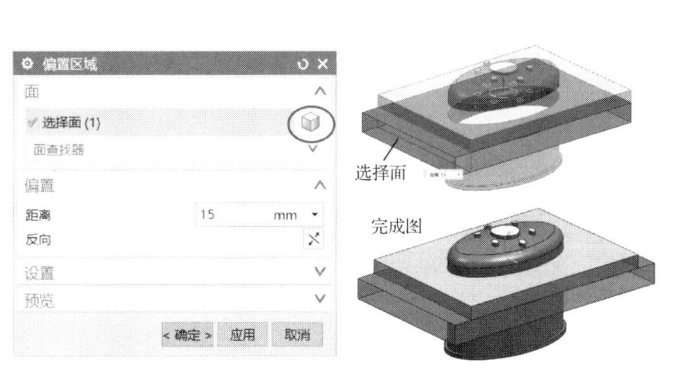

图 4-33　偏置挂台两侧面　　　　　图 4-34　导流罩模具型腔

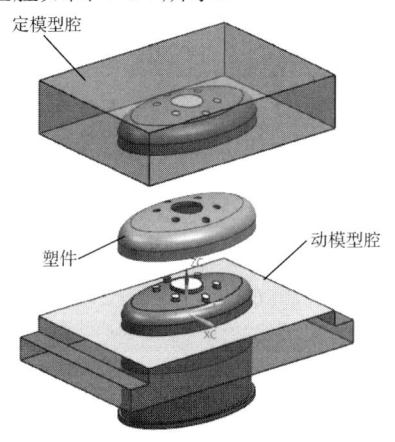

4.3　导流罩模具结构设计

扫一扫看微课视频：模架设计

4.3.1　模架设计

根据模具设计准备中的初定模具设计方案及模具型腔尺寸，选择模架型号为 A2525，即带有推件板的龙记大水口系列模架。

1. 选择模架类型

单击【注塑模向导】工具条中【模架库】按钮，系统弹出【模架库】对话框，在资源条选项中单击【重用库】按钮，在【重用库】对话框中选择【LKM_SG】文件夹，在【成

第 4 章　典型二板模：导流罩注塑模的设计

员选择】栏中选择 D 类（带推件板）选项。【模架库】参数设置如图 4-35 所示。

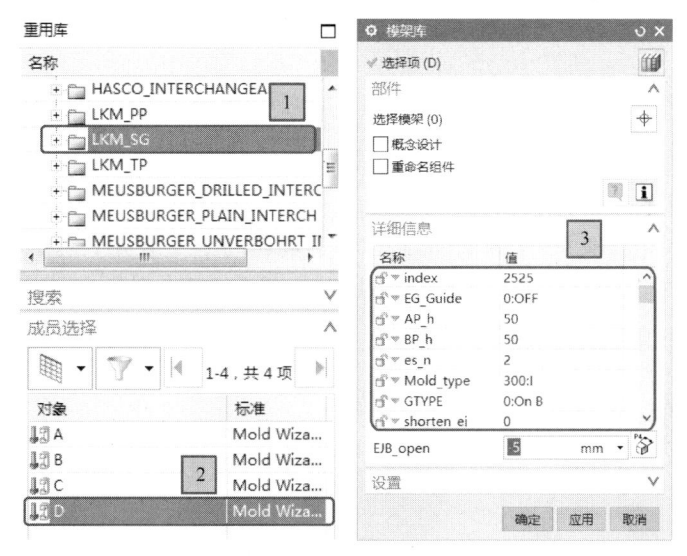

图 4-35　【模架库】参数设置

2. 设置模架参数

在【模架库】对话框的【详细信息】栏中设置以下几个参数（部分参数在图中无法显示，余同）：

```
index（模架尺寸）为 2525；
AP_h（A 板厚度）为 50；
BP_h（B 板厚度）为 50；
Mold_type（模架类型）为 300:I；
S_h（推板厚度）为 25；
CP_h（垫块厚度）为 80；
EJB_open（顶针板抬高度，以便放置垃圾钉）为 -5。
```

在【模架库】对话框中单击【确定】按钮，完成模架的加载（见图 4-36）。

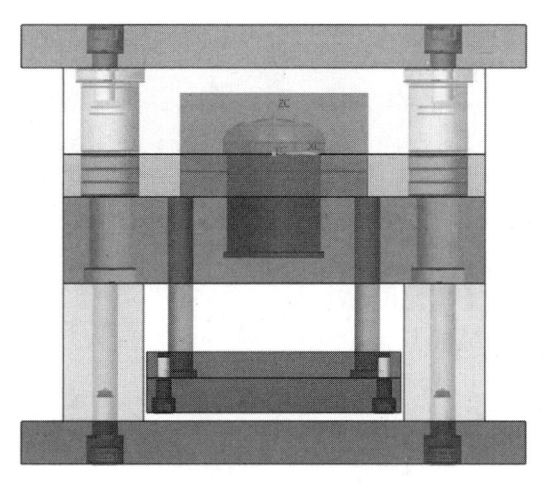

图 4-36　加载模架

4.3.2 浇注系统设计

1. 浇口设计

浇口是浇注系统的重要组成部分，在 4.1.1 节确定导流罩模具方案的过程中，确定该模具使用侧浇口。

1）绘制浇道引导线

单击【插入】>【曲线】>【基本曲线】，系统弹出【基本曲线】对话框，选择模型中间圆孔的边，单击【平行于】栏中的【XC】按钮，绘制流道引导线，如图 4-37 所示。

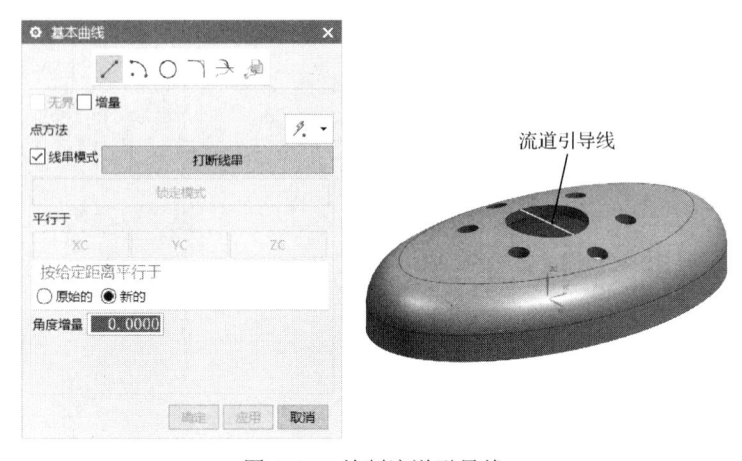

图 4-37　绘制流道引导线

2）设置浇口参数

在【注塑模向导】工具条中单击【标准件库】按钮，在【重用库】对话框中选择【FILL_MM】和【Gate [Side]】（侧浇口）；在【标准件管理】对话框中【引用集】选择【FALSE】，【L1】修改为 4 mm，单击【确定】按钮，侧浇口参数设置如图 4-38 所示，此时系统就在坐标原点外加载了侧浇口。

3）移动浇口位置

将浇口设置为工作部件，单击【标准件管理】对话框中的【重定位】按钮，系统弹出【移动组件】对话框，在该对话框中运动方式选择【点到点】（见图 4-39）。在模型中选中浇口顶端中点和浇道引导线端点，将浇口移到浇口引导线的端点，如图 4-40（a）所示。

图 4-38　侧浇口参数设置

4）复制另一侧浇口

单击【编辑】>【移动对象】，在【移动对象】对话框中，运动方式选择【角度】，坐标轴为+ZC 轴，轴点选择中心点，角度为 180°，单击【确定】按钮，此时浇口旋转复制成功，如图 4-40（b）所示。

图 4-39　移动浇口位置

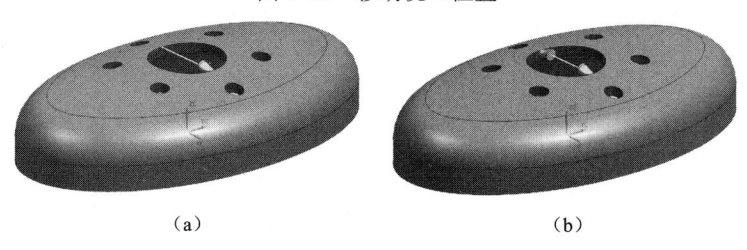

（a）　　　　　　　　　　（b）

图 4-40　移动浇口位置及复制另一侧浇口

2. 横浇道设计

1）测量两浇口的距离

单击【分析】>【测量】>【测量距离】，系统弹出【测量距离】对话框，选择浇口的两个平面，得出距离为 12.09 mm（见图 4-41）。

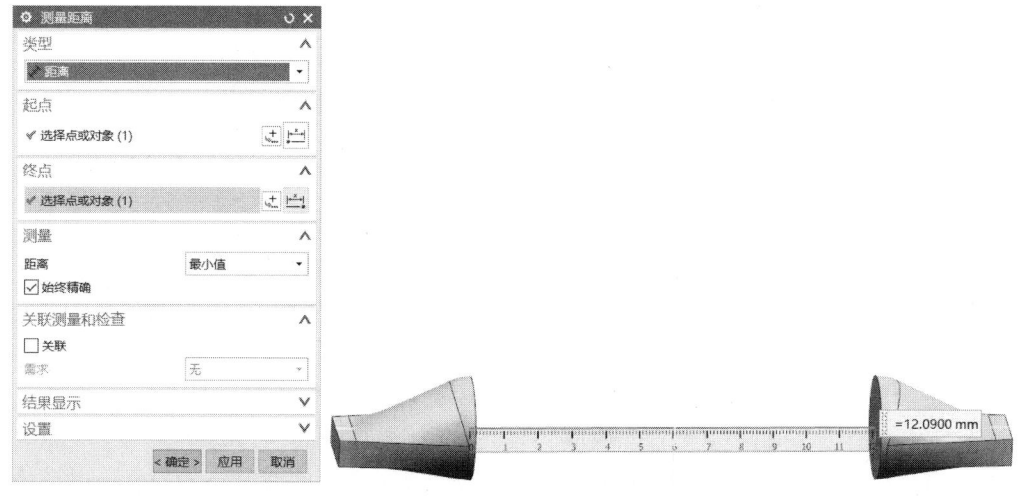

图 4-41　测量两浇口距离

■ **行家指点:**
两浇口之间的距离是设计横浇道的依据,在设计时应以实际测量的尺寸为准。

2)设置横浇道参数

在【注塑模向导】工具条中单击【标准件库】按钮,在【重用库】对话框中选择【FILL_MM】和【Runner[2]】(圆形流道);在【标准件管理】对话框的【详细信息】栏中将 D 设置为 4,L 设置为 12.09,单击【确定】按钮,完成横浇道的加载。横浇道参数设置如图 4-42 所示。

图 4-42 横浇道参数设置

3)移动横浇道

同样加载的横浇道若不在设计的位置,可使用上述浇口移动的方法,运用【旋转】、【点到点】命令,移动横浇道使其移到设计位置,移动横浇道如图 4-43 所示。

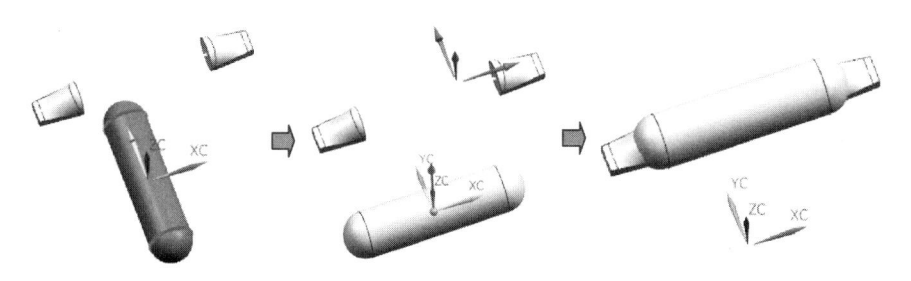

图 4-43 移动横浇道

3. 设计浇口套

1)设置参数

在【注塑模向导】工具条中选择【标准件库】按钮,在【重用库】对话框中选择【UNIVERSAL_MM】>【Fill】>【Sprue[A1-straight]】,在【标准件管理】对话框的【详细信息】栏中将 L 设置为 25,单击【确定】按钮,完成浇口套的加载。浇口套参数设置如图 4-44 所示。

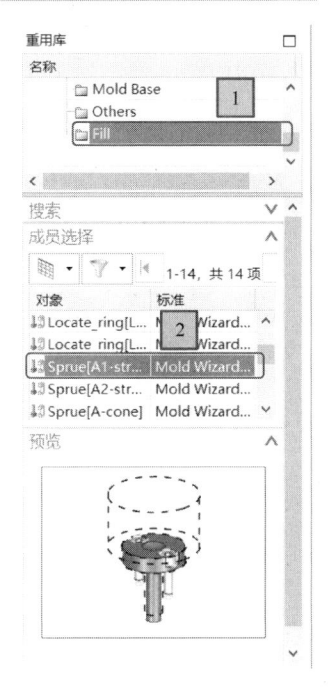

第4章 典型二板模：导流罩注塑模的设计

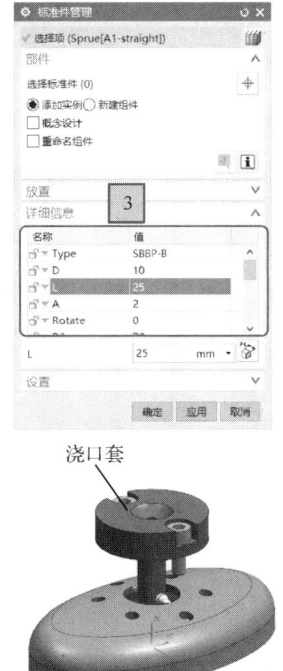

图 4-44 浇口套参数设置

2）修剪浇口套

在屏幕或装配导航器中选择浇口套，右击将其设置为工作部件。单击【插入】>【关联复制】>【WAVE 几何链接器】，系统弹出【WAVE 几何链接器】对话框，在该对话框中选择类型为【体】，选择流道及动模镶件作为【体】选项中的选择体，此时流道、动模镶件与浇口套在同一工作层中。修剪浇口套如图 4-45 所示。

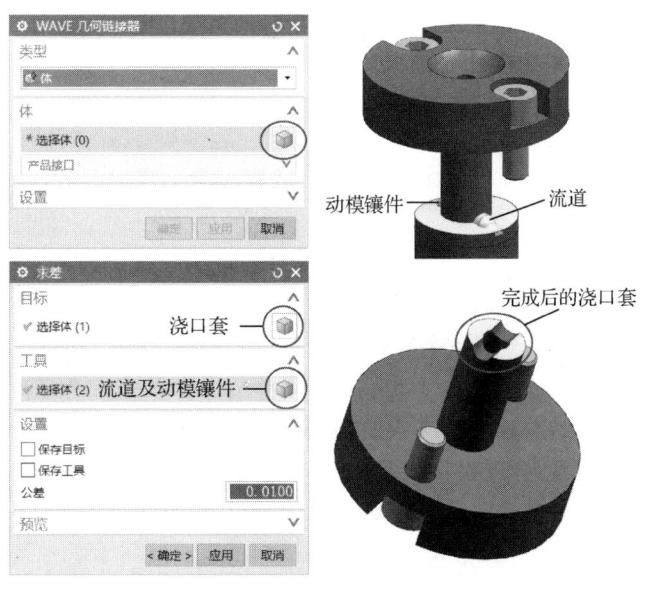

图 4-45 修剪浇口套

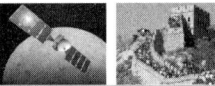

单击【插入】>【组合】>【减去】,选择浇口套作为【目标】选择体,选择流道及动模镶件为【工具】选择体,单击【确定】按钮,完成浇口套的修剪,如图4-45所示。

4. 安装定位圈

在【注塑模向导】工具条中单击【标准件库】按钮,系统弹出【标准件管理】对话框,在资源条选项中单击【重用库】按钮,在【重用库】对话框中选择【UNIVERSAL_MM】文件夹中的【Fill】文件夹,在【成员选择】栏中选择【Locate-ring[LRBS-F]】选项。加载定位圈如图4-46所示。

在【标准件管理】对话框的【详细信息】栏中将 D 设置为100,单击【确定】按钮,完成定位圈的加载,如图4-46所示。

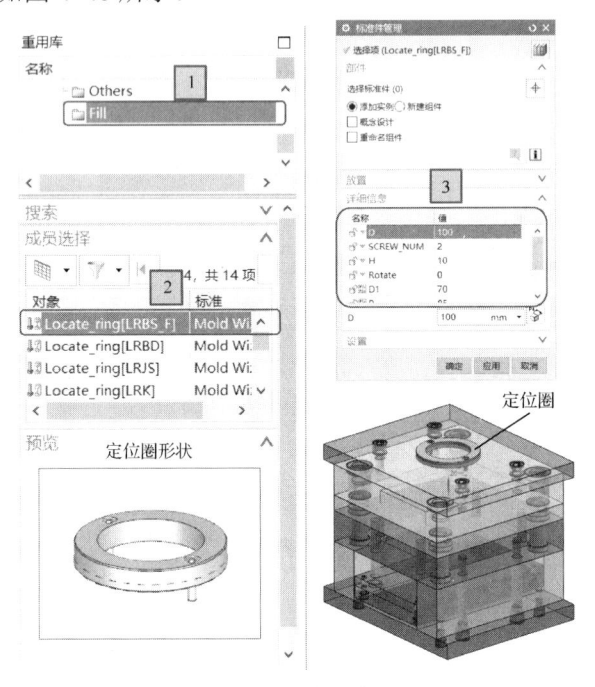

图 4-46 加载定位圈

4.3.3 冷却系统设计

1. 定模型腔冷却系统设计

1)定模第一条冷却水管设计

在【注塑模向导】工具条中选择【模具冷却工具】,单击【冷却标准件库】,系统弹出【冷却组件设计】对话框,在资源条选项中单击【重用库】按钮,在【重用库】对话框中选择【COOLING_UNIVERSAL】文件夹,在【成员选择】栏中选择【Cooling [Cavity]】选项。定模第一条冷却水管设计如图4-47所示。

在对话框的详细信息中修改以下几个参数:

COOLING_D(水路直径)修改为6;
ROTATE(水路放置的方向)修改为Y,即沿着Y轴放置;
X_OFFSET(距离轴的距离)修改为40;

第 4 章　典型二板模：导流罩注塑模的设计

H（型腔内水路高度距离）修改为 10；
H1 和 H2（模板内水路高度距离）修改为 10。

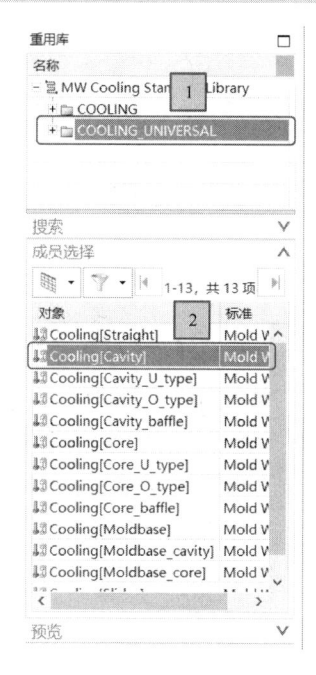

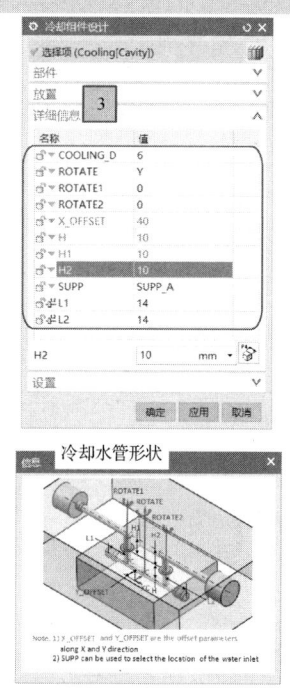

图 4-47　定模第一条冷却水管设计

参数设置完成后，在【冷却组件设计】对话框中单击【确定】按钮，完成定模第一条冷却水管的设计。

2）定模第二条冷却水管设计

再次选择【模具冷却工具】，单击【冷却标准件库】，在弹出的【冷却组件设计】对话框中单击【选择标准件】按钮，在屏幕中选择刚设计的冷却组件，修改【详细信息】栏中的参数 X_OFFSET 为 -40 mm，单击【确定】按钮，定模第二条冷却水管设计完成，如图 4-48 所示。

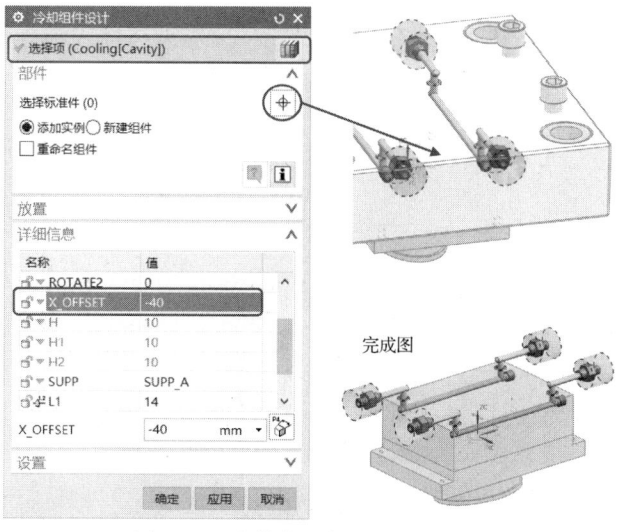

图 4-48　定模第二条冷却水管设计

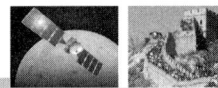

2. 动模型芯冷却系统设计

先进行动模第一根冷却水路设计。

运用前面 1.中的方法设计动模冷却水路，在【重用库】对话框中选择【COOLING_UNIVERSAL】和【Cooling[Straight]】。动模第一条水路设计如图 4-49 所示。

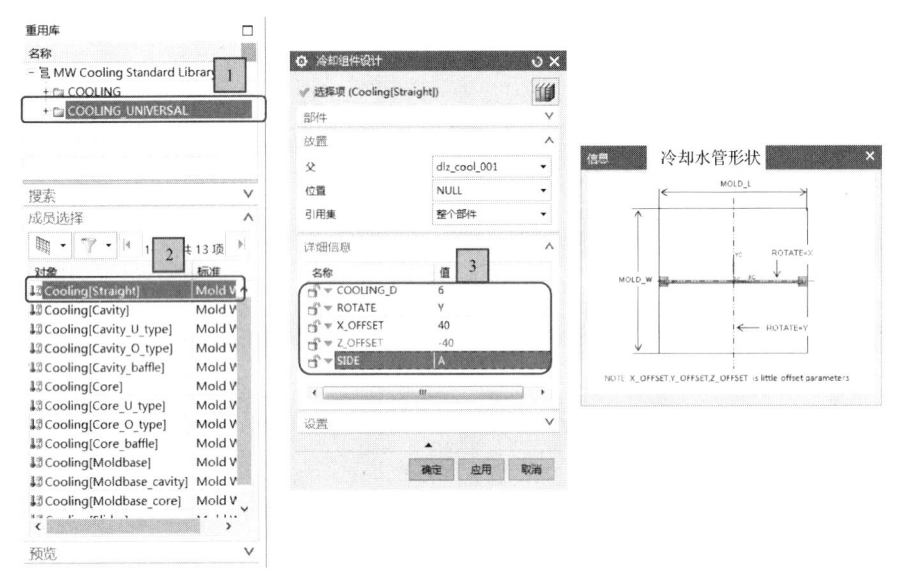

图 4-49 动模第一条水路设计

在【冷却组件设计】对话框的【详细信息】栏中修改以下几个参数：

COOLING_D（水路直径）修改为 6；
ROTATE（水路放置的方向）修改为 Y，即沿着 Y 轴放置；
X_OFFSET（X 轴的距离）修改为 40；
Z_OFFSET（Z 轴的距离）修改为-40。

单击【确定】按钮完成一侧水路的加载。

运用定模水路的设计方法再设计动模第二条水路。动模冷却水路完成图如 4-50 所示。

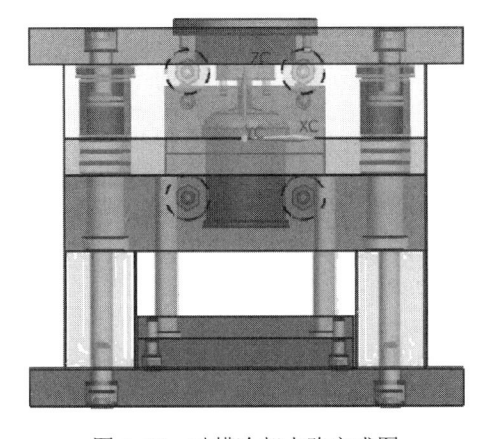

图 4-50 动模冷却水路完成图

4.3.4 推出机构设计

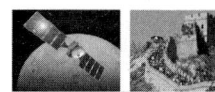

1. 安装复位弹簧

在【注塑模向导】工具条中单击【标准件库】按钮,在资源条选项中单击【重用库】按钮,在【重用库】对话框中选择【DME_MM】文件夹中的【Springs】选项,在【成员选择】栏中选择【Spring】选项。

在【标准件管理】对话框中修改如下参数:

INNER_DIA(弹簧内径)为16;
CATALOG_LENGTH(弹簧长度)为50.8;
DISPLAY(显示)为DETATLED。

选择如图4-51所示的面为放置平面,单击【确定】按钮。

系统弹出【标准件管理】对话框,选择复位杆的圆心作为定位点,单击【应用】按钮,一根弹簧加载完成,接着依次选择另外三个复位杆圆心,加载另外三根弹簧。加载压塑弹簧如图4-51所示。

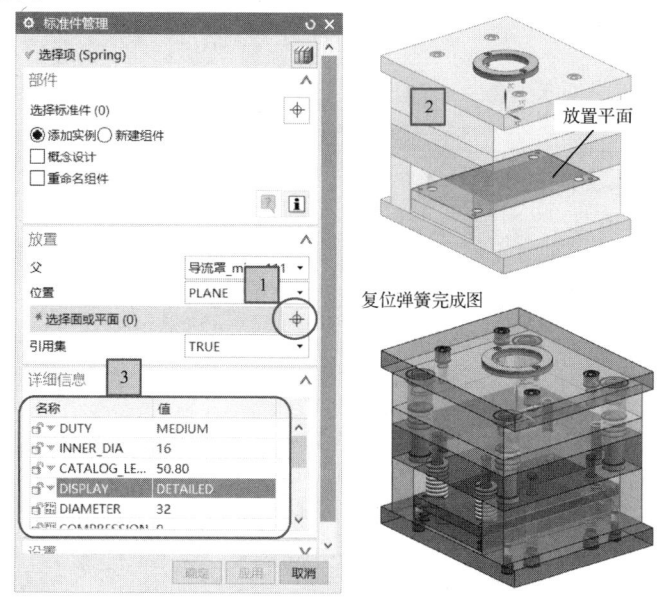

图 4-51 加载压塑弹簧

2. 安装支撑柱

在【注塑模向导】工具条中单击【标准件库】按钮,在资源条选项中单击【重用库】按钮,在【重用库】对话框中选择【FUTBAB_MM】文件夹中的【Support】选项,在【成员选择】栏中选择【Suppore Pillar(M-SRB)】选项。在【标准件管理】对话框修改如下参数:

SUPPORT_DIA(支撑柱直径)为30;
LENGTH(长度)为80。

单击【确定】按钮,先将支撑柱加载在中心位置。

再次选择支撑柱,在【标准件管理】对话框中单击【重定位】按钮,如图4-52所示,系统弹出【移动组件】对话框，在对话框【变换】中【运动】选择【动态】选项，拉动 X 方向箭头，移动距离为 35 mm。同理，完成另外三根支撑柱的加载。加载支撑柱如图 4-52 所示。

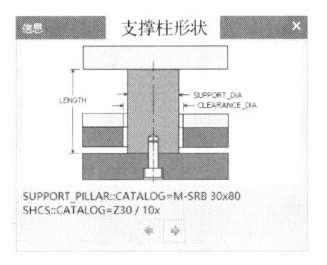

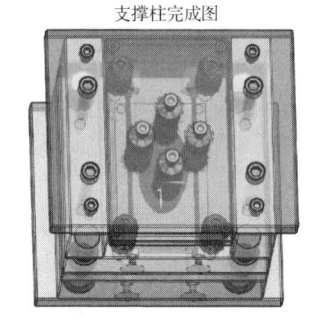

图 4-52　加载支撑柱

3. 安装垃圾钉

在【注塑模向导】工具条中单击【标准件库】按钮，系统弹出【标准件管理】对话框，在资源条选项中单击【重用库】按钮，在【重用库】对话框中选择【DME_MM】文件夹中的【Locks】选项，在【成员选择】栏中选择【Shoulder Plate for Interlock-AGB】选项。

在【标准件管理】对话框中单击【放置平面】按钮，选择动模座板的上表面为放置面（见图 4-53），单击【确定】按钮。

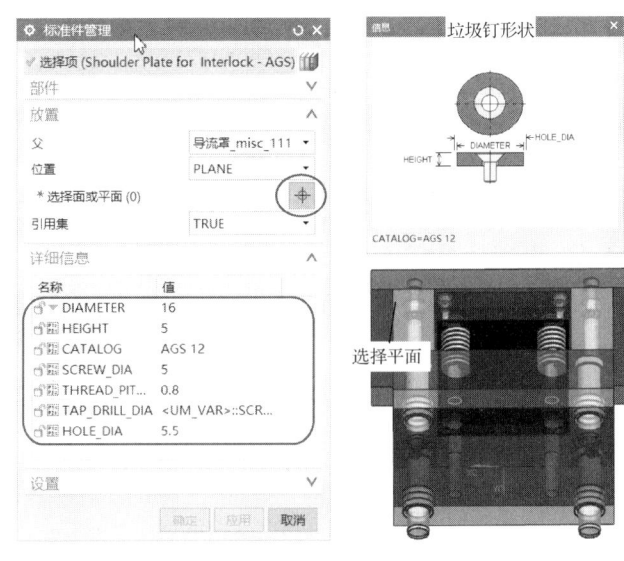

图 4-53　加载垃圾钉

系统弹出【标准件位置】对话框,选择复位杆圆心作为定位点,单击【应用】按钮,依次单击其他3个点,完成后单击【确定】按钮,完成垃圾钉的加载。

> **行家指点:**
> 弹簧若是无法定位(如执行【点】命令常常无法捕捉复位杆圆心)时,需要将选择条中的【选择范围】设置为【整个装配】,这样就可以选择部件的圆心。

4.3.5 型芯垫板设计

1. 拉伸型芯垫板

在【装配导航器】中选择型芯选项,右击选择【设为工作部件】选项,将型芯设为工作部件。

单击【插入】>【设计特征】>【拉伸】,选择型芯板的四条边作为拉伸边,在【拉伸】对话框的【限制】栏中设置开始距离为 55 mm,结束距离为 75 mm;在【偏置】项中选择【单侧】,【结束】为-15 mm,单击【确定】按钮,型芯垫板设计如图 4-54 所示。

2. 安装型芯垫板

在型芯垫板上安装四个螺钉,螺钉的间距为 $X=-32$ mm,$Y=-50$ mm,如图 4-54 所示。

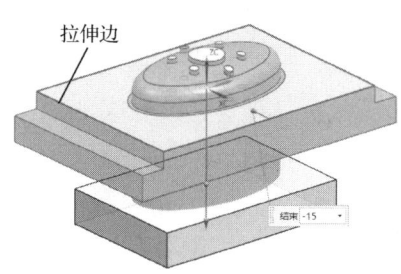

图 4-54 型芯垫板设计

4.3.6 安装推件板、型腔

1. 安装推件板

在【注塑模向导】工具条中单击【标准件库】按钮,系统弹出【标准件管理】对话框，在资源条选项中单击【重用库】按钮，在【重用库】对话框中选择【DME_MM】文件夹中的【Screw】选项，在【成员选择】栏中选择【SHCS[Manual]】选项。在【标准件管理】对话框中修改参数：【SIZE】（直径）为 6，【LENGTH】（长度）为 10（见图 4-55）。单击【选择面或平面】后的按钮，选择如图 4-55 所示的平面，设置完成后单击【确定】按钮。

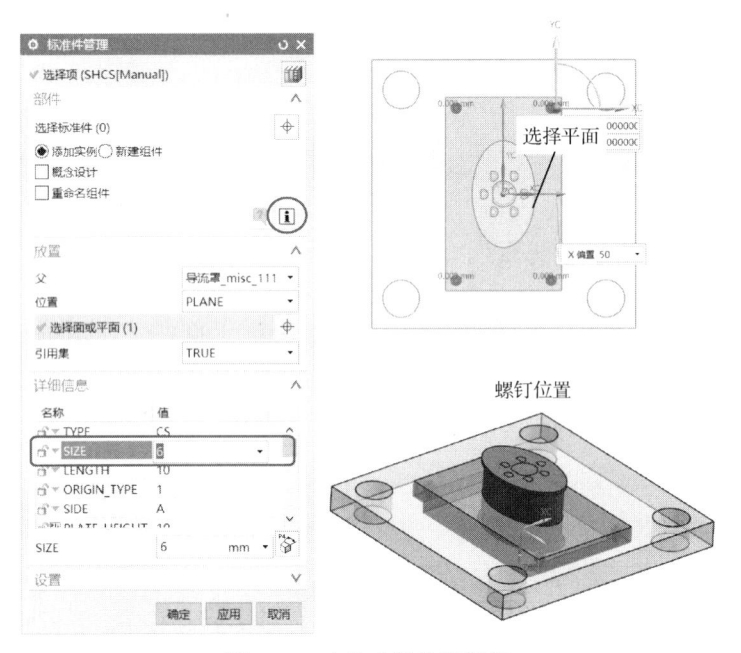

图 4-55　安装动模推板螺钉

系统弹出【标准件位置】对话框，在该对话框中输入 X=-50 mm、Y=82 mm，单击【应用】按钮，再依次输入 X=50 mm、Y=-80 mm，X=-50 mm、Y=-82 mm，X=50 mm、Y=82 mm，单击【应用】按钮，完成螺钉的安装。

2. 安装定模型腔

用同样的方法完成定模型腔板螺钉的安装，定模型腔板螺钉为 M8，长度为 16 mm，两螺钉间的距离是 X=100 mm、Y=140 mm。定模型腔板螺钉安装如图 4-56 所示。

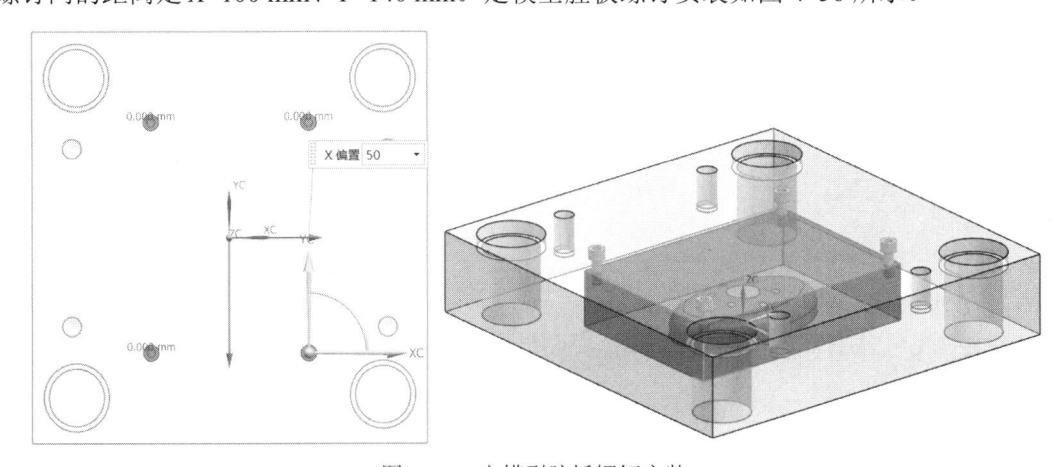

图 4-56　定模型腔板螺钉安装

4.3.7 虎口设计

1. 型芯虎口设计

1）拉伸虎口长方体

将型芯设为工作部件。单击【插入】>【设计特征】>【长方体】，选择型芯上表面的角点为原点，在【块】对话框中输入长方体的长宽高尺寸为 15 mm×15 mm×10 mm，如图 4-57 所示。

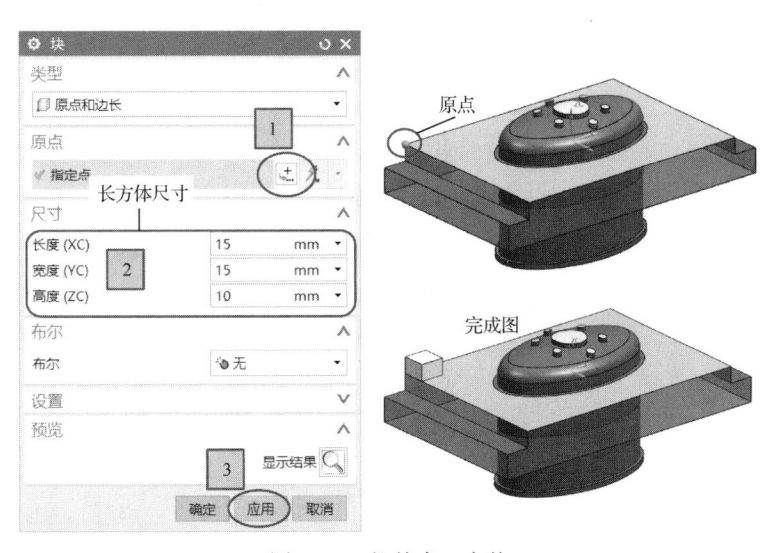

图 4-57　拉伸虎口实体

2）虎口拔模、倒圆角

单击【插入】>【细节特征】>【拔模】，系统弹出【拔模】对话框，在该对话框中指定脱模方向+ZC，拔模参考固定面为型芯表面，要拔模的面为虎口长方体的两个侧面，角度为 10deg（度）（见图 4-58），设置完成后单击【确定】按钮。

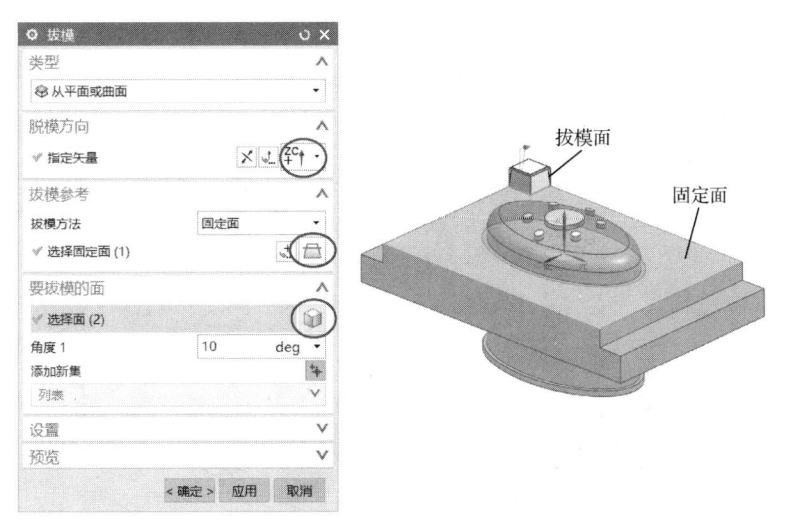

图 4-58　虎口拔模

单击【插入】>【细节特征】>【边倒圆】，选择虎口的边，设置圆角半径为 5 mm，单击【确定】按钮，如图 4-59（a）所示。

单击【插入】>【同步建模】>【偏置区域】，选择方块的外部边，设置偏置距离为 0.5 mm，单击【确定】按钮，如图 4-59（b）所示。

至此，完成单个的虎口设计。

3）镜像虎口

单击【编辑】>【变换】，系统弹出【变换】对话框，在屏幕中选择虎口，单击【确定】按钮，继续选择【通过一平面镜像】，选择 YC-ZC 平面为镜像平面，单击【确定】按钮，选择【复制】，单击【返回】按钮。用同样的方法，选择 XC-ZC 平面为镜像面，完成四个虎口的镜像，如图 4-59（c）所示。

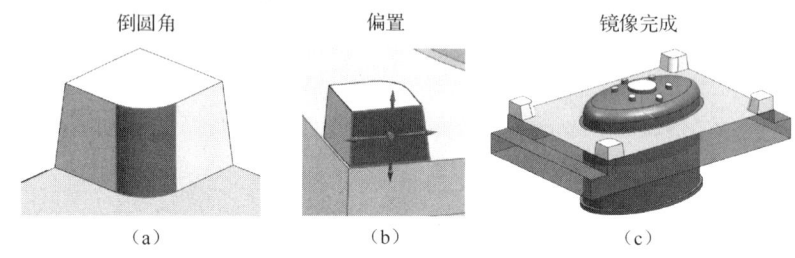

图 4-59 虎口的倒圆角、偏置、镜像

4）合并虎口

单击【插入】>【组合】>【合并】，将型芯和创建的虎口合并。

2. 型腔虎口设计

选择型腔，右击将型腔设为工作部件。

单击【插入】>【关联复制】>【WAVE 几何链接器】，选择型芯板，单击【确定】按钮，将型芯板链接到与型腔板同一层。

> **行家指点：**
> 如在单击【插入】>【关联复制】后没有找到【WAVE 几何链接器】选项，可在【开始】菜单中勾选【装配】（将【装配】模式置为当前）。

单击【插入】>【组合】>【减去】，将型腔板的四个虎口剪出。

单击【插入】>【同步建模】>【偏置区域】，选择虎口的三个面，偏置距离为 1 mm，单击【确定】按钮（见图 4-60），完成型腔虎口的设计。

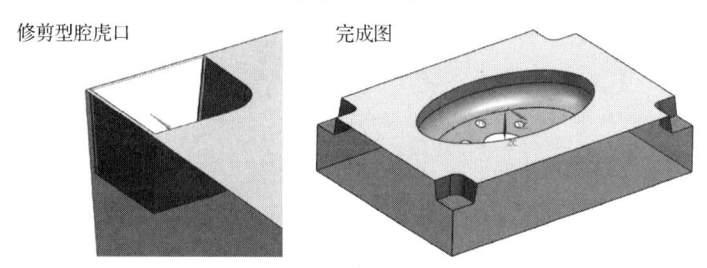

图 4-60 型腔虎口

4.3.8 模具后处理

1. 标准件求腔

执行【注塑模向导】工具条中的【腔体】命令,系统弹出【腔】对话框,选择目标为定模板,工具为定位圈,单击【确定】按钮。定位圈的求差如图 4-61 所示。完成定位圈在型腔中位体的切除。

用同样方法可完成浇口套、冷却水管、垃圾钉的求腔处理。

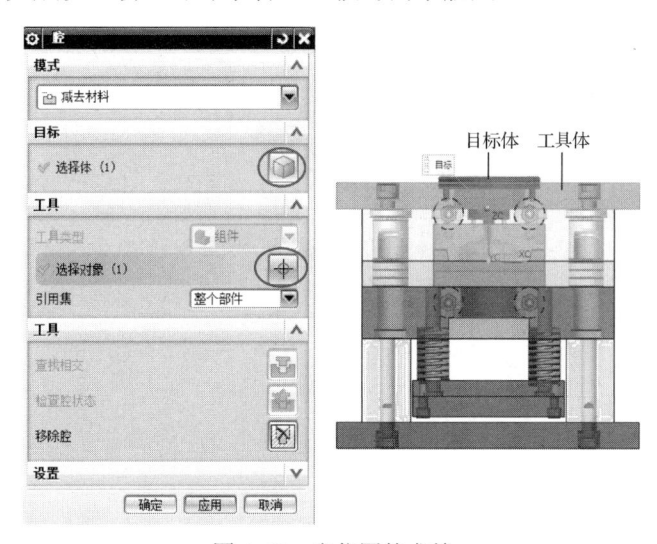

图 4-61 定位圈的求差

2. 动、定模型腔求腔

根据上述方法,完成动、定模型腔求腔处理。

3. 倒角处理

(1)将 B 板设置为工作部件,单击【插入】>【特征操作工具条】>【倒斜角】,弹出【倒斜角】对话框,设置直角边缘距离为 2 mm,单击【确定】按钮。倒角处理如图 4-62 所示。

(2)分别将 A 板、S 板、C 板、动模座板和定模座板设置为工作部件,重复上述操作,将各板的边缘倒角距离设为 2 mm(见图 4-62)。

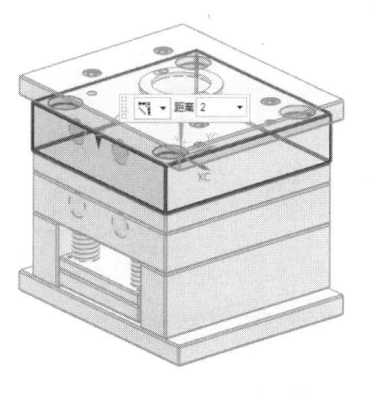

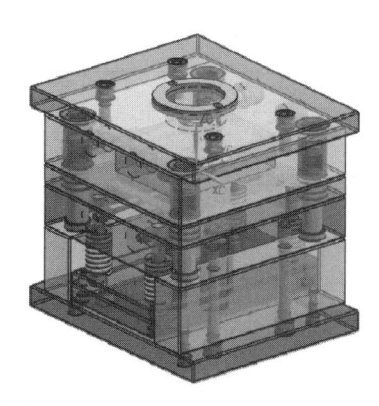

图 4-62 倒角处理

思考与练习 4

以如图 4-63 所示的罩壳塑件 3D 模型为参照模型,练习罩壳注塑模设计。

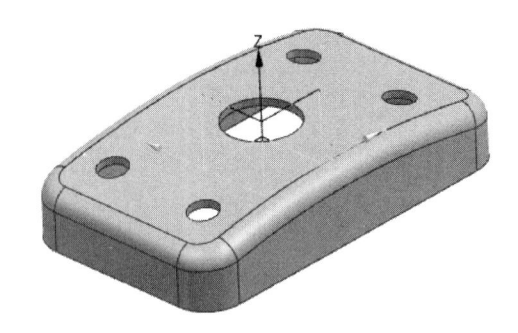

图 4-63　罩壳塑件 3D 模型

1．设计资料
(1) 产品信息如下。
产品名称：罩壳；
材料：ABS；
收缩率：0.6%；
公差等级：MT5；
产品质量：20.43 g。
塑件的外表面需进行抛光处理,四周不允许有波峰。
(2) 注塑机选用型号为 XS-ZY-125。
2．作业建议
(1) 模架设计（可参考第 1 章进行计算和选取）。
(2) 型腔：一模一腔。
(3) 浇注系统设计：轮辐式浇口。
(4) 推出机构设计：推件板推出。
(5) 冷却系统设计。

第5章

镶件、斜顶二板模：保护盖注塑模的设计

本章将 Mold Wizard 模块的功能运用到实际塑件模具设计中去，以保护罩为例，详细阐述保护罩注塑模的设计过程：手工创建型腔、型芯、镶件、斜顶、模架、浇注系统、冷却系统，推出机构设计及其他零部件的设计加载。

本章每一步骤都配有具体的操作过程，使初学者能达到做中学，学中练，循序渐进地掌握注塑模的设计方法。

知识要点
- 手工分型
- 潜伏式浇口设计
- 斜顶设计

5.1 保护盖注塑模项目目标

5.1.1 开模塑件分析

1. 设计资料

1）产品信息

产品名称：保护盖。

材料：ABS。

收缩率：0.6%。

公差等级：MT5。

产品质量：78.3 g。

塑件的外表面需要进行抛光处理，四周不允许有波峰。

2）注塑机信息

注塑机型号：XS-ZY-125。

额定注射量（cm^3）：125。

螺杆（柱塞）直径（mm）：42。

注射压力（MPa）：120。

注射行程（mm）：115。

注射方式：螺旋式。

锁模力（kN）：900。

最大成型面积（cm^2）：320。

模板最大行程（mm）：300。

模具最大厚度（mm）：300。

模具最小厚度（mm）：200。

喷嘴球头 SR（mm）：12。

喷嘴孔直径（mm）：4。

3）模具设计基本信息

模具寿命：30 万模次。

型腔数目：一模二腔。

2. 保护盖模具方案确立

1）塑件内外结构分析

保护盖塑件 3D 模型如图 5-1 所示。该塑件为曲面形体不规则壳体类塑件，通过测量可以得出塑件的长、宽、高尺寸分别为 63.5 mm×97.55 mm×46.88 mm。塑件表面为曲面有一个异形通孔，孔是上下直孔，不需要进行侧抽芯。壳体内表面有三个倒扣小钩，需要进行内抽或斜顶才能分模，四周侧面有四个圆形槽，分型时需要做整位。

2）模具型腔方案初步

（1）最大分型线。塑件最大分型线应根据塑件结构定义，该塑件底面为最大截面，分型线可设在底面外侧边界，如图5-2所示。

（2）分型面预览。主分型面是分割定模型腔、动模型腔的曲面。该塑件的底面为不规则的弧形，主分型的形式有点复杂，可用拉伸、扫掠、延伸、修剪曲面特征等编辑工具进行设计。塑件底面的四个圆形槽需要做整位。塑件顶面有一个曲面孔，利用【曲面补片】功能可将顶面进行修补（靠破孔）（见图5-3）。

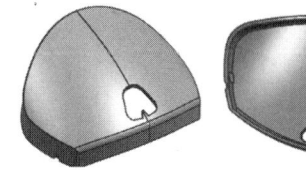

图5-1　保护盖塑件3D模型

图5-2　最大分型线

图5-3　主分型面、靠破孔

（3）动模、定模拆分预览（见图5-4）。

（4）斜顶拆分预览：因为塑件内部有三个倒扣小钩，所以需要加载斜顶机构进行分型，如图5-5所示。

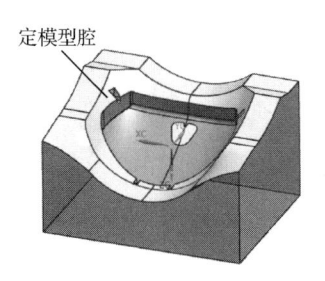

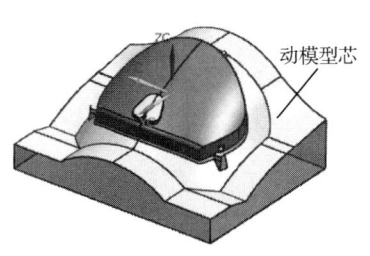

图5-4　动、定模拆分预览

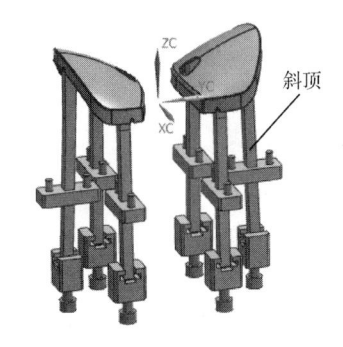

图5-5　斜顶拆分预览

5.1.2　模具结构分析

通过塑件结构分析，确立了型腔设计方案后，开始进行模具布局，设计浇注系统，确定浇口的位置、大小及进胶方法，推出机构，模架。

1. 模具布局

该模具为一模二腔。型腔布局如图5-6所示。

2. 浇注系统

1）浇口设计预览

该模具的分型面为不规则的曲面，选用扁平的侧浇口不合适，使用潜伏式浇口外潜点进胶的方式比较合适。浇口形式及位置如图 5-7 所示。

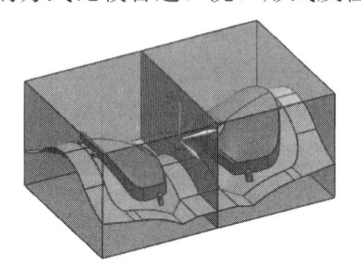

图 5-6 型腔布局

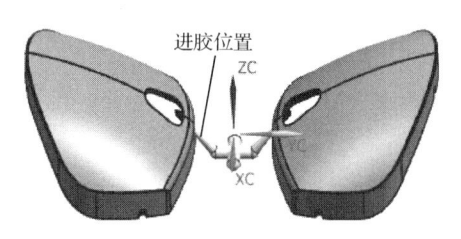

图 5-7 浇口形式及位置

2）浇口套和定位圈

注塑机的型号：XS-ZY-125。

喷嘴球头 SR（mm）：12。

喷嘴孔直径（mm）：4。

定位圈的直径（mm）：100。

浇口套和定位圈预览如图 5-8 所示。

3. 推出机构

根据塑件的形状、推杆布置的原则，本套模具推杆及推杆位置布置如图 5-9 所示，因塑件推出面是曲面，所以推杆底部要做止转。

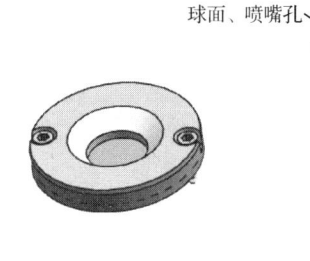

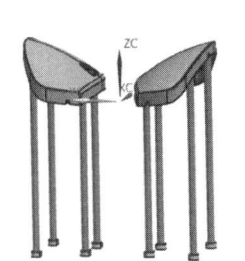

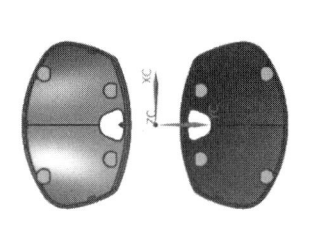

图 5-8 浇口套和定位圈预览

图 5-9 本套模具推杆及推杆位置布置

4. 模架设计

在选取模具形式时要考虑模具结构、模具型腔尺寸、推出距离等因素。

1）选取模架

模架的大小取决于模仁的尺寸，模仁的尺寸越大，模架的尺寸也会越大。根据模具进胶方式，采用 LKM_TP 大水口 SI 型模架比较合适，如图 5-10 所示。

2）模架尺寸选取

根据前面确定的模仁尺寸可以计算出模架的宽度为 250 mm，长度为 350 mm，图 5-10 所示为粗略设计的模具动、定模结构图。

3）选取模架模板厚度

根据知识篇第 1 章中的知识，由型腔尺寸高度及塑件高度，可计算出 A 板、B 板和 C 板的厚度，A 板为 80 mm，B 板为 80 mm，C 板为 80 mm。其他模板的参数可通过查找厂家提供的模架资料获取。

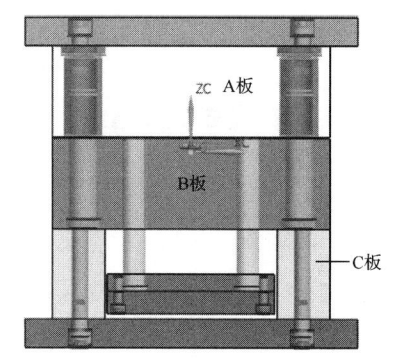

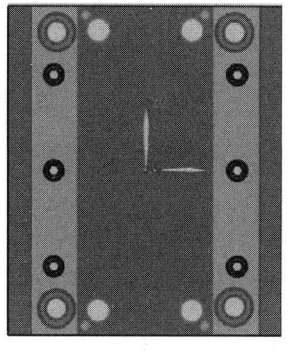

图 5-10　LKM_TP 大水口 SI 型模架

根据以上分析的结论，可以初步得到如图 5-11 所示的保护盖模具结构图。

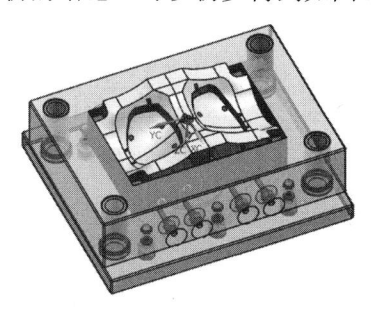

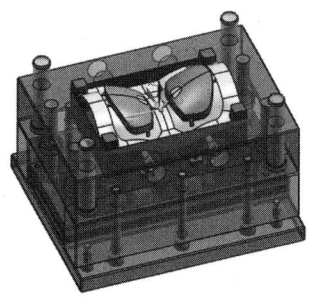

图 5-11　保护盖模具结构图

5.2　保护盖注塑模型腔设计

5.2.1　设计准备

扫一扫看微课视频：设计准备

扫一扫看微课视频：创建工件

1. 项目初始化

在 UG NX 10.0 中打开保护盖 3D 模型。

在【启动】模块下单击【所有应用模块】>【注塑模向导】，调出【注塑模向导】工具条。

在【初始化项目】对话框中选择产品，指定存放路径，在将材料设置为"ABS"，系统会推荐常用的收缩率（这个数值是可以更改的），本例使用系统推荐的收缩率（见图 5-12），单击【确定】按钮完成产品初始化。

2. 定义模具坐标系

在【注塑模向导】工具条中选择【模具 CSYS】按钮，系统弹出【模具 CSYS】对话框。在该对话框中选择【产品实体中心】单选按钮，将其作为模具坐标系原点，单击【确定】按钮完成设置（见图 5-13）。

> 行家指点：
> 模具坐标系一般默认为当前 WCS，若加载的产品模型的坐标系不在产品实体中心，就选产品实体中心作为坐标系原点。

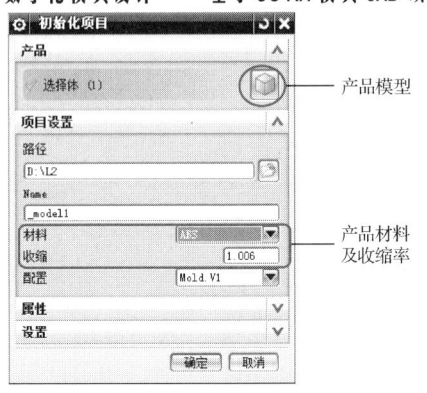

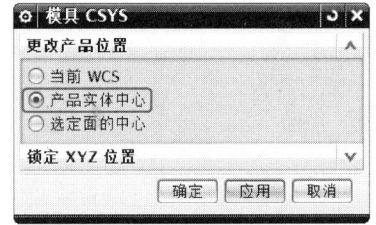

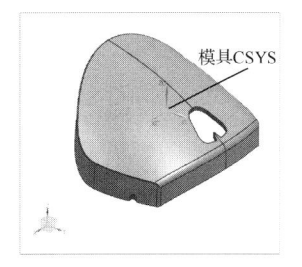

图 5-12 【初始化项目】对话框　　图 5-13　设置模具 CSYS

3. 创建工件

在【注塑模工具】中选择【工件】按钮，系统弹出【工件】对话框。

在【工件】对话框中单击【绘制截面】按钮，系统进入【截面草图】界面，删除图面上的标识尺寸，重新标上尺寸（见图 5-14）。

在【工件】对话框中输入开始距离-50 mm 和结束距离 50 mm，单击【确定】按钮，完成工件的创建。

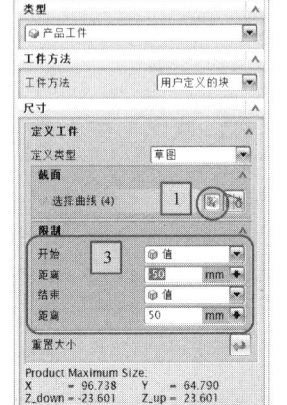

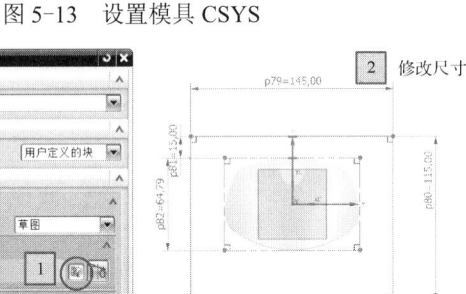

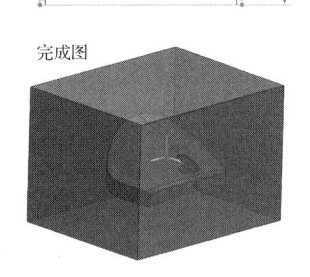

5.2.2 定义型芯、型腔区域

1. 检查型芯、型腔区域

单击【注塑模向导】工具条上的【模具分型工具】按钮，系统弹出【模具分型工具】工具条，单击【检查区域】按钮，弹出【检查区域】对话框。在【计算】选项卡中选择产品，指定+ZC 轴为脱模方向，单击【计算】按钮，软件自动分析属于型芯、型腔的面，计算完成后，【计算】按钮会变成灰色，如图 5-15 所示。

在【区域】选项卡中单击【设置区域颜色】按钮，产品面变为两种颜色，分别是型腔区域、型芯区域，如图 5-15 所示。设置完成后单击【确定】按钮。

图 5-14　创建工件步骤

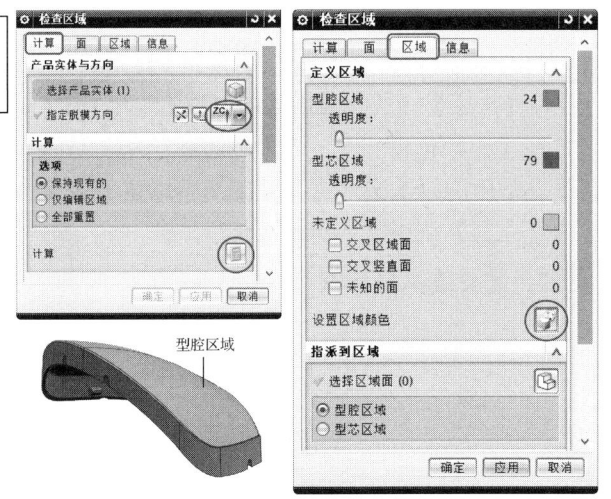

图 5-15　检查型芯、型腔区域

第 5 章 镶件、斜顶二板模：保护盖注塑模的设计

2. 曲面补片

由于分型需要做闭合的区域面，在设置完型芯、型腔区域后，修补产品表面通孔的面，再与型芯型腔面合为完整的面，为分型做好准备。

在【模具分型工具】中，单击【曲面补片】按钮，系统弹出【边修补】对话框（见图 5-16）。

在【边修补】对话框中，将类型设置为【移刀】；单击【选择环】按钮，在模型上选择构成孔的曲线，单击【确定】按钮，完成孔的修补（见图 5-16）。

3. 定义区域

单击【模具分型工具】工具条中的【定义区域】按钮，系统弹出【定义区域】对话框（见图 5-17）。

在【定义区域】对话框中，将区域名称设置为【所有面】，并在【设置】栏中勾选【创建区域】【创建分型线】，单击【确定】按钮（见图 5-17）。

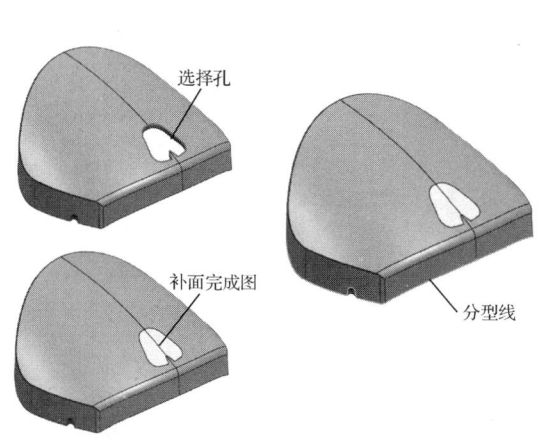

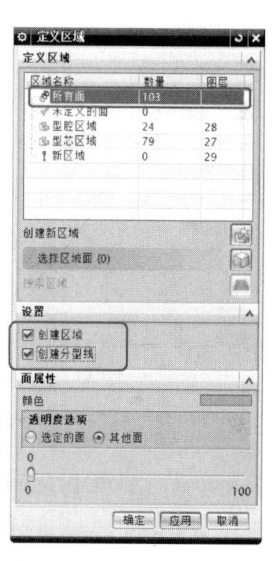

图 5-16　曲面补片

图 5-17　定义区域

5.2.3　创建分型面

根据模具设计方案，该产品的分型面是曲面，分型面比较复杂，【模具分型工具】工具条中的【设计分型面】工具提供的功能不能满足分型面编辑要求，可以手工设计分型面。

1. 设计主分型面

扫一扫看微课视频：设计主分型面

1）扩大曲面

单击【编辑】>【曲面】>【扩大】，系统弹出【扩大】对话框，将选择面设置为产品底面，将调整大小参数选择设置为【全部】，拉动各滑块，使各百分比数值为 15，单击【应用】按钮完成半张曲面。用同样的方法完成另外半张曲面。【扩大】对话框如图 5-18 所示。

2）修剪曲面

单击【插入】>【修剪】>【修剪体】，系统弹出【修剪体】对话框，在该对话框中选择

扩大的曲面为目标,将工具选项设置为【新建平面】,指定 YC-ZC 平面为【工具】来修剪扩大的曲面,如图 5-19 所示,设置完成后单击【确定】按钮。用同样的方法修剪另外半张曲面。

3)缝合曲面

单击【插入】>【组合】>【缝合】,系统弹出【缝合】对话框,选择半张曲面为目标,另外半张曲面为工具,设置完成后单击【确定】按钮。【缝合】对话框如图 5-20 所示。

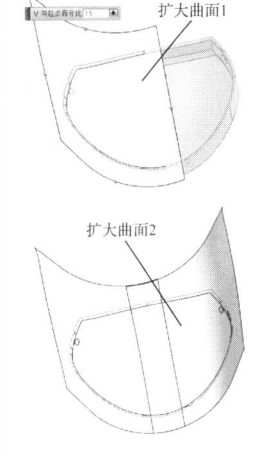

图 5-18 【扩大】对话框

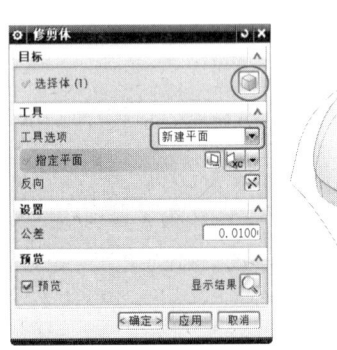

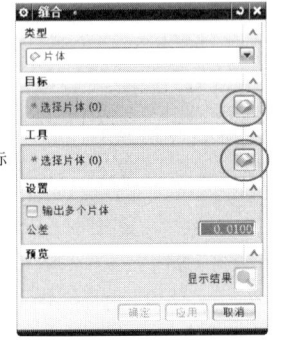

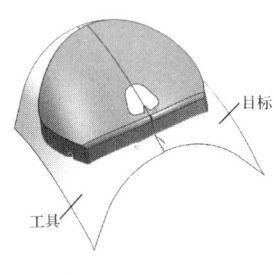

图 5-19 【修剪体】对话框

图 5-20 【缝合】对话框

4)编辑主分型面

单击【注塑模向导】>【注塑模工具】>【创建方块】,系统弹出【创建方块】对话框,在对话框中类型选择【有界长方体】;对象选择产品四周的边线;【设置】栏中的【间隙】为 5 mm,选择有界方块的底面,拖动按键将面间隙延伸超过曲面,设置完成后单击【确定】按钮。编辑主分型面(一)如图 5-21 所示。

单击【插入】>【细节特征】>【边倒圆】,系统弹出【边倒圆】对话框,设置圆角的半径为 15 mm,选择方块的四条竖边,设置完成后单击【确定】按钮,效果如图 5-22(a)所示。

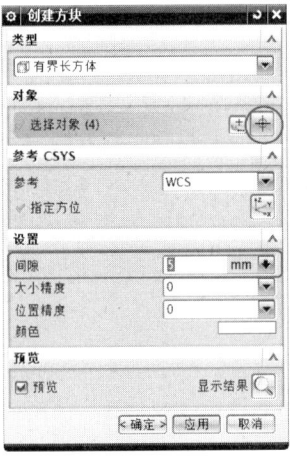

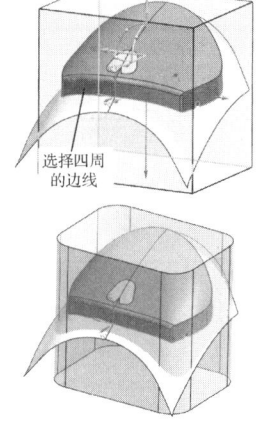

图 5-21 编辑主分型面(一)

单击【插入】>【修剪】>【拆分体】,弹出【拆分体】对话框,选择目标为曲面,工具为方块,设置完成后单击【确定】按钮,效果如图 5-22(b)所示。

第 5 章 镶件、斜顶二板模：保护盖注塑模的设计

单击【编辑】>【特征】>【移除参数】，框选所有对象，设置完成后单击【确定】按钮，删除方块和曲面外侧多余的面，效果如图 5-22（c）所示。

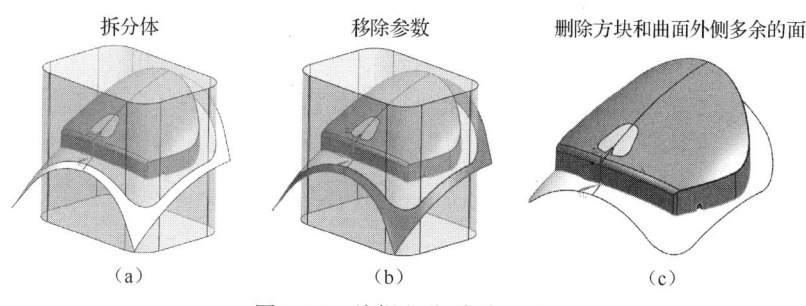

图 5-22　编辑主分型面（二）

2. 设计圆头槽分型面

1）拉伸圆形特征

单击【插入】>【设计特征】>【拉伸】，系统弹出【拉伸】对话框，选择圆头槽轮廓线作为特征曲线，指定矢量为+XC，拉伸距离为 5 mm，单击【确定】按钮，效果如图 5-23（a）所示。

同样执行【拉伸】命令，系统弹出【拉伸】对话框，选择上次拉伸曲面的底面，指定矢量为斜边，拉伸距离为 10 mm，单击【确定】按钮，效果如图 5-23（b）所示。

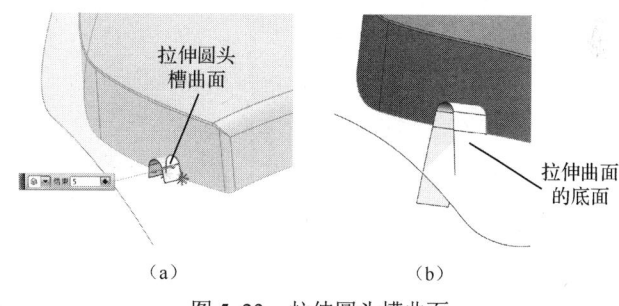

图 5-23　拉伸圆头槽曲面

2）编辑圆头槽曲面

单击【插入】>【修剪】>【修剪体】，在【修剪体】对话框中，【目标】为拉伸面；【工具】为主分型面，单击【确定】按钮。另外几个面采用同样的操作方法。编辑圆头槽曲面如图 5-24 所示。

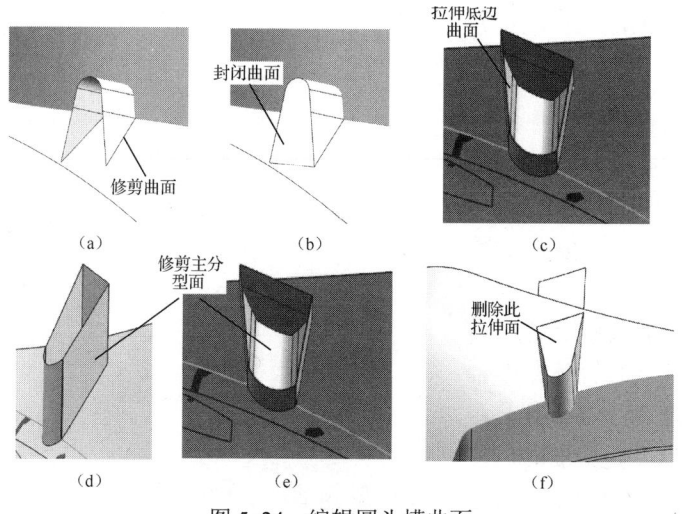

图 5-24　编辑圆头槽曲面

单击【插入】>【网格曲面】>【N 边曲面】，系统弹出【N 边曲面】对话框，在该对话框中，选择圆头槽拉伸曲面的三条边界线为封口曲线，在【设置】栏中勾选【修剪到边界】，单击【确定】按钮［见图 5-24（a）、(b)］。同样，完成另外三个圆头槽的开口封闭。

隐藏主分型面，单击【插入】>【设计特征】>【拉伸】，选择圆头槽曲面底面为拉伸的边，【方向】为-ZC 轴，【拉伸】距离为 7.5 mm，单击【应用】按钮［见图 5-24（c）］。

单击【插入】>【修剪】>【修剪片体】，系统弹出【修剪片体】对话框，在该对话框中，【目标】选择主分型面，【工具】选择圆头槽曲面片体，单击【确定】按钮［见图 5-24 (d)、(e)］。

修剪完后，单击【编辑】>【特征】>【移除参数】，框选所有对象，单击【确定】按钮，删除上一步拉伸的曲面［见图 5-24（f）］。

3. 延展主分型面

1）拉伸四周曲面

单击【插入】>【设计特征】>【拉伸】，系统弹出【拉伸】对话框，选择分型面的外侧边，分别沿着 XC 轴、YC 轴拉伸，【拉伸】距离为 30 mm。延展分型面（一）如图 5-25 所示。

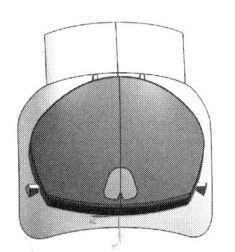

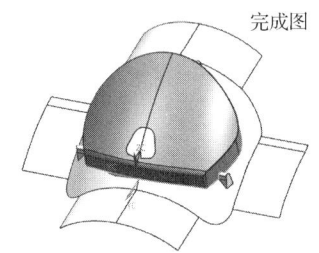

图 5-25 延展分型面（一）

2）扫掠一侧圆角曲面

单击【插入】>【扫掠】，系统弹出【扫掠】对话框，在该对话框中选择【截面】为圆弧的边线，【引导线】为两条直边的边线，选择完一条后，单击鼠标中键，再选择另一条，生成曲面后单击【确定】按钮，生成如图 5-26 所示的扫掠曲面。

同理，可以用以上方法完成另外一侧的扫掠曲面。

3）延伸圆角曲面

观察分型面与工件间的关系，由于扫掠的圆弧面在工件范围内，不足以切开型芯和型腔，因此还需要做延伸。

单击【插入】>【修剪】>【延伸片体】，系统弹出【延伸片体】对话框，【边】选择曲面的边，【偏置】距离为 20 mm，单击【确定】按钮。

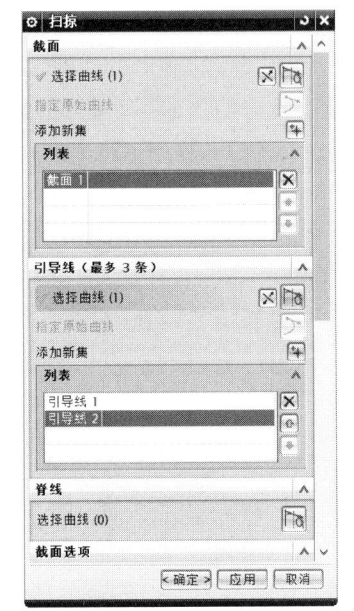

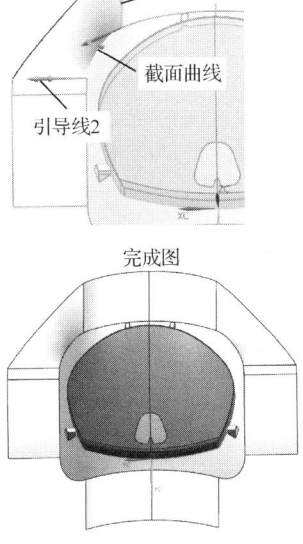

图 5-26 扫掠曲面

同理，完成另外一侧的延伸曲面。延伸圆角曲面如图 5-27 所示。

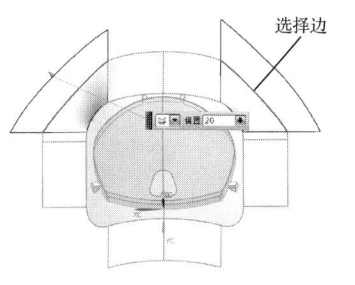

第 5 章 镶件、斜顶二板模：保护盖注塑模的设计

> **行家指点：**
> 在使用【扫掠】命令制作曲面时，每选择一条引导线一定要按一次鼠标中键，以示间隔。

图 5-27 延伸圆角曲面

4）拉伸、扫掠另一侧圆角曲面

单击【插入】>【设计特征】>【拉伸】，系统弹出【拉伸】对话框，选择侧面的边，输入结束距离 50 mm，单击【确定】按钮。另外一侧圆角分型面制作步骤如图 5-28 所示。

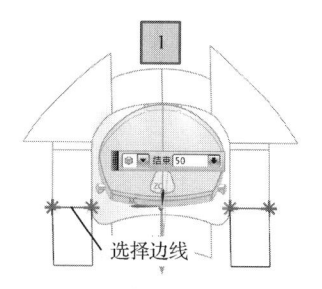

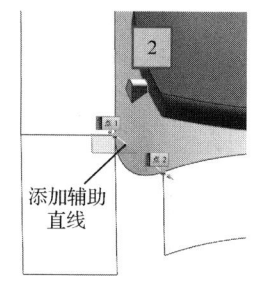

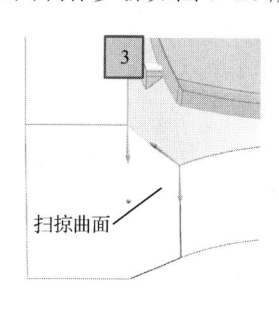

图 5-28 另外一侧圆角分型面制作步骤

单击【插入】>【曲线】>【直线】，选择如图 5-28 所示位置的两个点，单击【确定】按钮进行连接。

单击【插入】>【扫掠】，选择连接线为【截面】，选择直边的边线为【引导线】，一共有两条引导线，选择一条后单击鼠标中键再选择另一条，生成曲面后单击【确定】按钮。

单击【插入】>【修剪】>【修剪体】，将多余的曲面修剪掉。

5）修剪主分型面

单击【插入】>【修剪】>【修剪体】，在【修剪体】对话框中，【目标】选择主分型面；【工具】选择塑件底面，单击【确定】按钮（见图 5-29）。

修剪完后，单击【编辑】>【特征】>【移除参数】，框选所有对象，单击【确定】按钮，删除塑件中间的曲面（见图 5-29）。

4. 合并主分型面

单击【注塑模向导】工具条

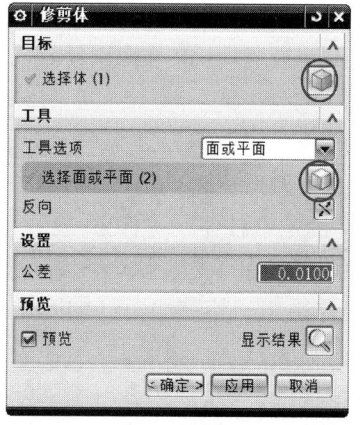

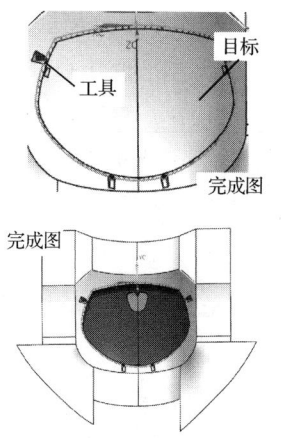

图 5-29 修剪主分型面

中的【模具分型工具】>【编辑分型面和曲面补片】按钮，系统弹出【编辑分型面和曲面补

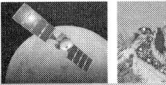

片】对话框，选择所有的面，单击【确定】按钮。合并主分型面如图5-30所示。

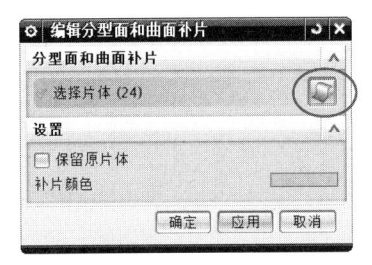

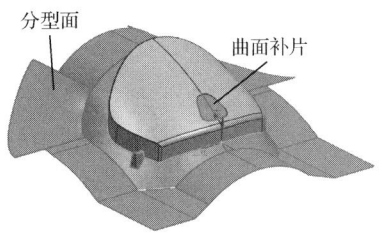

图 5-30 合并主分型面

5.2.4 定义型腔和型芯

1. 定义型腔

单击【注塑模向导】工具条中的【模具分型工具】>【定义型腔和型芯】按钮，系统弹出【定义型腔和型芯】对话框，在该对话框中用【选择片体】选择绘制好的分型面，【区域名称】选择【型腔区域】，单击【确定】按钮（见图5-31）。

2. 定义型芯

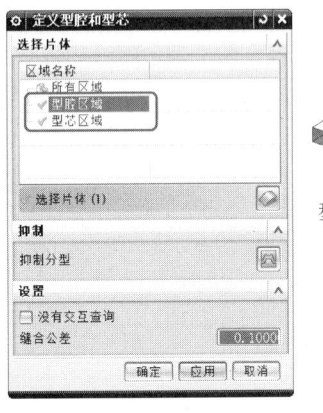

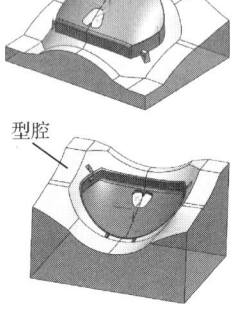

同理，在【定义型腔和型芯】对话框中用【选择片体】选择分型面，【区域名称】选择【型芯区域】，单击【确定】按钮（见图5-31）。

图 5-31 定义型腔和型芯

5.2.5 模具定位系统设计

1. 型芯定位系统设计

1）型芯虎口设计

选择型芯工件，单击鼠标右键，系统弹出快捷菜单，在快捷菜单中单击【设为工作部件】按钮，将型芯设为工作部件。

单击【插入】>【设计特征】>【长方体】，输入长方体的三边尺寸 20 mm×20 mm×20 mm，选择型芯一个角点（注意坐标的方向，若是方向相反，可先调整坐标方向，使其与长方体方向一致），单击【确定】按钮（见图5-32）。

单击【插入】>【同步建模】>【偏置区域】，选择方块的底平面，偏置距离为 3 mm（因分型面是弧面），选择方块与型芯侧面平齐的两个侧面，偏置距离为 0.5 mm，单击【确定】按钮（见图5-32）。

单击【插入】>【细节特征】>【拔模】，指定拔模方向为+ZC 轴，【固定面】为方块的顶面，【要拔的面】为方块内侧的两个面，【角度】为 5°，单击【确定】按钮（见图5-32）。

单击【插入】>【特征细节】>【边倒圆】，输入倒圆半径为 10 mm，单击【确定】按钮

（见图 5-32）。

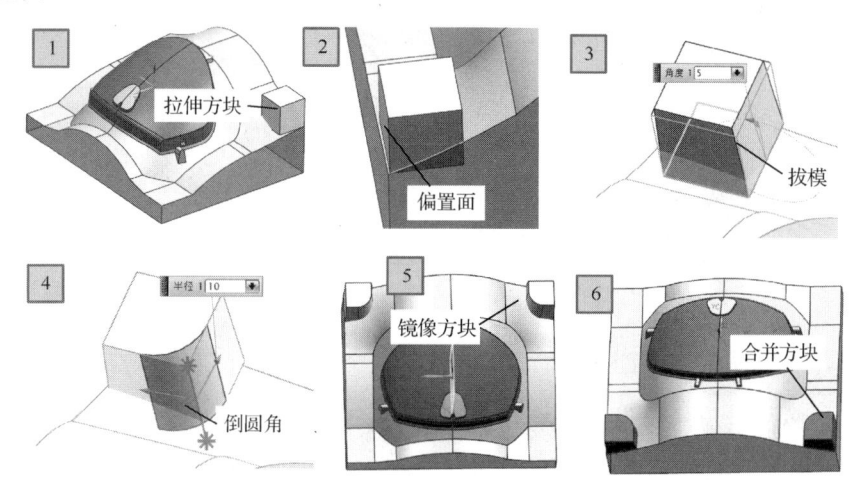

图 5-32 型芯虎口设计步骤

2）镜像另一虎口

单击【编辑】>【变换】，系统弹出【变换】对话框，选择刚才做好的方块，单击【确定】按钮；在弹出的另一个【变换】对话框中选择【通过一平面镜像】，单击【确定】按钮；继续在弹出的对话框中选择【复制】，单击【确定】按钮；在【刨】对话框中选取 YC-ZC 平面，单击【确定】按钮（见图 5-32）。

3）合并虎口

单击【插入】>【组合】>【合并】，系统弹出【合并】对话框，选择型芯为【目标】，两个方块为【工具】，单击【确定】按钮（见图 5-32）。

2. 型腔定位系统设计

1）切割型腔虎口

将型腔设为工作部件。单击【插入】>【关联复制】>【WAVE 几何链接器】，在【WAVE 几何链接器】对话框中，【类型】选择【体】，【体】选择【型芯】，单击【确定】按钮将型腔链接到型腔的工作层中，如图 5-33 所示。

单击【插入】>【组合】>【减去】，选择型腔为【目标】，型芯为【工具】，取消勾选【设置】中的保存工具选项，单击【确定】按钮［见图 5-34（a）］。

单击【插入】>【同步建模】>【替换面】，选择【要替换的面】为求差生成内部槽的表面，【替换面】为型腔外表面，单击【确定】按钮。对于另一个虎口也采用相同的操作，如图 5-34（b）所示。

2）虎口定位设计

为了使定位的两个面能顺利契合，不发生过定位现象，需要将型腔定位的顶部延伸一点并扩大原来的圆角。

单击【插入】>【同步建模】>【偏置区域】，选择虎口顶面，偏置距离为 1 mm，如图 5-34（c）所示。

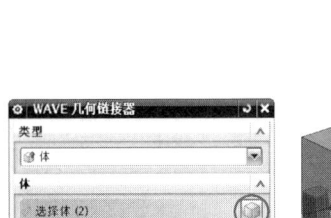

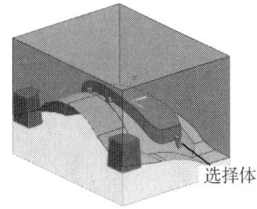

图 5-33 【WAVE 几何链接器】链接型芯型腔

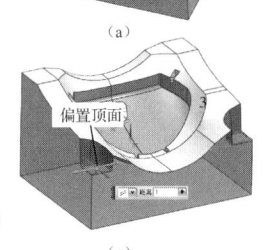

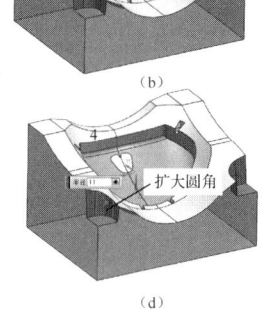

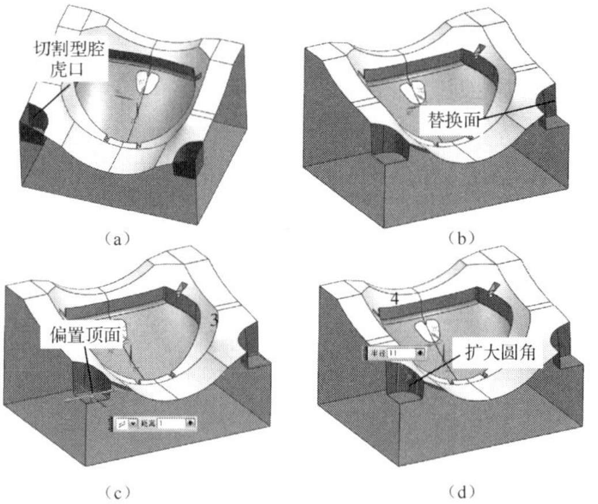

图 5-34 型腔定位系统设计

单击【插入】>【同步建模】>【细节特征】>【调整倒角大小】，系统弹出【调整圆角大小】对话框，选择虎口的圆角面，输入半径为 11 mm，单击【确定】按钮，如图 5-34 (d) 所示。

5.2.6 模具型腔布局

1. 型腔布局

单击【注塑模向导】工具条中的【型腔布局】按钮，系统弹出【型腔布局】对话框，在该对话框中，【指定矢量】为 YC；【型腔数】为 2；【间隙距离】为 0 mm，单击【开始布局】按钮；再单击【自动对准中心】按钮。型腔布局如图 5-35 所示。

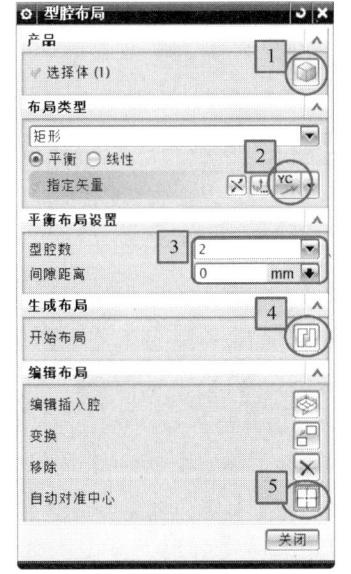

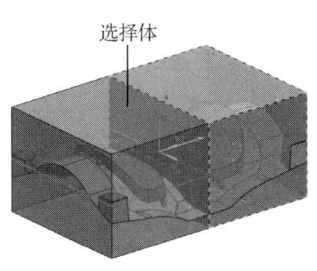

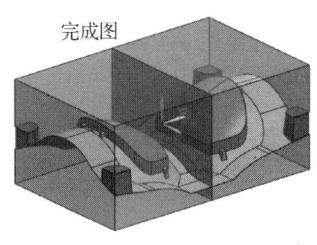

2. 调整型芯型腔高度

将型芯设置为工作部件。单击【插入】>【同步建模】>【替换面】，选择型芯底面为【要替换的面】，选择型芯上的一个平面为【替换面】，【偏置】中的【距离】为 -26 mm，调整方向，单击【确定】按钮。调整型芯高度如图 5-36 所示。

图 5-35 型腔布局

采用同样的方法，可将型腔的高度调整到 79 mm。

3. 模仁（型腔）安装高度设定

将型芯设置为工作部件。单击【插入】>【修剪】>【拆分体】，选择型芯为【目标体】，【工具选项】选择【新建平面】，选择型芯底面作为【新建平面】，【偏置】中的【距离】

第 5 章 镶件、斜顶二板模：保护盖注塑模的设计

为 50 mm，单击【确定】按钮，如图 5-37 左上角图所示。

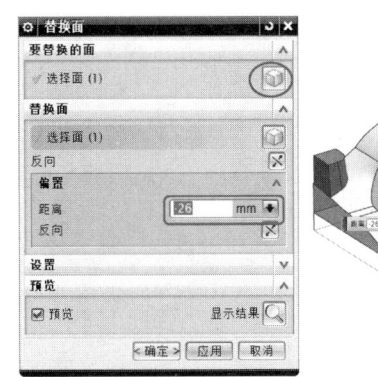

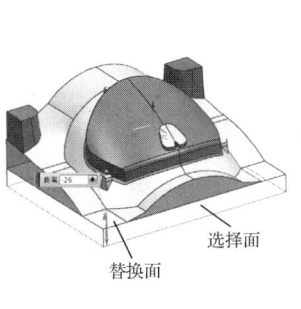

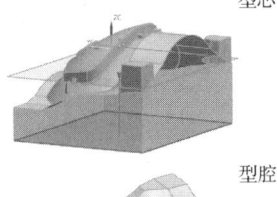

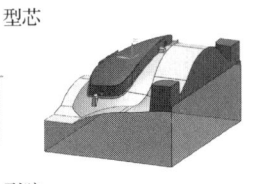

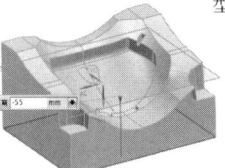

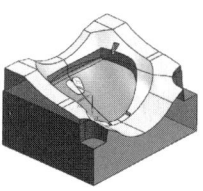

图 5-36 调整型芯高度　　　　　图 5-37 模仁安装高度设定

单击【插入】>【同步建模】>【偏置区域】，选择切割体外围的面，【偏置】中的【距离】为 0.5 mm，单击【确定】按钮，如图 5-37 右上角图所示。

完成后，将切割的型芯合并。该步骤制作的是型芯非安装部位的避空。

采用同样的方法，完成型腔非安装部分的避空。注意拆分体的新建平面距离为 55 mm，偏置面选择两侧面，如图 5-37 下面两图所示。

5.3 保护盖模具结构设计

扫一扫看微课视频：调用模架

5.3.1 调用模架

1. 确定模架中心

单击【格式】>【WCS】>【定向】，系统弹出【CSYS】对话框，在该对话框中单击【指定方位】按钮，系统弹出【点】对话框，在此对话框中【类型】选择【两点之间】，在模型上选择上一步骤设计好的安装高度的两个外侧对角端点，单击【确定】按钮，坐标移动到模具中心（见图 5-38）。

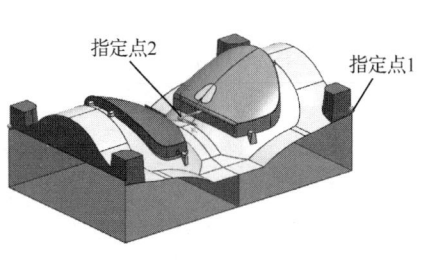

图 5-38 确定模架中心

161

框选屏幕中的型芯和型腔，系统弹出快捷菜单，单击快捷菜单中的【移动】命令，系统弹出【移动组件】对话框，在该对话框中【运动】选择【CSYS 到 CSYS】，单击【指定起始 CSYS】按钮，系统弹出【CSYS】对话框，在此对话框中【类型】选择【动态】，单击【确定】按钮；单击【指定目标 CSYS】按钮，系统弹出【CSYS】对话框，在此对话框中【类型】选择【绝对 CSYS】，单击【确定】按钮，如图 5-39 所示。

单击【格式】>【WCS】>【设置为绝对】，完成模架中心确定。

图 5-39　移动模型

2. 加载模架

在【注塑模向导】工具条中，单击【模架库】按钮，系统弹出【模架库】对话框，在【重用库】对话框中选择【LKM_SG】，即龙记大水口系列模架。在模具设计方案中已经确定使用推件板推出塑件，因此模架类型选择 C 型。【模架库】对话框如图 5-40 所示。

在【模架库】对话框中，修改以下几个参数：

index（模架尺寸）修改为 2535 mm；
AP_h（A 板厚度）修改为 100 mm；
BP_h（B 板厚度）修改为 110 mm；
Mold_type（模架类型）修改为 300:I 型，即工字模架；
Fix_open（A 板与型腔避空）修改为 0.5 mm；
Move_open（B 板与型芯避空）修改为 0.5 mm；
EJB_open（顶针板抬高度，以便放置垃圾钉）修改为 -5 mm。

修改完后，单击【确定】按钮，完成模架的加载。加载模架如 5-41 所示。

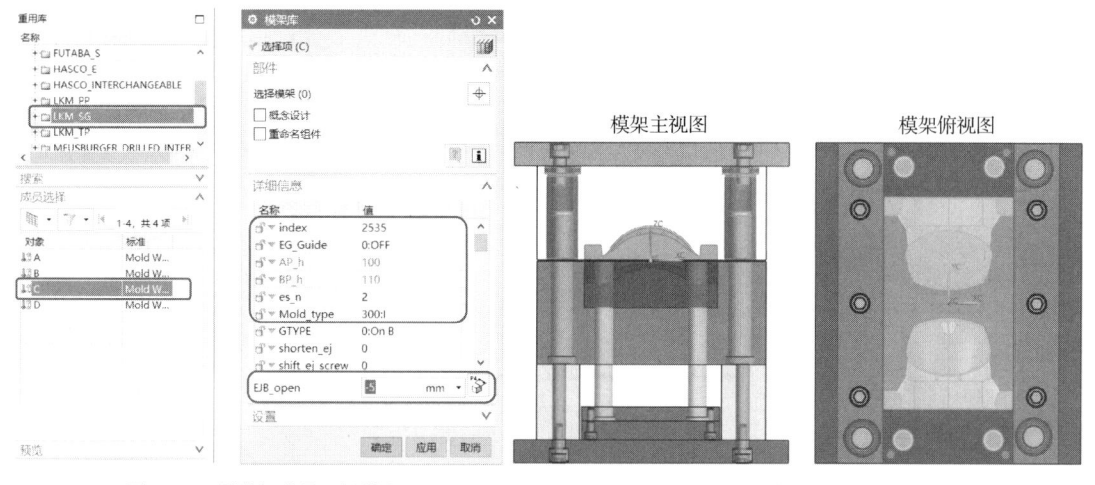

图 5-40　【模架库】对话框　　　　图 5-41　加载模架

5.3.2 浇注系统设计

1. 浇口设计

浇口是浇注系统的重要组成部分，在模具设计方案中，我们确定了使用潜伏式浇口。

1）加载浇口

在【注塑模向导】工具条中单击【标准件库】按钮，系统弹出【标准件管理】对话框，在【重用库】对话框中单击【FILL_MM】>【Gate[Subarine]】（潜伏式浇口），在【标准件管理】对话框中设置数值如下。【D】为 5；【L】为 7；【D1】为 1.2；【A1】为 40；【L1】为 17，设置完成后单击【确定】按钮，如图 5-42 所示。

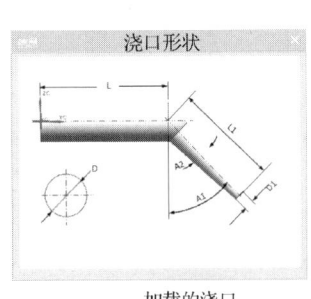

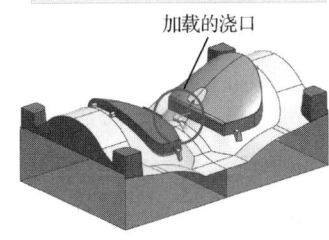

图 5-42 设置浇口参数

2）重定位浇口

再次单击【注塑模向导】工具条中的【标准件库】按钮，系统再次弹出【标准件管理】对话框，选择先前做好的浇口，单击【重定位】按钮，系统弹出【移动组件】对话框，【运动】选择【动态】，拖动 X 轴的箭头，将浇口顺时针旋转 90°，单击【应用】按钮。再次拖动 Y 轴的箭头，将浇口顺时针旋转 180°，单击【应用】按钮。测量一下如图 5-43 所示的距离，在【移动组件】对话框中【运动】选择【距离】，【指定矢量】设置为【-ZC】，在【距离】数值框中输入刚才测量的距离，单击【确定】按钮。将浇口往下移动至中心位置，如图 5-43 所示。

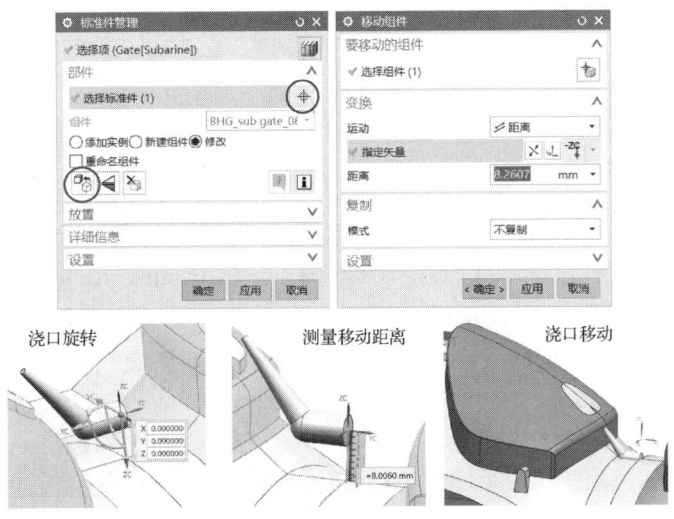

图 5-43 重定位浇口

3）复制另一侧浇口

选择浇口，右击浇口，单击快捷菜单中的【移动】命令，打开【移动组合】对话框；【运动】为【角度】，【指定矢量】为 Z 轴，角度为 180deg，【模式】选择【复制】，单击【确定】按钮。另一个潜伏式浇口设计完毕，如图 5-44 所示。

2. 凝料穴设计

1）设置凝料穴参数

与前面的设计步骤一样，在【重用库】对话框中选择【FILL-MM】，在【成员对象】中选择【Runner[2]】，在【标准件管理】对话框中设置【D】为 5，【L】为 16.5，单击【确定】按钮，如图 5-45 所示。

2）凝料穴定位

使用与重新定位浇口步骤同样的方法通过选择旋转、移动的方法，将流道移动至中心。凝料穴设计完成如图 5-45 所示。

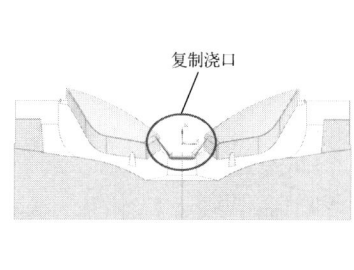

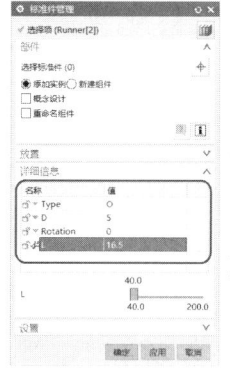

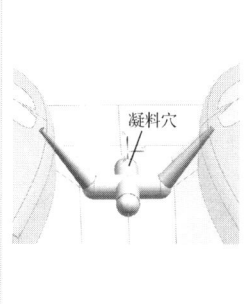

图 5-44　设计另一个浇口　　　　图 5-45　凝料穴设计完成

行家指点：

浇注系统中的定位圈和浇口套设计应根据选定的注塑机型号（定位圈直径为 125 mm，喷嘴直径为 3 mm，喷嘴球头 SR 为 10 mm，喷嘴最大深入高度为 50 mm）确定定位圈的型号、浇口套的型号。

---

3. 定位圈设计

在【注塑模向导】工具条中单击【标准件库】按钮，系统弹出【标准件管理】对话框，在【重用库】对话框中选择【FUTABA_MM】>【Locating Ring Interchangeable】，在【成员选择】栏中选择【Locating Ring】选项。

在【标准件管理】对话框的【详细信息】栏中修改参数数值，其各项参数如下：

```
TYPE（型号）修改为 M_LRB；
DIAMETER（外圆直径）修改为 100；
BOTTOM_C_BORE_DIA（内孔直径）修改为 36。
```

修改结束后，单击【确定】按钮。系统自动生成并安放定位圈。定位圈设计如图 5-46

所示。

4. 浇口套设计

1）设置浇口套参数

在【注塑模向导】工具条中单击【标准件库】按钮，系统弹出【标准件管理】对话框，在【重用库】对话框中选择【MISUMI】>【SprueBushings】，在【成员选择】栏中选择【SBBH】选项。

在【标准件管理】对话框的【详细信息】栏中修改数值，其各项参数如下：

> TYPE（型号）修改为SBBH；
> D（外圆直径）修改为16；
> SR（球面半径）修改为11；
> P（喷嘴对接孔直径）修改为3.5；
> A（主流道锥角）修改为2；
> L（浇口套长度）修改为94。

修改结束后，单击【确定】按钮。系统自动生成并安放浇口套。浇口套设计如图5-47所示。

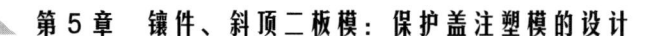

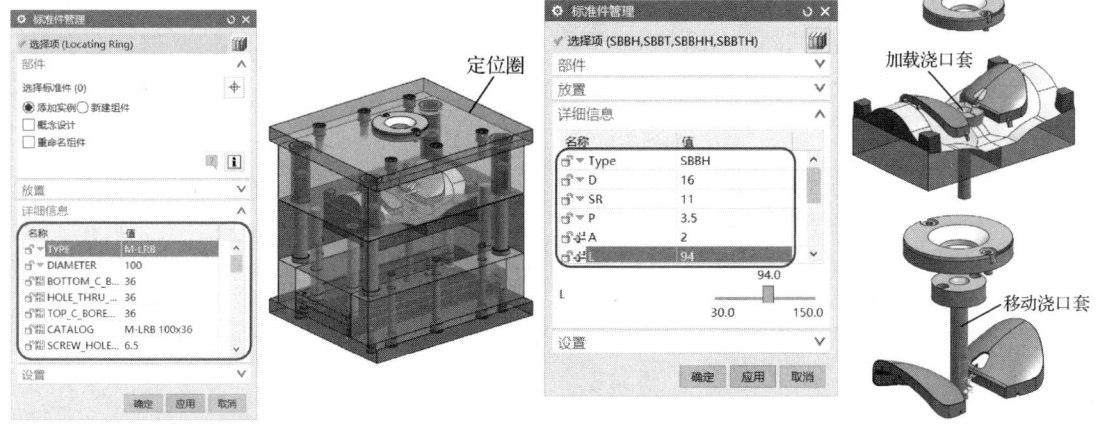

图5-46 定位圈设计　　　　图5-47 浇口套设计

2）重新定位浇口套

从图5-47中可以看出，浇口套的位置加载在坐标原点，需要重定位。因主流道的距离比较长，故可以设计安装在定模板（A板）上，使主流道流程缩短。

再次单击【标准件库】按钮，系统再次弹出【标准件管理】对话框，单击【重定位】按钮，选择浇口套，在衬套部件上出现动态坐标系，单击ZC轴方向箭头，沿ZC轴方向移动94 mm，将衬套移至定模板平齐位置。

3）添加浇口套固定螺钉

在【注塑模向导】工具条中单击【标准件库】按钮，系统弹出【标准件管理】对话框，在【重用库】对话框中选择【DEM_MM】>【Screws】，在【成员选择】栏中选择【SHCS [Manual]】选项。

在【标准件管理】对话框的【详细信息】栏中修改如下参数：

```
SIZE（尺寸）修改为6；
LENGTH（长度）修改为16；
ORIGIN_TYPE（类型）修改为2；
SIDE（球面半径）修改为A。
```

单击【确定】按钮，按照前面放置螺钉的方法，将浇口套上的两个螺钉装上，效果如图5-48所示。

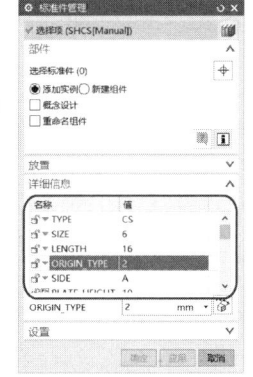

图5-48　固定浇口套

5.3.3 冷却系统设计

1. 型腔冷却系统设计

1）设计第一条冷却水管

在【注塑模向导】工具条中选择【模具冷却工具】按钮，系统弹出【冷却组件设计】对话框，在【重用库】对话框中选择【COOLING_UNIVERSAL】，在【成员选择】栏中选择【Cooling[Cavity]】选项，在【详细信息】栏中修改以下几个参数：

```
Cooling-D（水管直径）修改为8；
ROTATE（水管放置的方向）修改为X，即沿着X轴放置；
Y-OFFSET（距离轴的距离）修改为36；
H（型腔内水管高度距离）修改为20；
H1和H2（模板内水管高度距离）修改为15。
```

参数修改完成后，单击【确定】按钮。第一条冷却水管设计如图5-49所示。

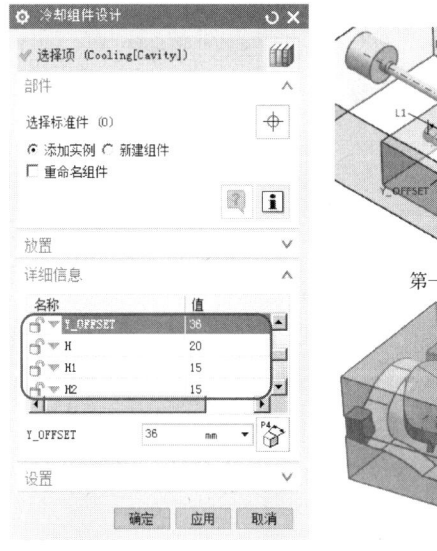

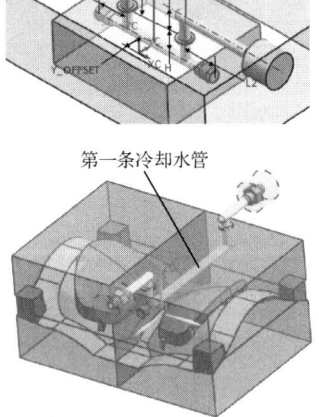

图5-49　第一条冷却水管设计

2）设计第二条冷却水管

同第一条冷却水管的设计方法相同，设计第二条冷却水管。在【冷却组件设计】对话框的【详细信息】栏中修改如下参数。

第 5 章 镶件、斜顶二板模：保护盖注塑模的设计

COOLING-D（水管直径）修改为 8；
ROTATE（水管放置的方向）修改为 x，即沿着 x 轴放置；
Y-OFFSET（距离轴的距离）修改为 70；
H（型腔内水管高度距离）修改为 10；
H1 和 H2（模板内水管高度距离）修改为 15。

参数修改完成后，单击【确定】按钮。型腔冷却系统如图 5-50 所示。

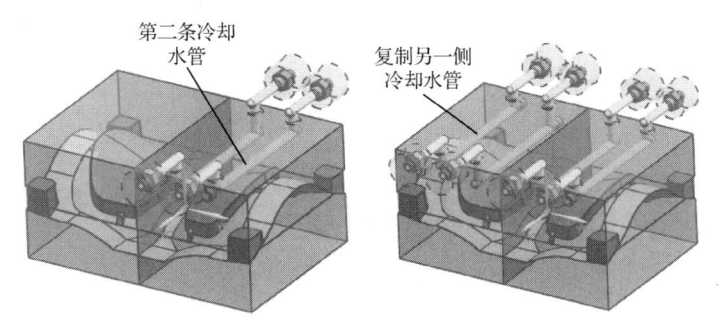

图 5-50 型腔冷却系统

3）复制冷却水管

先选中两条冷却水管，右击，系统弹出快捷菜单，单击快捷菜单中的【移动】命令，弹出【移动组件】对话框，单击【变换】按钮，复制出另一侧冷水管。如图 5-50 所示。

2. 型芯冷却系统设计

用同样的办法设计型芯冷却系统。单击【注塑模向导】>【模具冷却工具】，系统弹出【冷却组件设计】对话框，在【重用库】对话框中选择【COOLING_UNIVERSAL】，在【成员选择】栏中选择【Cooling [Straight]】选项，在【详细信息】栏中修改以下几个参数。型芯冷却系统设计如图 5-51 所示。

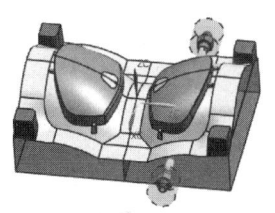

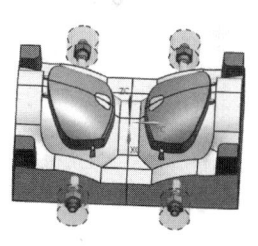

图 5-51 型芯冷却系统设计

COOLING-D（水管直径）修改为 8；
ROTATE（水管放置的方向）修改为 x，即沿着 x 轴放置；
Y-OFFSET（中心坐标到水管的距离）修改为 50；
Z_OFFSET（型腔内水管高度距离）修改为-20。

参数修改完成后，单击【确定】按钮，结果如图 5-51 所示。

扫一扫看微课视频：斜顶设计

5.3.4 斜顶设计

在前期分析中，我们已经确定了需要用三个斜顶通过内抽方式将产品进行脱模。

1. 加载斜顶组件

在【注塑模向导】工具条中单击【滑块和浮升销库】按钮,系统弹出【滑块和浮升销设计】对话框,在【重用库】对话框中选择【UNIVERSAL_MM】>【lift】,在【成员选择】栏中选择【Lifter[General2]】选项,在【滑块和浮升销设计】对话框的【详细信息】栏中修改如下参数,修改完成后单击【确定】按钮,系统加载了一对斜顶组件,位置在坐标中心(见图 5-52)。

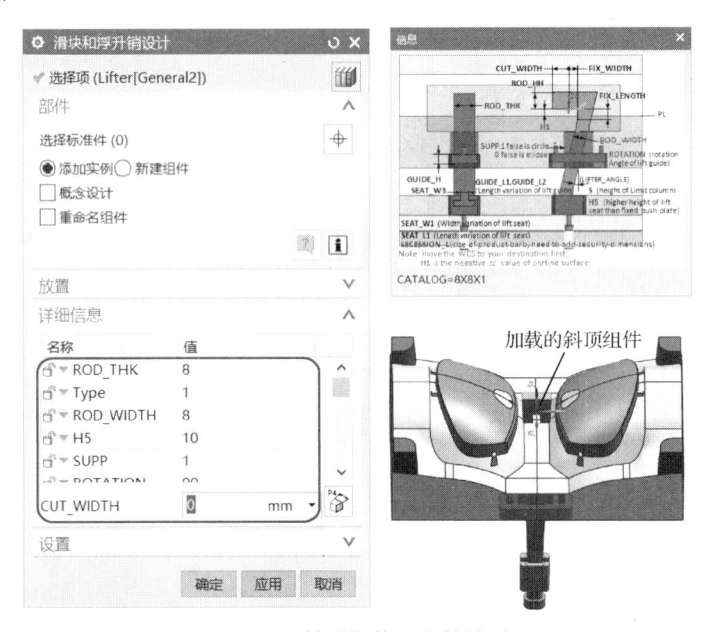

图 5-52 斜顶组件及参数设置

ROD_THK(斜顶的外形尺寸)修改为 8;
ROD_WIDTH(斜顶宽度尺寸)修改为 8;
H5(斜顶座高度)修改为 10;
CUT_WIDTH(斜顶口部尺寸)修改为 0。

2. 旋转并移动斜顶

隐藏模架、型腔零件和另一个斜顶组件,只留一个塑件斜顶。

再次单击【滑块和浮升销库】按钮,在系统弹出的【滑块和浮升销设计】对话框中单击【选取标准件】,选择一组斜顶为标准件(见图 5-53)。单击【重定位】,系统弹出【移动组件】对话框,将【移动组件】对话框中的运动设置为【距离】,【指定矢量】设置为 YC 轴,输入距离为 75 mm,单击【应用】按钮,完成斜顶的移动。

3. 分割倒扣凸台圆弧面

将斜顶设为工作部件,单击【插入】>【关联复制】>【WAVE 几何链接器】,选择塑件产品链接到与斜顶同一层中。

斜顶的倒扣部位是一个半圆形状凸台,凸台的上半部需要用斜顶脱模,下半部可以做在动模型芯上,根据这一形状,可以在半圆中间做一条分割线,将半圆凸台分割成上下两半。

单击【插入】>【派生曲线】>【抽取】,系统弹出【抽取曲线】对话框,在该对话框中选择【等斜度曲线】。系统继续弹出【矢量】对话框,选择 ZC 轴为矢量方向,单击【确定】按钮。系统弹出【等斜度角】对话框,输入角度为 0°,单击【确定】按钮。系统弹出【选择面】对话框,选择倒扣凸台的圆弧面,单击【确定】按钮,此时在圆弧面上做出了一条分割直线,该直线为圆弧的等分线,即倒扣的上半部分做在斜顶上(见图 5-54)。

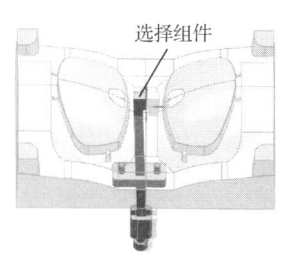

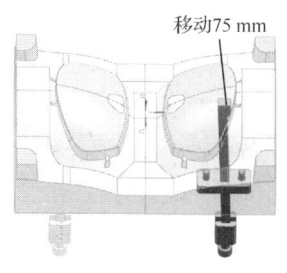

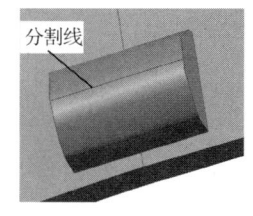

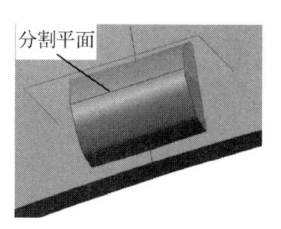

图 5-53 移动斜顶

图 5-54 分割倒扣凸台圆弧面

单击【插入】>【基准】>【基准平面】,系统弹出【基准平面】对话框,分别选择凸台分割曲线和产品底面为【选择对象】,单击【确定】按钮,创建如图 5-54 所示的分割平面。

4. 编辑斜顶头部

斜顶头部编辑分为两部分,第一部分是将加载斜顶的顶面和侧面与塑件模型的内表面的顶面和侧面相贴合,第二部分是在斜顶中修剪出内倒扣圆弧凸台。

单击【插入】>【同步建模】>【替换面】,系统弹出【替换面】对话框,选择斜顶的顶面为【要替换的面】,塑件模型内表面的顶面为【替换面】,单击【确定】按钮。斜顶顶面替换面如图 5-55 所示。

用同样的方法,选择替换面,选择斜顶的肩部面为要替换的面,新建的平面为替换面。斜顶肩部面替换面如图 5-56 所示。

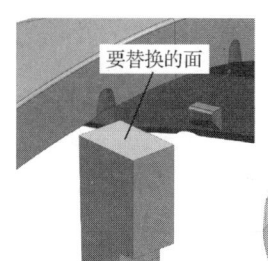

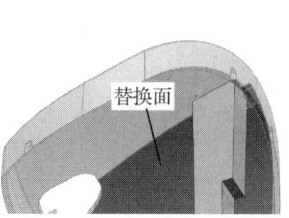

图 5-55 斜顶顶面替换面

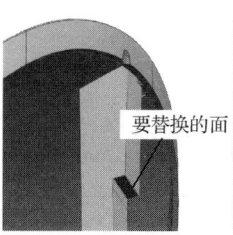

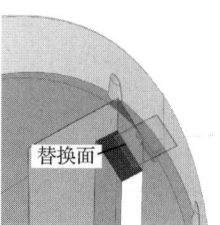

图 5-56 斜顶肩部面替换面

再次执行【替换面】命令,选择斜顶的正面为【要替换的面】,塑件侧面内表面为【替换面】。斜顶正面为替换面如图 5-57 所示。

单击【插入】>【组合】>【减去】,系统弹出【求差】对话框,选择【目标】为

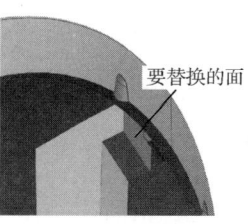

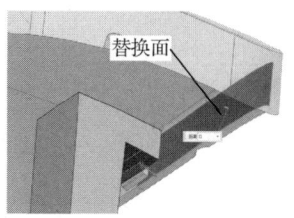

图 5-57 斜顶正面为替换面

斜顶,【工具】为塑件产品模型,单击【确定】按钮,完成斜顶头部求差。图 5-58 所示为斜顶完成图(一)。

5. 设计另两个斜顶

用同样的方法设计另外两个斜顶。设计时要注意,加载斜顶组件时组件的参数可以参考第一个斜顶参数;加载后旋转的角度可以根据斜顶的位置设为 90°,方向自定;移动距离为 YC=38.6 mm、XC=42 mm,方向自定。斜顶完成图(二)如图 5-59 所示。

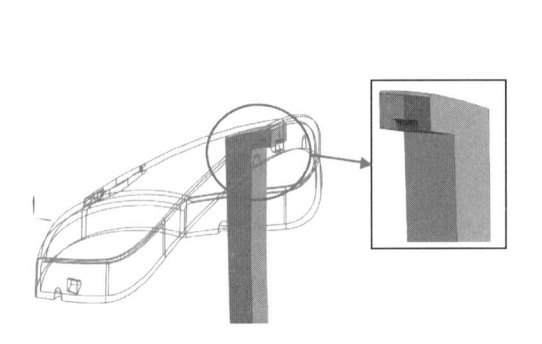

图 5-58　斜顶完成图(一)　　　　　　　图 5-59　斜顶完成图(二)

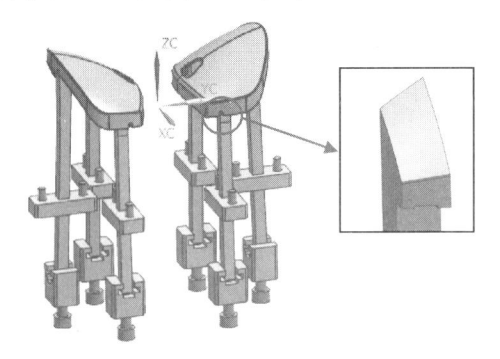

5.3.5　推出机构设计

本产品是曲面盖状制件,内表面不可见。根据前面确定的方案,本模具推出机构采用斜顶+推杆方式,斜顶已在前面讲述过了,脱模还需要再设计四根推杆。

在【注塑模向导】工具条中找到【标准件库】按钮,系统弹出【标准件管理】对话框。

1. 推杆设计

在【重用库】对话框中选择【FUTABA_MM】>【Ejector Pin】,在【成员选择】栏中选择【Ejector Pin Straight】选项,在【标准件管理】对话框的【详细信息】栏中修改如下参数。顶针设计如图 5-60 所示。

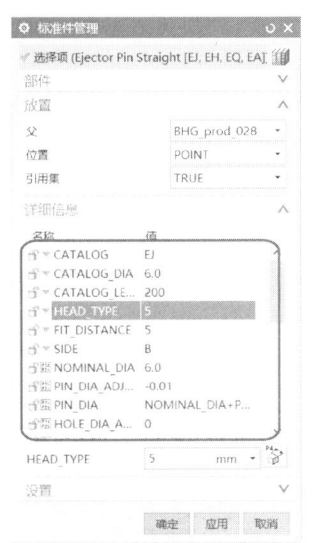

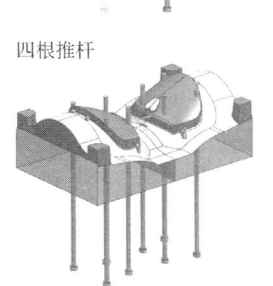

图 5-60　顶针设计

CATALOG_DIA(推杆直径)修改为 6.0;
CATALOG_LENGTH(推杆长度)修改为 200;
HEAD_TYPE(推杆头部类型)修改为 5。

在【标准件管理】对话框中,单击【确定】按钮,系统弹出【点】对话框,在此对话框中输入坐标 XC=20 mm、YC=-27 mm、ZC=0 mm,单击【确定】按钮。连续输入坐标

第 5 章 镶件、斜顶二板模：保护盖注塑模的设计

（-20,-27,0）、（30,-67,0）、（-30,-67,0）完成四根推杆的加载。

2. 修剪推杆

在【注塑模向导】工具条中找到【顶杆后处理】按钮，系统弹出【顶杆后处理】对话框，在该对话框的【目标】栏中选择刚加载的顶杆，单击【确定】按钮。系统完成刚加载的顶杆的修剪，如图 5-61 所示。

> **行家指点：**
> 若在顶杆修剪过程中出现裁剪体高出本体的情况，可以通过选择【调整长度】选项重新调整顶杆长度。

3. 推出机构复位

推出机构复位主要是指弹簧辅助复位杆使推出机构快速回位。

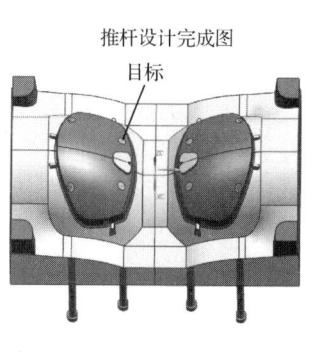

图 5-61 修剪顶杆

在【注塑模向导】工具条中找到【标准件库】按钮，系统弹出【标准件管理】对话框，在【重用库】对话框中选择【FUTABA_MM】>【Springs】，在【成员选择】栏中选择【Spring[M_FSB]】选项，在【标准件管理】的【详细信息】栏中修改如下参数：

```
WIRE_TYPE（弹簧截面形状）修改为 RECTANGLE；
DIAMETER（推杆头部类型）修改为 32.5；
CATALOG_LENGTH（弹簧理论长度）修改为 60；
COMPRESSION（弹簧压缩量）修改为 10。
```

复位弹簧的创建如图 5-62 所示。

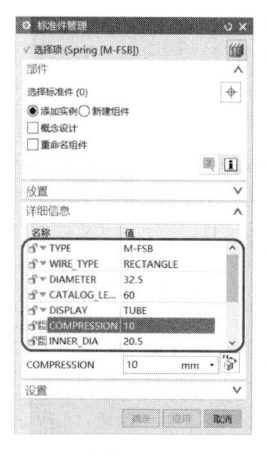

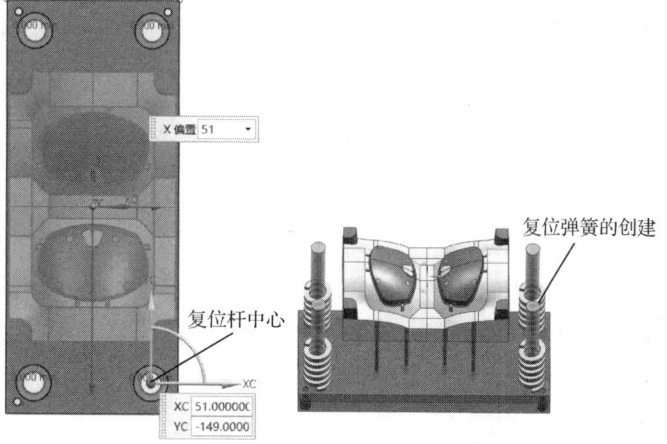

图 5-62 复位弹簧的创建

在【标准件管理】对话框的【放置】栏中，选取推件板顶面，单击【确定】按钮，系统弹出【点】对话框，选择四根复位杆中心，单击【确定】按钮，完成如图 5-62 所示的复位弹簧的创建。

4. 垃圾钉

单击【注塑模向导】工具条中的【标准件库】按钮，系统弹出【标准件管理】对话框，在【重用库】对话框中选择【FUTABA_MM】>【Stop Buttons】，在【成员选择】栏中选择【Stop Pad】选项，在【标准件管理】对话框的【详细信息】栏中修改如下参数：

DIAMETER（垃圾钉直径）修改为 16；
HEIGHT（垃圾钉头部高度）修改为 5。

在【标准件管理】对话框的【放置】栏中，选取动模板顶面，单击【确定】按钮，系统弹出【点】对话框，选择四根复位杆中心，单击【确定】按钮，完成如图 5-63 所示的垃圾钉的创建。

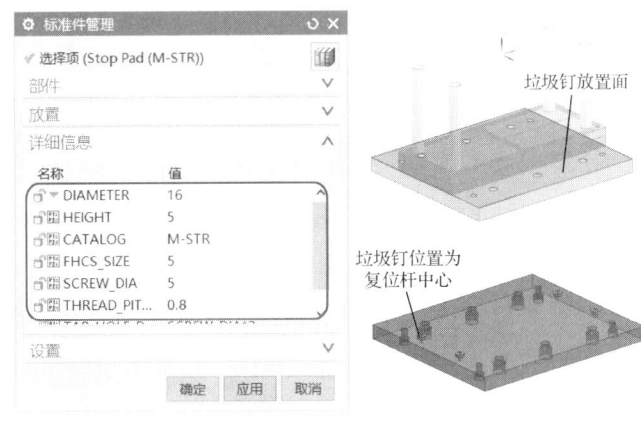

图 5-63 垃圾钉的创建

5.3.6 模具后处理

至此，整副模具设计基本完成了，但有些标准件导入后未及时进行开腔操作，需要仔细检查，未开腔操作的标准件要进行开腔处理。最后，模具还需要设计安装吊环，为了美观还需要对整副模具进行倒角等后处理。

1. 标准件腔体设计

设置视图显示方式为【局部着色】，单击【注塑模向导】工具条中的【腔体】按钮，系统弹出【腔体】对话框，在视图中分别选择模架上的各块模板为【目标】，浇口套、定位圈、冷却水道为【工具】（见图 5-64），单击【确定】按钮。

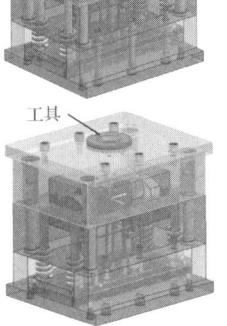

图 5-64 标准件腔体设计

第 5 章　镶件、斜顶二板模：保护盖注塑模的设计

也可在【腔体】对话框中选择模板为【目标】后，直接单击【工具】栏中的【查找相交】按钮，系统会自动搜索查找相关组件，并高亮显示，单击【确定】按钮，即可完成浇注系统、冷却系统、推出机构标准件腔体的创建。

标准件腔体设计完成后的模具如图 5-64 所示。

2. 倒角操作

将 AP 模板设为【工作部件】。单击【插入】>【细节特征】>【倒斜角】，系统弹出【倒斜角】对话框，设置模板的直角边缘距离为 2 mm（见图 5-65）。

分别将模架上的其他模板设为【工作部件】，重复上述操作，将模板的边缘距离设为 2 mm，完成倒斜角设置后的视图如图 5-65 所示。

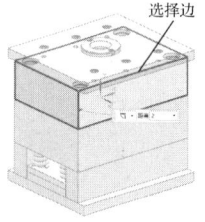

图 5-65　模板倒斜角

3. K.O 孔设计

将动模座板设为【工作部件】，单击【插入】>【设计特征】>【孔】，设置 K.O 孔直径为 40 mm。在【位置】栏中选择模板中心点，在【布尔】下拉列表中选择【求差】，单击【确定】按钮，完成动模座板的 K.O 孔的创建。模具 K.O 孔设计如图 5-66 所示。

至此，整套模具设计完毕。模具设计模型如图 5-67 所示。

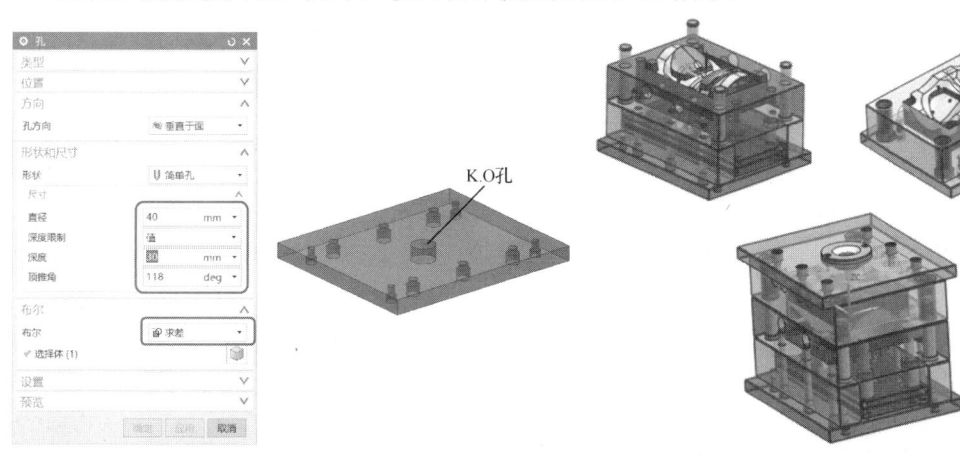

图 5-66　模具 K.O 孔设计　　　　图 5-67　模具设计模型

思考与练习 5

以如图 5-68 所示的翻盖塑件 3D 模型为参照模型，进行翻盖注塑模设计。

1. 设计资料

（1）产品信息如下。

产品名称：罩壳；

材料：PC；

收缩率：0.45%；

公差等级：MT6；

产品质量：12.2 g。

塑件的外表面需要进行抛光处理，四周不允许有波峰。

（2）注塑机选用型号为：XS-ZY-125。

2．作业建议

（1）模架设计（可参考第 1 章所述进行计算和选用）。

（2）型腔：一模二腔。

（3）浇注系统设计：潜伏式浇口（外潜）。

（4）推出机构设计：推杆+斜顶推出。

（5）冷却系统设计。

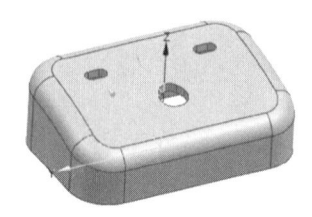

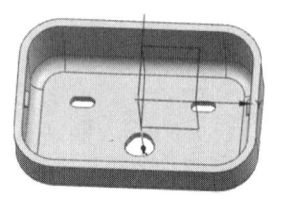

图 5-68　翻盖塑件 3D 模型

第6章

滑块三板模：外观件注塑模的设计

本章将Mold Wizard模块的功能运用到实际塑件模具设计中去，以外观件为例，详细阐述保护罩注塑模设计过程：定义型腔和型芯，设计镶件、滑块、浇注系统、冷却系统、推出机构及其他零部件的设计加载。

本章每一个步骤都配有具体的操作过程，从而使初学者能达到从做中学，学中练，循序渐进地掌握注塑模设计的方法。

知识要点
- 复杂镶件设计
- 点浇口设计
- 滑块设计
- 三板模架设计

6.1 外观件注塑模项目目标

6.1.1 开模塑件分析

了解开模塑件的尺寸大小、内外侧结构及工艺要求,对塑件中的特殊结构进行合理分析,并编制相关的模具设计方案。

1. 设计资料

外观件 3D 模型如图 6-1 所示。通过测量可以得出塑件总的长、宽、高尺寸分别为 120 mm、76 mm、25 mm。

根据塑件所使用的材料、外观、结构及成本等因素拟定合理的设计方案。

图 6-1 外观件 3D 模型

(1) 塑件材料选用 ABS+PC,缩水率设置为 0.45%。
(2) 塑件不允许有顶白、气孔和接合线等缺陷。
(3) 塑件的外表面需要进行抛光处理,四周不允许有波峰。
(4) 加工尺寸为 0~60 mm 时,公差值为±0.07;加工尺寸为 60~250 mm 时,公差尺寸为±0.1 mm;大于 250 mm 的加工尺寸,公差为±0.2 mm;孔与孔之间的公差保持在±0.03 mm;未注明的公差,按企业标准或行业标准执行。
(5) 模具寿命:20 万模次。
(6) 型腔数目:一模两腔。
(7) 注塑机信息如下。

注塑机型号:XC-ZY-500;
额定注射量(cm^3):500;
螺杆(柱塞)直径(mm):65;
注射压力(MPa):145;
注射行程(mm):200;
注射方式:螺旋式;
锁模力(kN):3 500;
最大成型面积(cm^2):1 000;
模板最大行程(mm):500;
模具最大厚度(mm):450;
模具最小厚度(mm):300;
喷嘴球头 SR(mm):18;
喷嘴孔直径(mm):3。

2. 模具方案的确立

接到一个模具设计项目后,应对设计的塑件进行分析,分析内容包括熟悉塑件内外侧结构及分型线该如何设计等。

扫一扫看微课
视频:景观件
模具方案确定

1)熟悉塑件内外侧结构

该塑件为不规则的壳体类塑件,塑件表面由三个曲面组成,有三组(共六个)长方形通槽、一个矩形孔和一腰形通孔,孔都是上下直孔。塑件的两侧面有圆形侧孔和矩形侧孔,需要侧抽芯才能分型。塑件的内表面比较复杂,有两个安装孔、一个凸台异形孔和若干筋板,这些都需要镶块结构。塑件内外结构分析如图6-2所示。

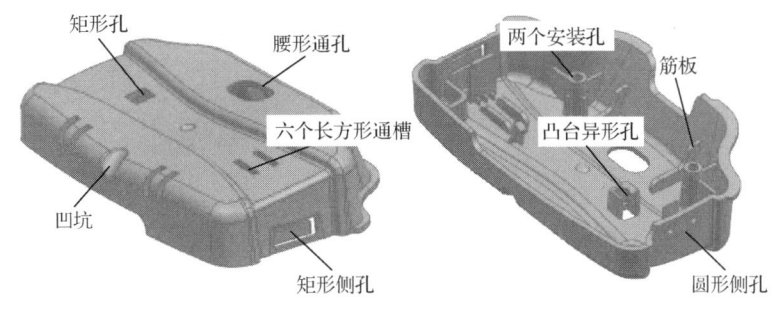

图6-2 塑件内外结构分析

2)最大分型面预览

(1)最大分型线:塑件最大分型线应根据塑件结构进行定义,塑件的外侧边界为最大分型线。

(2)最大分型面:利用【拉伸】、【有界平面】、【修剪】等功能创建最大分型面。最大分型线、最大分型面如图6-3所示。

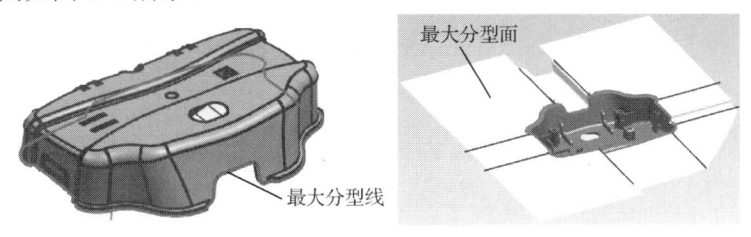

图6-3 最大分型线、最大分型面

3)破孔及镶件拆分预览

塑件上有7处破孔,可通过【曲面补片】功能对两个侧孔和顶面矩形孔进行修补,还有三类孔比较复杂,需要用手工曲面的方法进行修补,如图6-4所示。镶件拆分预览如图6-5所示。

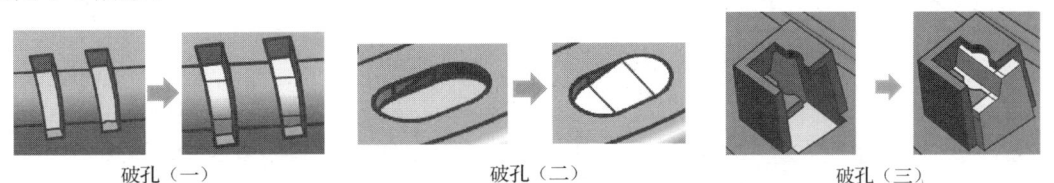

图6-4 手工曲面修补破孔

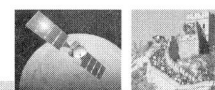

4）滑块拆分预览

滑块拆分预览如图 6-6 所示。

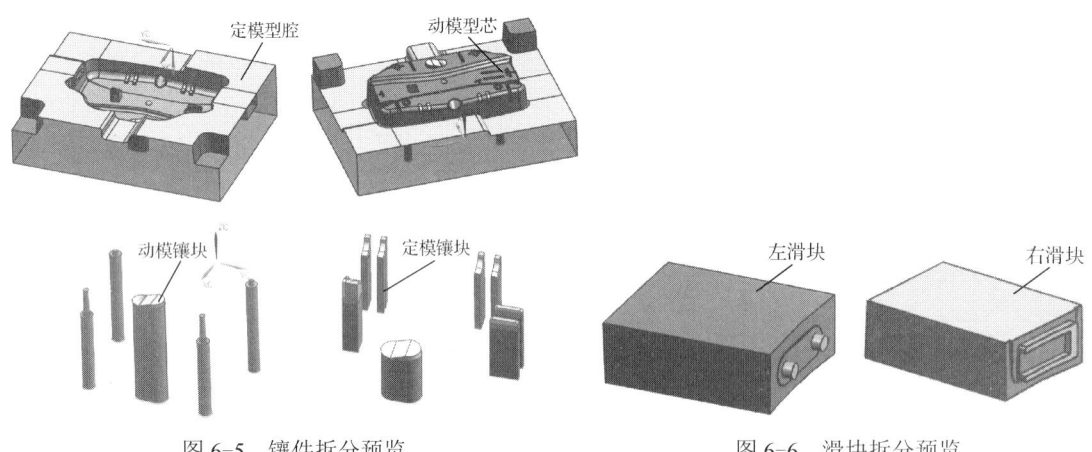

图 6-5 镶件拆分预览

图 6-6 滑块拆分预览

6.1.2 模具结构分析

了解了塑件的结构和设计要求后，开始绘制模具排位，设计浇注系统及确定浇口位置、大小、进胶方式等。

1. 型腔布局

该塑件整体尺寸较适中，结合模具成本，塑件将采用一模二腔的布局形式。型腔布局如图 6-7 所示。

2. 模架设计

1）选取模架

模架的大小取决于模仁的尺寸，模仁的尺寸越大，模架的尺寸也会越大，如果需要滑块或油缸，可将模架适当加大。本模具运用点进胶及 LKM_TP 三板型模架进行设计，如图 6-8 所示。

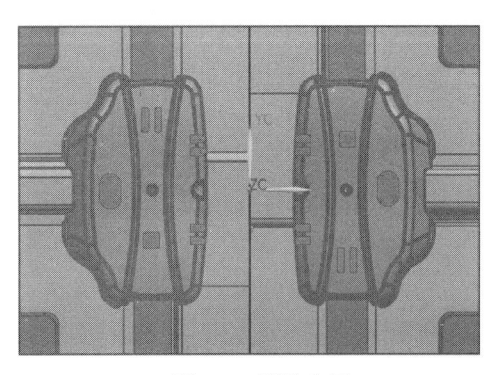

图 6-7 型腔布局

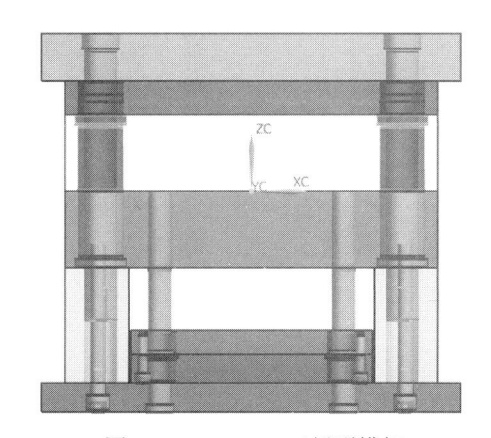

图 6-8 LKM_TP 三板型模架

2）模架长宽尺寸选取

根据前面确定的模仁长宽尺寸可以计算出模架的宽度为 400 mm，长度为 450 mm，图 6-9 所示为粗略设计的模具动、定模 2D 图。

3）模架模板厚度值选取

根据知识篇第 1 章中的知识，可由型腔尺寸（250 mm×170 mm×75 mm）计算出 A 板、B 板和 C 板的厚度值，A 板为 80 mm，B 板为 80 mm，C 板为 120 mm，如图 6-9 所示，其中定模板开框深度为 45 mm，动模板开框深度为 30 mm，定模板与动模板间的距离为 1 mm，其他模板的参数可查找厂家提供的模架资料。

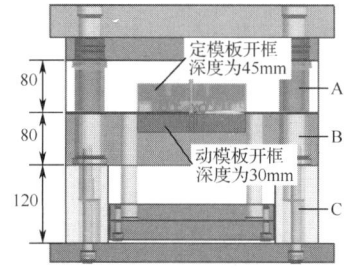

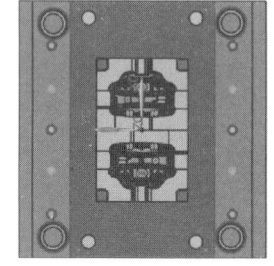

图 6-9 粗略设计的模具动、定模 2D 图

6.2 外观件注塑模型腔设计

6.2.1 设计准备

1. 项目初始化

在 UG NX 10.0 中打开外观件 3D 模型。

在【启动】模块下选择【所有应用模块】>【注塑模向导】，调出【注塑模向导】工具条。

在【初始化项目】对话框中选择产品，指定存放路径，在材料处选择 PC+ABS，系统会推荐常用的产品收缩率（这个数值是可以更改的），本例使用系统推荐的收缩率，如图 6-10 所示，完成后单击【确定】按钮，完成产品初始化。

2. 定义模具坐标系

在【注塑模向导】工具条中单击【模具 CSYS】按钮，系统弹出【模具 CSYS】对话框。在该对话框中选择【产品实体中心】和【锁定 Z 位置】，单击【确定】按钮，完成模具 CSYS 设置。设置模具 CSYS 如图 6-11 所示。

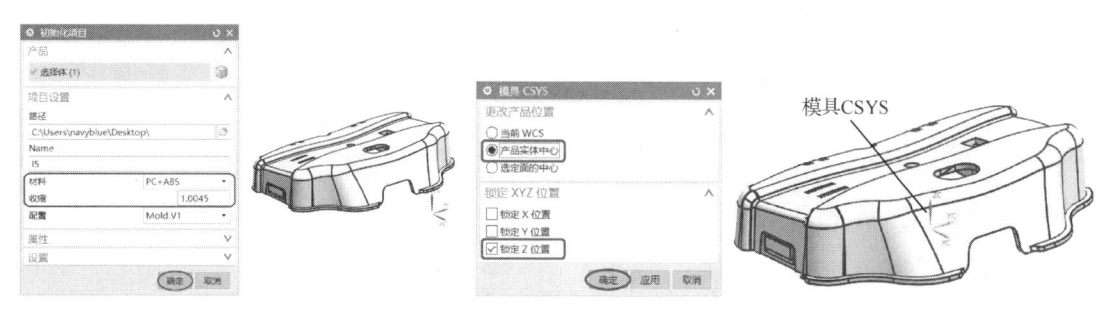

图 6-10 项目初始化

图 6-11 设置模具 CSYS

3. 创建工件

根据塑件整体尺寸及模具结构复杂程度定义模具工件的大小。

在【注塑模向导】工具条中单击【工件】按钮,系统弹出【工件】对话框,在【工件】对话框中选择【绘制截面】,系统进入草绘截面界面,删除图面上的尺寸,重新标上尺寸,在【工件】对话框中输入开始距离-30 mm 和结束距离 45 mm,单击【确定】按钮,完成工件的创建,如图 6-12 所示。

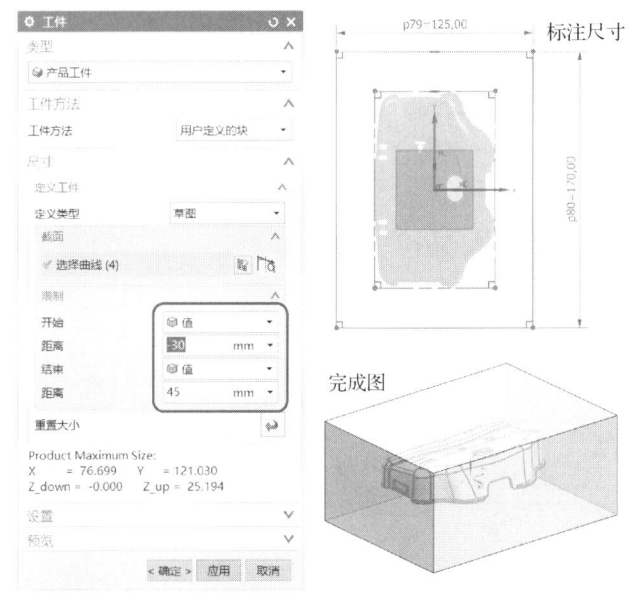

图 6-12 创建工件

6.2.2 检查区域

1.【计算】选项卡

单击【注塑模向导】工具条上的【模具分型工具】按钮,系统弹出【模具分型工具】工具条,单击【检查区域】按钮,弹出【检查区域】对话框。在【计算】选项卡中选择产品,指定 ZC 轴为脱模方向,单击【计算】按钮,软件会自动分析出属于型芯型腔的面,【计算】完成后,图标会变灰色,如图 6-13 所示。

2.【区域】选项卡

(1)选择【区域】选项卡,单击【设置区域颜色】按钮,产品面变为三种颜色,分别是【型腔区域】、【型芯区域】和【未定义区域】,其中【未定义区域】中未知的面有 7 个,如图 6-14 所示。

(2)完整定义型芯和型腔。根据模具设计的需要,须把两侧的圆孔和异形方孔的面归到型腔区域,如图 6-15 中的 1、2 所示,塑件内部的异形结构中有 7 个未知面,根据分型的需要,将未知面一部分设置在型腔中,另一部分设置在型芯中,结果如图 6-15 中的 3 所示。

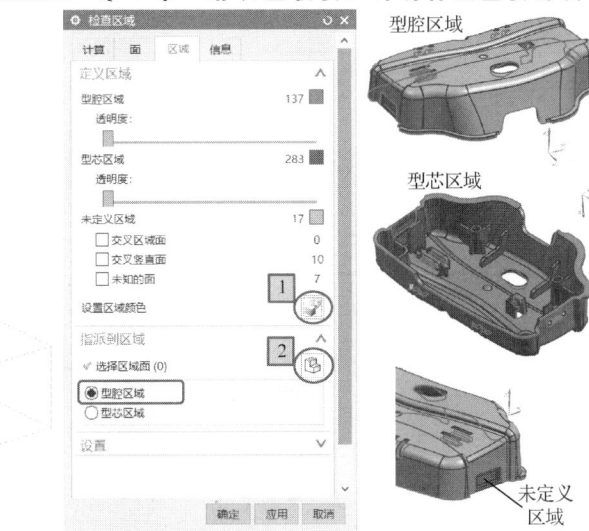

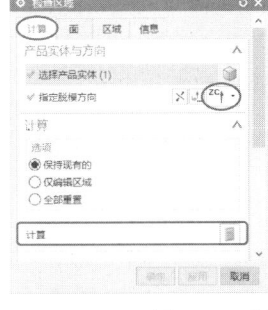

第 6 章　滑块三板模：外观件注塑模的设计

图 6-13　【计算】选项卡　　　　图 6-14　【区域】选项卡

（3）根据上述的分析，单击【区域】选项卡中的【选择区域面】按钮，选中【型腔区域】，选择塑件两侧的圆孔和矩形孔，单击【应用】按钮，将两侧抽芯结构归置到型腔区域。再次选择塑件内部的异形结构如图 6-15 中的 1、2 所示，单击【应用】按钮，将面归置到型腔区域。

（4）与步骤（3）方法相同，在【区域】选项卡中选择【型芯区域】，单击【选择区域面】按钮，将异形结构中的一些面归置到型芯区域，如图 6-15 中的 3 所示。

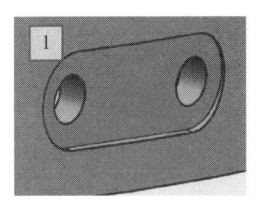

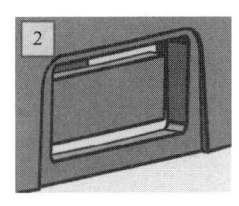

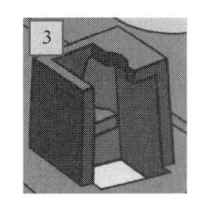

图 6-15　型腔、型芯归置面

6.2.3　修补破孔

本塑件表面的破孔分两大类，第一类是平面破孔，可以利用【模具分型工具】工具条中的【曲面补片】按钮直接完成破孔的填充；第二类是曲面中的立体破孔，比较复杂，须利用 UG 中的各种曲线、曲面命令进行修补。

1. 修补平面孔

单击【模具分型工具】工具条中的【曲面补片】按钮，系统弹出【边修补】对话框，在此对话框中选择【移刀】类型，单击【选择边/曲线】按钮，在模型中选择图 6-16 中两侧圆孔的边线，单击【应用】按钮完成孔的填充，如图 6-16 中的 1 所示。

利用上述方法修补矩形孔和立体方槽，如图 6-16 中的 2、3 所示。

2. 修补腰形孔

（1）单击【插入】>【网络曲面】>【直纹】，系统弹出【直纹】对话框，在该对话框中单击【截面线串 1】栏中的【选择曲线或点】按钮，在模型中选择如图 6-17 中 1 所示的边，再单击【截面线串 2】栏中的【选择曲线】按钮，在模型中选择对面的另一条边，完成如图 6-17 中 2 所示的腰形孔中间曲面的修补。

（2）用同样的方法完成腰形孔两头半圆面的修补，完成后如图 6-17 中 3 所示。

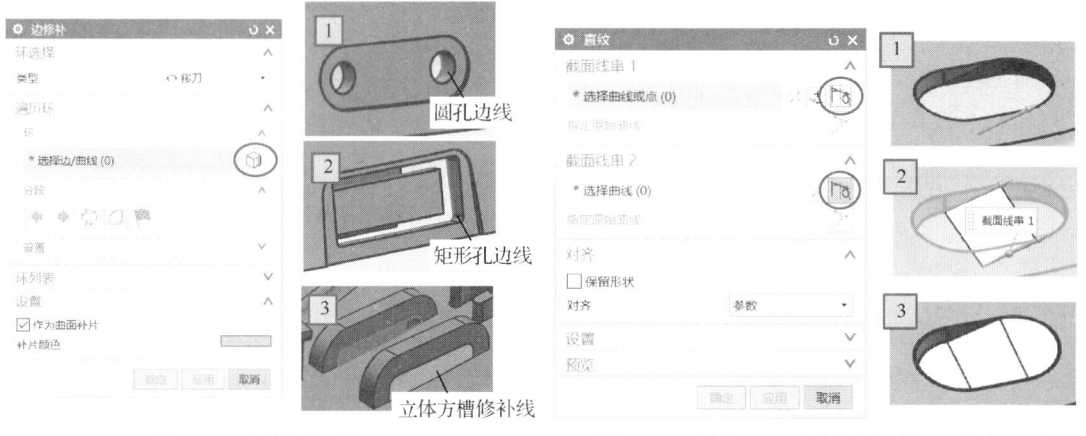

图 6-16 修补平面孔　　　　图 6-17 修补腰形孔中间曲面和两头半圆面

3. 修补长方形通槽

（1）单击【插入】>【派生曲线】>【桥接】，系统弹出【桥接曲线】对话框，在该对话框中选择起始曲线为长方形通槽的一端，终止曲线为长方形通槽的另一端，其余四个长方形通槽的曲线都是用同样的方法进行桥接的，如图 6-18 所示。

（2）单击【插入】>【网络曲面】>【通过曲线网络】，系统弹出【通过曲线网络】对话框，在该对话框中选择【主曲线】为竖直的一组曲线，【交叉曲线】为与主曲线垂直的曲线，单击【应用】按钮，如图 6-19 所示。运用同样的方法完成其他曲面的修补。

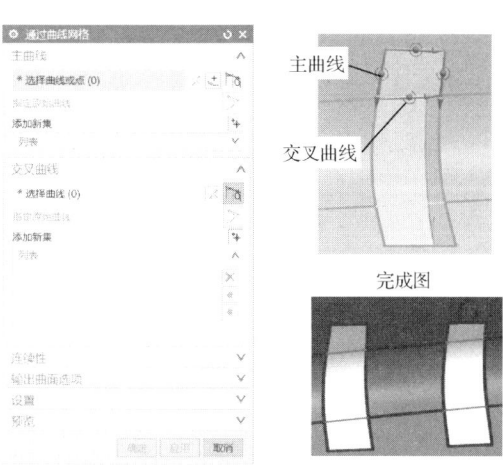

图 6-18 桥接曲线　　　　图 6-19 修补长方形通槽

4. 修补凸台异形孔

（1）单击【插入】>【设计特征】>【拉伸】，选择如图 6-20 中 1 所示的边线为拉伸目标，在对话框中设置矢量为+XC、-XC，拉伸距离为 2.5 mm。

（2）运用【拉伸】功能拉伸如图 6-20 中 2 所示的曲面，选择斜线为拉伸目标，设置矢量为+YC，拉伸距离为 10 mm。

（3）单击【插入】>【修剪】>【修剪体】，选择沿 XC 方向拉伸的曲面为修剪目标，沿+YC 拉伸的曲面为工具，修剪出如图 6-20 中 3 所示的形状。

（4）拉伸如图 6-20 中 4 所示的边线为目标的曲面，设置矢量为+YC，拉伸距离为 5 mm。

（5）拉伸如图 6-20 中 5 所示的边线为目标的曲面，设置矢量为+ZC，拉伸距离为 8 mm。

（6）执行【修剪】命令，以图 6-20 中 4 拉伸的曲面为目标，以图 6-20 中 5 拉伸的曲面为工具，修剪过程如图 6-20 中 6 所示，修剪结果如图 6-20 中 7 所示。

（7）仔细观察已做好的曲面，发现两个侧面还没有封闭。单击【插入】>【修剪】>【延伸片体】，选择如图 6-20 中 8 的两侧边为延伸对象，设置【偏置】距离为 1 mm。

（8）执行【修剪】命令，将两侧延伸的多余曲面修剪掉。

（9）单击【插入】>【修剪】>【修剪片体】，在【修剪片体】对话框中选择如图 6-20 中 9 所示的曲面为修剪目标，边界为与曲面垂直的面的边线，修剪出如图 6-20 中 10 所示的凸台异形孔修补面。

（10）单击【插入】>【组合】>【缝合】，将所有面缝合成整体，如图 6-20 中 11 所示。

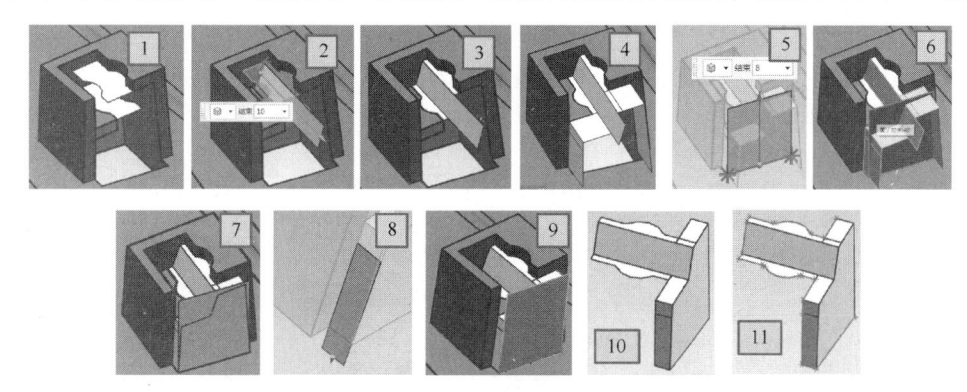

图 6-20 凸台异形孔修补面编辑过程

6.2.4 设计分型面

1. 归置分型面

在【分型导航器】中取消勾选【产品实体】选项，将产品模型隐藏掉。单击【模具分型工具】工具条中的【编辑分型面和曲面补片】按钮，系统弹出【编辑分型面和曲面补片】对话框，在该对话框中单击【选择片体】按钮，在屏幕中选择所有曲面后，单击【应用】按钮，将前面修补的所有孔上的曲面归置到分型面中。归置分型面如图 6-21 所示。

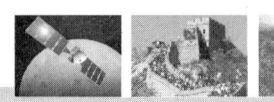

图 6-21 归置分型面

2. 定义区域

单击【模具分型工具】工具条中的【定义区域】按钮，系统弹出【定义区域】对话框，在该对话框的【设置】栏中勾选【创建区域】和【创建分型线】两个选项，单击【确定】按钮，如图 6-22 所示。

3. 创建分型面

（1）单击【模具分型工具】工具条中的【设计分型面】按钮，系统弹出【设计分型面】对话框，在该对话框的【编辑分型段】栏中，单击【选择分型或引导线】按钮，在模型四个面的底部分型线上，都创建两条引导线，如图 6-23 所示。

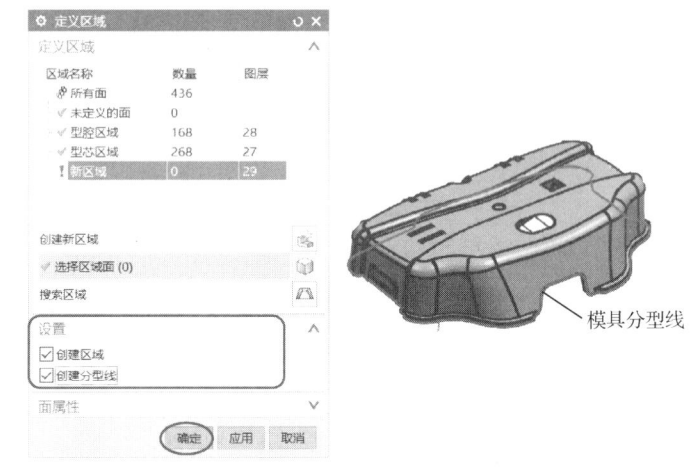

图 6-22 定义区域

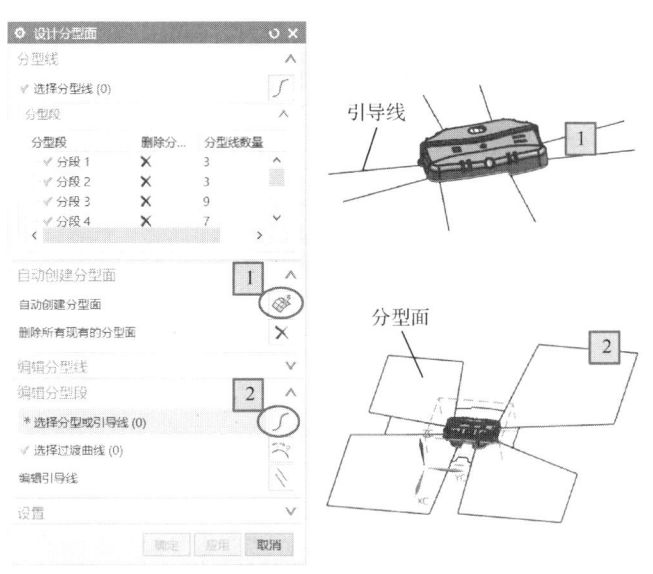

图 6-23 创建分型面

（2）完成了引导线设置后，在【自动创建分型面】栏中，单击【自动创建分型面】按钮，系统自动沿着引导线加载分型面，加载后的分型面如图 6-23 所示。

6.2.5 定义型腔和型芯

1. 定义型腔

单击【模具分型工具】工具条中的【定义型腔和型芯】按钮，系统弹出【定义型腔和型芯】对话框，在该对话框中选择【型腔区域】，单击【选择片体】按钮，选择 6.2.4 节中已做好的分型面，单击【应用】按钮，系统弹出【查看分型结果】对话框，单击【确定】按钮，如图 6-24 所示。

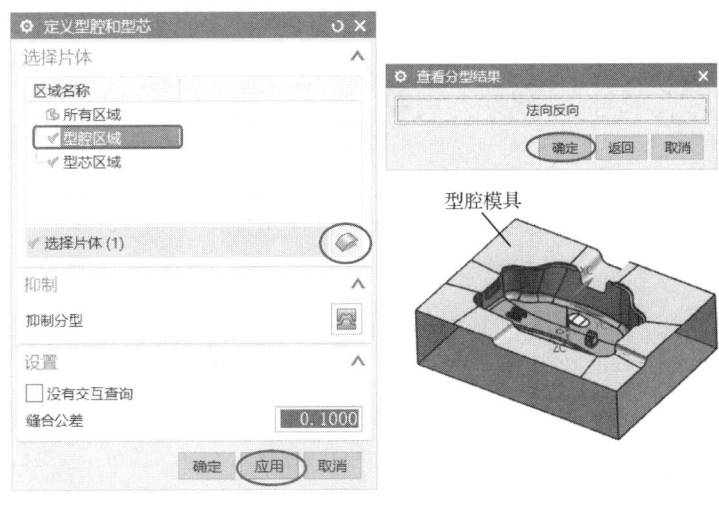

图 6-24 定义型腔

2. 定义型芯

在【定义型腔和型芯】对话框中，选择【型芯区域】，单击【应用】按钮，系统弹出【查看分型结果】对话框，单击【确定】按钮，如图 6-25 所示。

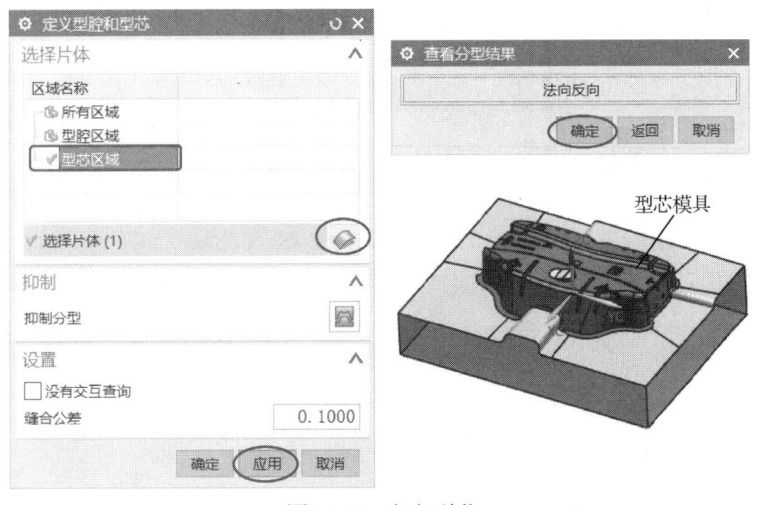

图 6-25 定义型芯

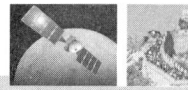

至此，外观件模具型腔设计完成。

6.2.6 动、定模镶件设计

1. 动模镶件设计

（1）隐藏定模型腔和塑件模型，将动模型芯设置为工作部件。

（2）单击【插入】>【派生曲线】>【投影】，系统弹出【投影曲线】对话框，在模型中选择 5 个镶件的边线，选择模型的底面为投影面，如图 6-26 所示。

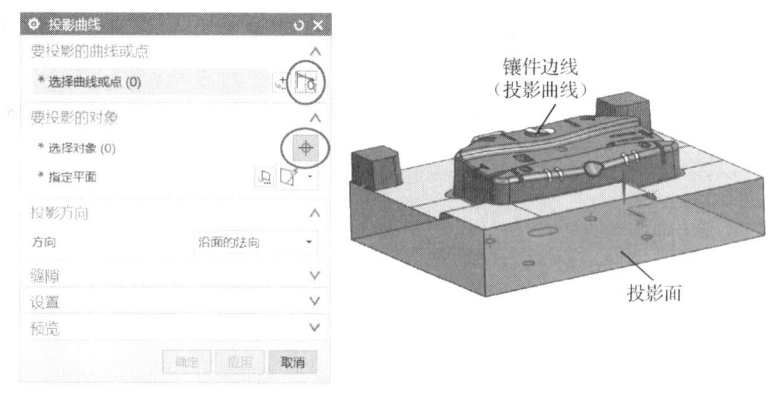

图 6-26　提取投影曲线

（3）单击【插入】>【设计特征】>【拉伸】，系统弹出【拉伸】对话框，在该对话框中选择投影曲线为截面，输入拉伸高度为 55 mm，单击【确定】按钮，结果如图 6-27（a）所示。

（4）单击【插入】>【修剪】>【拆分体】，系统弹出【拆分体】对话框，在该对话框中选择动模型芯为【目标】，5 个镶件拉伸体为【工具】，单击【确定】按钮，结果如图 6-27（b）所示。

（5）单击【编辑】>【特征】>【移除参数】，全选屏幕中的所有模型，将【模型】中的参数移除。如图 6-27（c）所示删除镶件拉伸体，完成后的效果如图 6-27（d）所示。

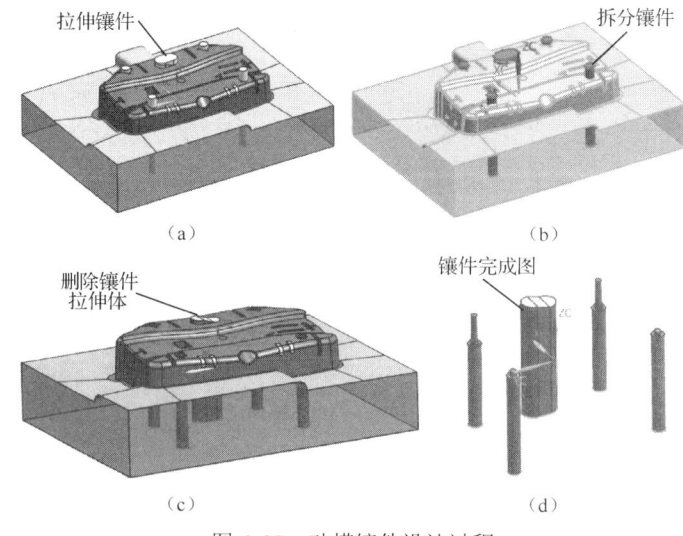

图 6-27　动模镶件设计过程

2. 定模镶件设计

与上一步骤相同,将定模设置为工作部件,通过提取定模投影线拉伸镶件、拆分镶件、移除定模参数后删除镶件拉伸体等步骤(见图 6-28),完成定模镶件的设计。

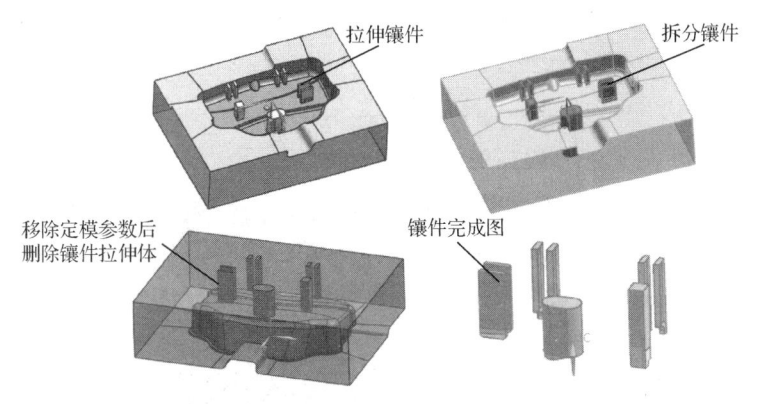

图 6-28 定模镶件设计过程

6.2.7 左、右滑块设计

1. 左滑块设计

(1)将定模型腔设置为工作部件。

(2)执行【拉伸】命令,选择左侧面为草绘平面,绘制如图 6-29 所示的矩形拉伸截面(22 mm×10 mm),拉伸距离为 35 mm。

(3)通过绘制矩形拉伸截面、拉伸左滑块、拆分面等步骤,完成左滑块设计,如图 6-29 所示。

2. 右滑块设计

将定模型腔设置为工作部件。根据左滑块的设计过程,完成右滑块的设计,如图 6-30 所示。

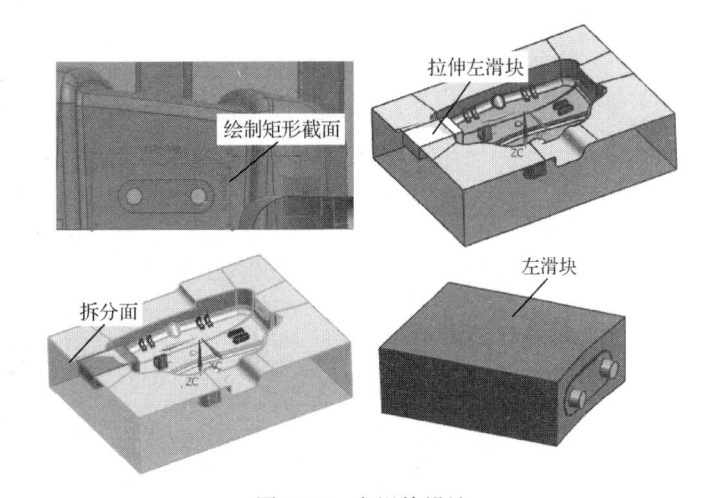

图 6-29 左滑块设计

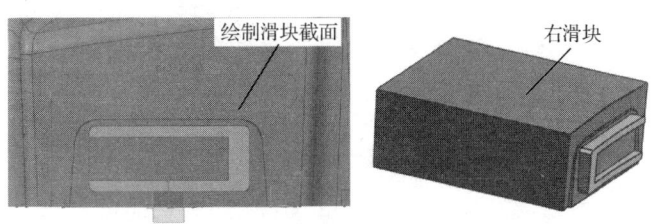

图 6-30 右滑块设计

6.2.8 模具定位系统设计

1. 型芯定位系统设计

1）型芯虎口设计

将型芯设为工作部件。

（1）单击【插入】>【设计特征】>【拉伸】，输入拉伸长方体的长、宽、高尺寸分别为 20 mm、20 mm、15 mm，如图 6-31（a）所示。

（2）单击【插入】>【同步建模】>【偏置区域】，选择方块与型芯侧面平齐的两个侧面，输入偏置距离为 1 mm，单击【确定】按钮，完成图如图 6-31（b）所示。

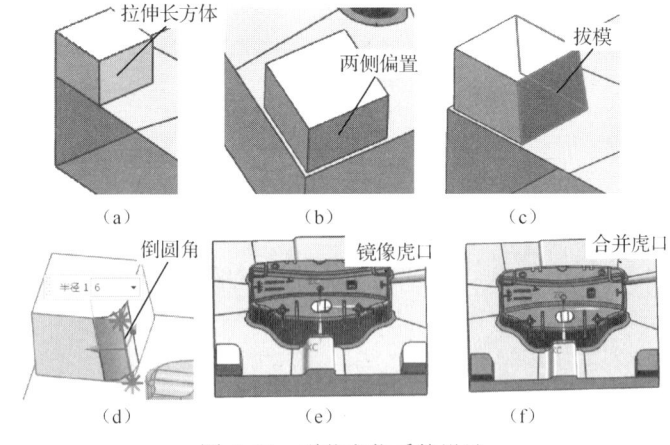

图 6-31 型芯定位系统设计

（3）单击【插入】>【细节特征】>【拔模】，指定拔模方向为+Z 轴，【固定面】为方块的顶面，【要拔的面】为方块内侧的两个面，【角度】为 6°，单击【确定】按钮，如图 6-31（c）所示。

（4）单击【插入】>【细节特征】>【边倒圆】，设置边倒圆半径为 6，选择要倒圆角的边，单击【确定】按钮，如图 6-31（d）所示。

2）镜像另一侧虎口

单击【编辑】>【变换】，系统弹出【变换】对话框，选择刚才做好的方块，单击【确定】按钮；在弹出的另一个【变换】对话框中选择【通过一平面镜像】，单击【确定】按钮；继续在弹出的对话框中选择【复制】，单击【确定】按钮；在【刨】对话框中选取 YC-ZC 平面，单击【确定】按钮，完成如图 6-31（e）所示的镜像。

3）合并虎口

单击【插入】>【组合】>【合并】，系统弹出【合并】对话框，选择型芯为【目标】，两个方块为【工具】，单击【确定】按钮，完成如图 6-31（f）所示。

2. 型腔定位系统设计

1）切割型腔虎口

（1）将型腔设为工作部件。单击【插入】>【关联复制】>【WAVE 几何链接器】，在【WAVE 几何链接器】对话框中，【类型】选择【体】，【体】选择【型芯】，将型芯链接到型腔的工作层中。

（2）单击【插入】>【组合】>【减去】，选择型腔为【目标】，型芯为【工具】，取消选择【设置】中的【保存工具】选项，单击【确定】按钮，如图 6-32（a）所示。

（3）单击【插入】>【同步建模】>【替换面】，选择【要替换的面】为求差生成的内部槽的表面,【替换面】为型腔外表面,单击【确定】按钮,另一个也采用相同的操作,如图 6-32(b)所示。

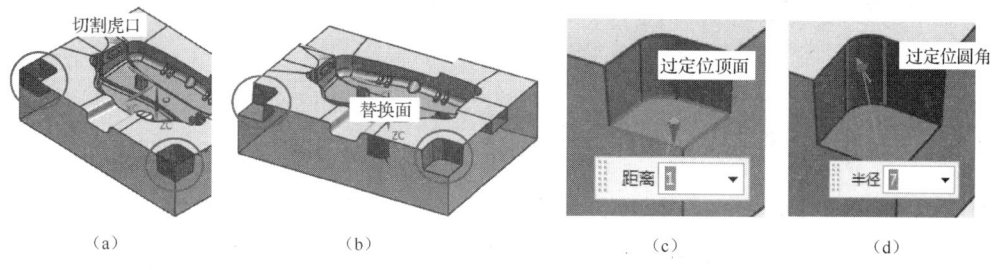

图 6-32 型腔定位系统设计

2)虎口过定位设计

为了使定位的两个面能顺利契合,不发生过定位现象,需将型腔定位的顶部和圆角扩大。

(1)单击【插入】>【同步建模】>【偏置区域】,选择虎口顶面,输入偏置距离为 1 mm,如图 6-32(c)所示。

(2)单击【插入】>【同步建模】>【细节特征】>【调整倒圆大小】,系统弹出【调整圆角大小】对话框,选择虎口的圆角面,输入半径为 7 mm,单击【确定】按钮,如图 6-32(d)所示。

6.2.9 模具型腔布局

单击【注塑模向导】工具条中的【型腔布局】按钮,系统弹出【型腔布局】对话框,在该对话框中,设置【指定矢量】为-XC,【型腔数】为 2,【间隙距离】为 0,单击【开始布局】按钮,完成一模两腔型腔布局;单击【自动对准中心】按钮,使坐标对准模具中心(见图 6-33)。

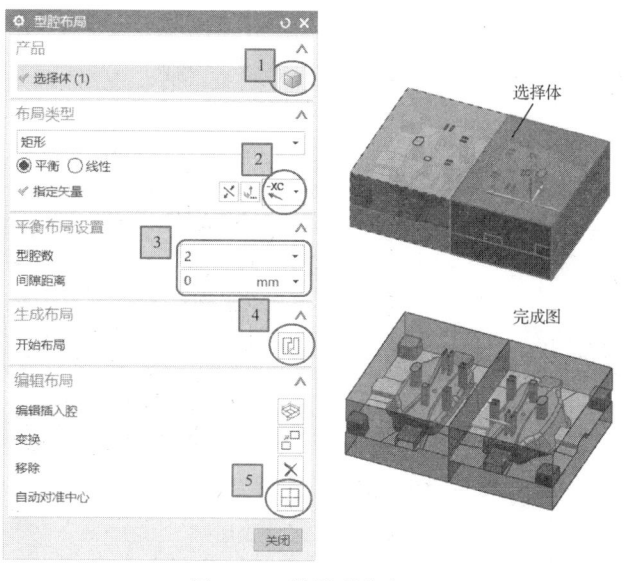

图 6-33 模具型腔布局

6.3 外观件注塑模结构设计

6.3.1 调用模架

在【注塑模向导】工具条中单击【模架库】按钮,系统弹出【模架库】对话框,在【重用库】对话框中选择【LKM_TP】(龙记简化型细水口系列模架)。因为在模具设计方案中已经确定三板模,所以模架类型选择 FC 型模架,如图 6-34 所示。

在【模架库】对话框中,修改以下几个参数:

```
index (模架尺寸) 修改为 4045;
AP_h (A 板厚度) 修改为 80;
BP_h (B 板厚度) 修改为 80;
Mold_type (模架类型) 修改为 450:I,即工字模架;
move_open (B 板与型芯避空) 修改为 0.5;
fix_open (A 板与型腔避空) 修改为 0.5;
EJB_open (顶针板抬高高度,以便放置垃圾钉) 修改为-5。
```

修改完后,单击【确定】按钮,完成模架的加载,如图 6-34 所示。

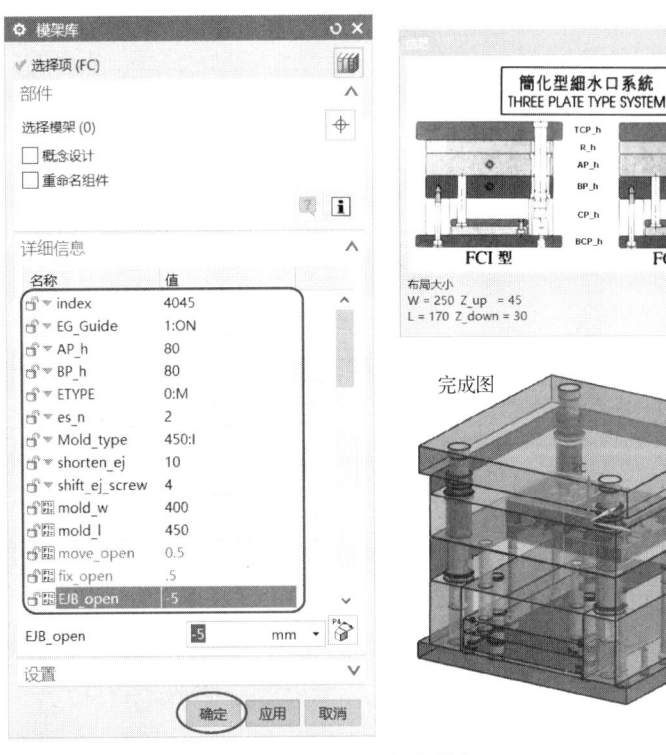

图 6-34 加载模架

6.3.2 浇注系统设计

1. 浇口设计

浇口是浇注系统重要的组成部分，在模具设计方案中确定使用点浇口。

1）加载浇口

在【注塑模向导】工具条中单击【标准件库】按钮，系统弹出【标准件管理】对话框，在【重用库】对话框中选择【FILL_MM】>【Gate[Pin three]】（点浇口），在【标准件管理】对话框中修改数值 d=1.5，H=3.5，R=3、A=20、L1=18.5，如图 6-35 所示，在该对话框中单击【确定】按钮。系统弹出【点】对话框，单击【确定】按钮。完成后，浇口的位置在坐标中心，需重定位。

2）复制移动

单击【注塑模向导】工具条中的【标准件库】按钮，系统再次弹出【标准件管理】对话框，选择先前做好的浇口，单击【重定位】按钮，系统弹出【移动组件】对话框，单击如图 6-35 所示的 3 处【重定位】，系统弹出【移动组件】对话框，【运动】方式选择【距离】，矢量方式选择 XC，【距离】输入 52.721 7 mm，【模态】选择【复制】，单击【应用】按钮。浇口设计过程如图 6-35 所示。

图 6-35 浇口设计过程

3）移动另一侧浇口

再次单击【注塑模向导】工具条中的【标准件库】按钮，系统再次弹出【标准件管理】对话框，选择先前做好的浇口，单击【重定位】按钮，系统弹出【移动组件】对话框，【运动】方式选择【距离】，矢量方式选择-XC，【距离】输入 52.721 7 mm，【模态】选择【不复制】，单击【应用】按钮。完成图如图 6-35 所示。

行家指点：

浇口移动距离是浇口设计距离，可预先设计好，也可在塑件上定好位置，通过测量所得。本例的浇口位置在塑件顶面的圆弧凹坑中，通过测量得到距离为 52.721 7 mm。

2. 横浇道设计

1）加载流道

在【注塑模向导】工具条中单击【标准件库】按钮，系统弹出【标准件管理】对话框，在【重用库】对话框中单击【FILL_MM】>【Runner[2]】（横浇道），在【标准件管理】对话框中修改数值：D 为 8；L 为 120。横浇道设计过程如图 6-36 所示。在【标准件管理】对话框中单击【确定】按钮。系统弹出【点】对话框，单击【确定】按钮。设置完成后，浇道的位置在坐标中心，需重定位。

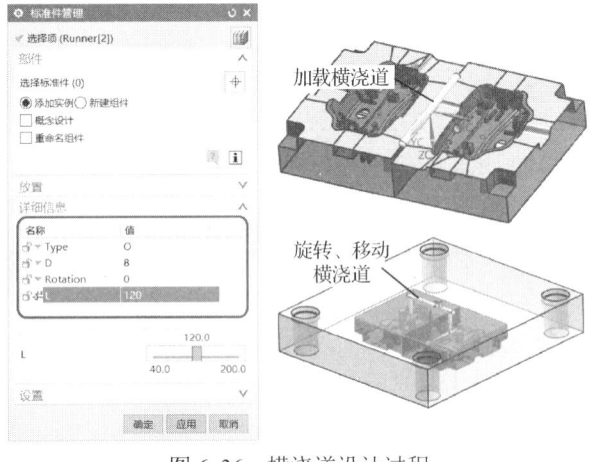

图 6-36 横浇道设计过程

2）旋转移动浇道

再次单击【注塑模向导】工具条中的【标准件库】按钮，系统再次弹出【标准件管理】对话框，选择先前做好的浇道，单击【重定位】按钮，将浇道旋转 90°，然后沿+ZC 轴移动 80 mm，如图 6-36 所示。

行家指点：

浇注系统中的定位圈和浇口套设计应根据选定的注塑机型号（定位圈直径为 80 mm，喷嘴直径为 3 mm，喷嘴球头 SR 为 18 mm，喷嘴最大深入高度为 50 mm）确定定位圈的型号、浇口套的型号。

3. 定位圈浇口套设计

在【注塑模向导】工具条中单击【标准件库】按钮，系统弹出【标准件管理】对话框，在【重用库】对话框中选择【UNIVERSAL_MM】>【FILL】，在【成员选择】栏中选择【Sprue[E]】选项。

在【标准件管理】对话框的【详细信息】栏中修改参数 D2 为 80；D6 为 60。

单击【确定】按钮，系统自动生成并安放定位圈，如图 6-37 所示。

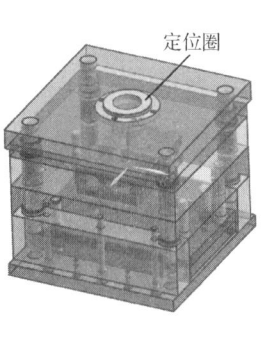

图 6-37 定位圈设计

4. 拉料杆设计

1）加载拉料杆

在【注塑模向导】工具条中单击【标准件库】按钮，系统弹出【标准件管理】对话框，在【重用库】对话框中选择【FUTABA_MM】>【Sprue Puller】，在【成员选择】栏中选择【Sprue Puller】选项，在【标准件管理】对话框的【详细信息】栏中修改以下几个参数：

CATALOG_DIA（配合长度直径）修改为 4 mm；

CATALOG_LENGTH（配合长度）修改为 70 mm；

HEAD_DIA（头部直径）修改为 6 mm。

选择浇口套安装面为放置面（见图 6-38），单击【确定】按钮，系统弹出【标准件位置】对话框，在该对话框中输入【X 偏置】距离为 51 mm，单击【确定】按钮。系统完成一侧拉料杆的加载。

> **行家指点：**
> 浇注系统中的拉料杆加载后，可能会反向，可运用【标准件管理】对话框中的【反向】按钮把方向颠倒过来。

2）复制、移动拉料杆

单击【注塑模向导】工具条中的【标准件库】按钮，系统再次弹出【标准件管理】对话框，选择先前做好的浇口，单击【重定位】按钮，系统弹出【移动组件】对话框，【运动】方式选择【距离】，【制定矢量】方式选择【XC】，输入距离为-51 mm，【模态】选择【复制】，单击【应用】按钮，完成一个拉料杆的复制移动。完成图如图 6-38 所示。

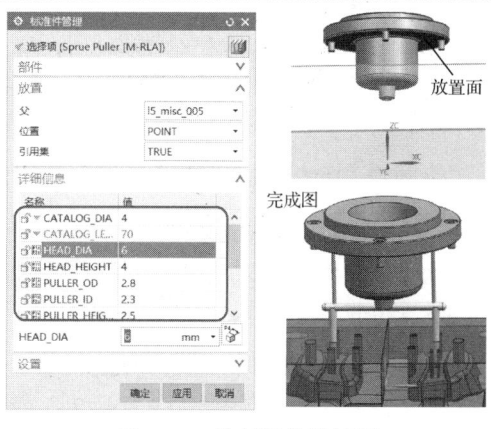

图 6-38　拉料杆设计过程

6.3.3　冷却系统设计

1. 型腔冷却系统设计

1）设计第一条冷却水管

在【注塑模向导】工具条中单击【模具冷却工具】按钮，系统弹出【冷却组件设计】对话框，在【重用库】对话框中选择【COOLING_UNIVERSAL】，在【成员选择】栏中选择【Cooling [Cavity]】选项，在【冷却组件设计】对话框的【详细信息】栏中修改以下几个参数：

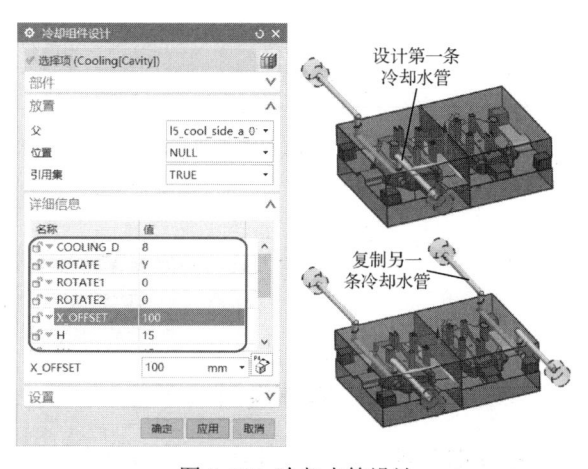

图 6-39　冷却水管设计

COOLING_D（水路直径）修改为8；
ROTATE（水路放置的方向）修改为Y，即沿着Y轴放置；
X_OFFSET（到轴的距离）修改为100；
H（型腔内水路高度距离）修改为15；
H1和H2（模板内水路高度距离）修改为15。

参数修改完成后，单击【确定】按钮，完成后如图6-39所示。

2）复制第二条冷却水管

选中第一条冷却水管，右击执行【移动】命令，选择角度为180°、矢量为+ZC，单击【确定】按钮，结果如图6-39右下图所示。

2. 型芯冷却系统设计

1）设计第一条冷却水管

在【注塑模向导】工具条中单击【模具冷却工具】按钮，系统弹出【冷却组件设计】对话框，在【重用库】对话框中选择【COOLING_UNIVERSAL】，在【成员选择】栏中选择【Cooling [Straight]】选项，在【详细信息】栏中修改以下几个参数，如图6-40所示。

COOLING_D（水路直径）修改为8；
ROTATE（水路放置的方向）修改为Y，即沿着Y轴放置；
X_OFFSET（中心坐标到水管的距离）修改为100；
Z_OFFSET（型腔内水路高度距离）修改为-20。

参数修改完成后，单击【确定】按钮，完成图如图6-40所示。

2）复制第二条冷却水管

选中第一条冷却水管，右击执行【移动】命令，系统弹出【移动组件】对话框，【运动】方式选择【角度】，矢量方式选择+ZC，【角度】输入180°，单击【确定】按钮。

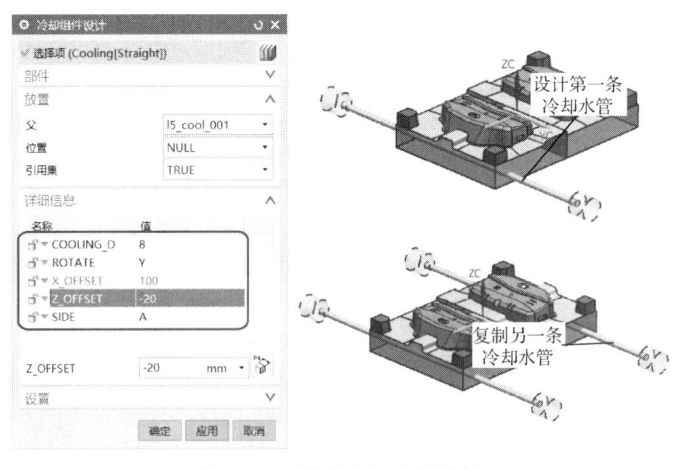

图6-40　型芯冷却水管设计

6.3.4 侧滑块机构设计

在前期分析中，产品的两侧需要用侧抽才能进行脱模，侧抽芯部分已在型腔设计中完

第6章 滑块三板模：外观件注塑模的设计

成，这里需进行滑块机构设计。

1. 侧滑块组件设计

1）加载一侧滑块组件

在【注塑模向导】工具条中单击【滑块和浮升销库】按钮，系统弹出【滑块和浮升销设计】对话框，在【重用库】对话框中选择【MW Silde and Lifter Librard】>【SLIDE_LIFT】>【slide】，在【成员选择】栏中选择【slide_11】选项，在【滑块和浮升销设计】对话框的【详细信息】栏中修改如下参数：

SLIDE_TYPE（侧滑块组件放置方向）修改为Y；
SL_W（滑块宽度）修改为40；
GR_W（压块宽度）修改为20；
PIN_N（斜导柱的根数）修改为1；
AP_D（斜导柱的直径）修改为10；
SPRING_N（斜）修改为1；
SL_L（侧滑块长度）修改为70；
SL_BOTTOM（侧滑块底部高）修改为25；
AP_XO（斜导柱中心到侧滑块斜度的距离）修改为40。

侧滑块参数设置如图6-41所示。修改完成后单击【确定】按钮，系统加载一对侧滑块组件，位置在坐标中心，结果如图6-42所示。

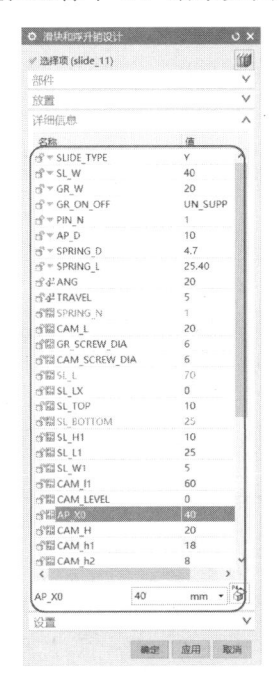

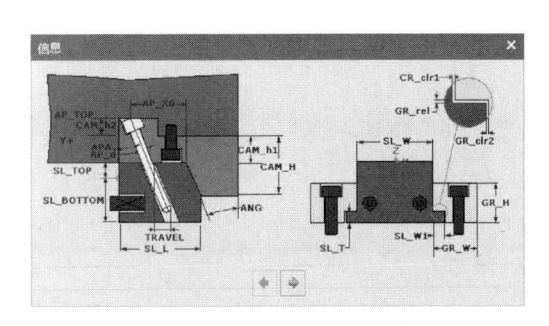

图6-41 侧滑块参数设置

> **行家指点：**
> 在修改参数时，先要确定【PIN_N】（斜导柱的根数）再修改其他参数，若先修改其他参数再确定【PIN_N】参数则其他参数又会恢复原位。

2）移动侧滑块组件

隐藏模架、定模型腔零件和已安装的标准件。

测量侧滑块组件需移动的距离：$X=53$ mm、$Y=85$ mm、$Z=4.5$ mm。

再次单击【滑块和浮升销库】按钮，在系统弹出的【滑块和浮升销设计】对话框中单击【选取标准件】，选择侧滑块组件为标准件，单击【重定位】按钮，系统弹出【移动组件】对话框，将【运动】方式设为【动态】，在【制定方位】栏的【点】对话框中输入 X 的值为 53、Y 的值为 85、Z 的值为 4.5，单击【应用】按钮，完成后如图 6-42 所示。

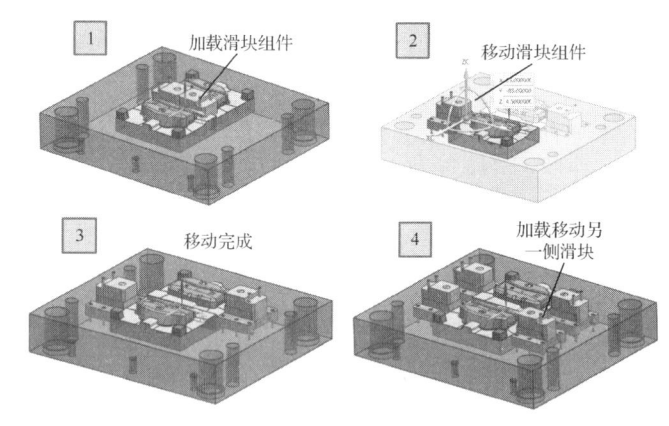

图 6-42　侧滑块组件设计过程

3）另一侧滑块组件设计

用同样的方法设计另一侧滑块组件，组件的参数与上述参数相同，但注意移动组件时 X 轴和 Y 轴的方向相反，完成后如图 6-42 所示。

2. 联结侧滑块

运动的侧滑块分成两块，型腔中的侧抽芯与滑块组件中的侧滑块，这两个零件必须联结在一起，侧滑块才能完成抽芯工作。

1）在型腔中的侧抽芯上编辑 T 形槽

在屏幕中选择侧抽芯零件，将它设置为工作部件。

单击【插入】>【设计特征】>【拉伸】，系统弹出【拉伸】对话框，绘制如图 6-43 所示的侧滑块延伸部分截面，拉伸至另一侧面，单击【确定】按钮，如图 6-43 所示。

单击【插入】>【特征细节】>【倒斜角】，在滑块连接部分的边处做 0.5 的倒斜角，如图 6-43 所示。

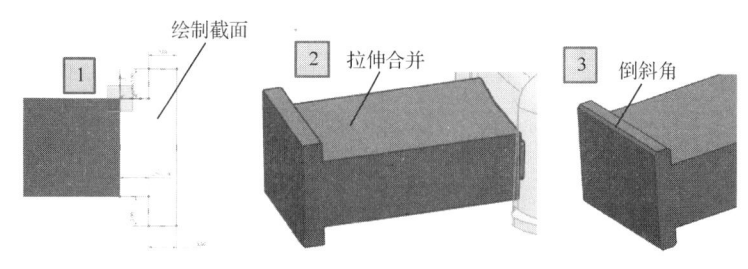

图 6-43　编辑 T 形槽

2）在组件中的侧滑块上切割 T 形槽

单击【插入】>【关联复制】>【WAVE 几何链接器】，将侧滑块连接到侧抽芯同一层中，如图 6-44 所示。

第 6 章 滑块三板模：外观件注塑模的设计

单击【插入】>【组件】>【求差】，在【求差】对话框中，选择侧滑块为【目标】，侧抽芯为【工具】，在【设置】栏中勾选【保存工具】，单击【确定】按钮，将侧滑块修剪掉，如图 6-44 所示。

单击【插入】>【同步建模】>【替换面】，将 T 形槽贯通，如图 6-44 所示。

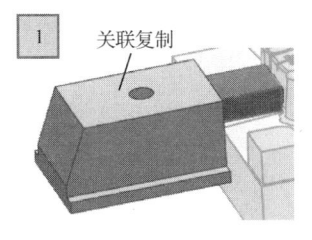

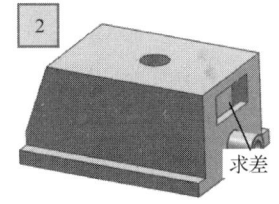

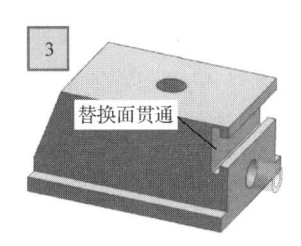

图 6-44 切割 T 形槽

6.3.5 分型机构设计

1. 定距拉杆上部设计

1）设置参数

在【注塑模向导】工具条中单击【标准件库】按钮，系统弹出【标准件管理】对话框，在【重用库】对话框中选择【FUTABA_MM】>【Screws】，在【成员选择】栏中选择【SHSB[M-PBB]】选项，系统弹出【标准件管理】对话框，单击【选择面或平面】按钮，在屏幕中选择水口推板的顶面为【选择面】，并在【详细信息】栏中修改如下参数（见图 6-45）：

THREAD（螺纹段直径）修改为 12；
SHOULDER_LENG（肩部至螺纹部长度）修改为 35；
PLATE_HEIGHT（安装高度）修改为 50；
TRAVEL（上拉杆的移动距离）修改为 10；
THREAD_LENGTH（螺纹段长度）修改为 35。

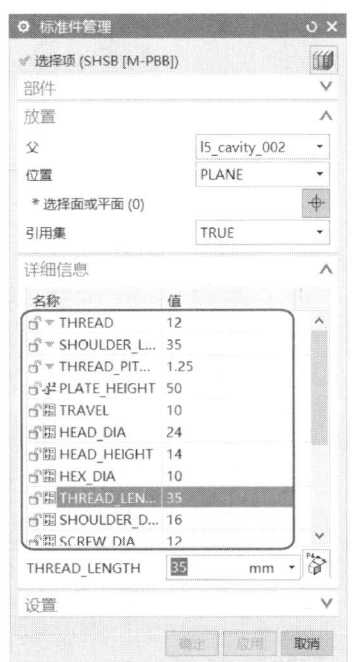

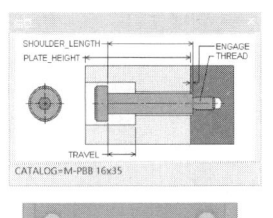

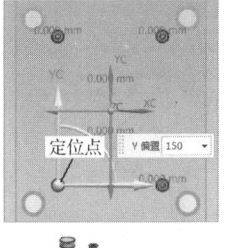

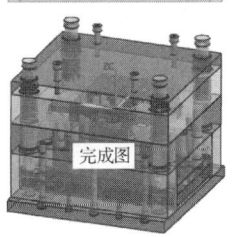

图 6-45 定距拉杆上部设计

2）确定位置

单击【标准件管理】中的【确定】按钮，系统弹出【标准件位置】对话框，在该对话框中分别设置 X、Y 的距离为（+150、+110）、（+150、-110）、（-150、+110）、（-150、-110）四个位置，单击【应用】按钮，完成图 6-45 中四个定距拉杆上部的设计。

2. 定距拉杆下部设计

1）设置参数

在【注塑模向导】工具条中单击【标准件库】按钮，系统弹出【标准件管理】对话框，在【重用库】对话框中选择【FUTABA_MM】>【Screws】，在【成员选择】栏中选择【SHSB[M-PBA]】选项，系统弹出【标准件管理】对话框，单击【选择面或平面】按钮，在屏幕中选择水口推板的底面为【选择面】，并在【详细信息】栏中修改如下参数（见图6-46）：

SHOULDER_DIA（肩部直径）修改为16；
SHOULDER_LENG（肩部长度）修改为180；
PLATE_HEIGHT（安装高度）修改为194；
TRAVEL（下拉杆的移动距离）修改为120。

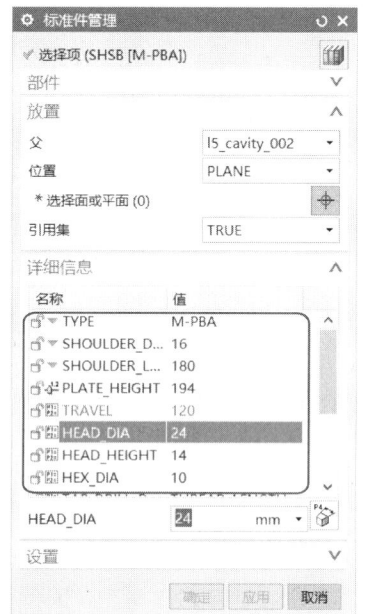

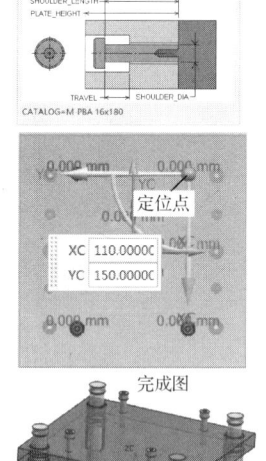

图6-46 定距拉杆下部设计

2）确定位置

单击【标准件管理】中的【确定】按钮，系统弹出【标准件位置】对话框，在该对话框中分别选择四个上部拉杆的圆心，单击【应用】按钮，完成图6-46中四个定距拉杆下部的设计。

3. 定距拉杆弹簧设计

在【注塑模向导】工具条中单击【标准件库】按钮，系统弹出【标准件管理】对话框，在【重用库】对话框中选择【FUTABA_MM】>【Springs】，在【成员选择】栏中选择【Spring[M-FSB]】选项，在【标准件管理】对话框的【详细信息】栏中修改如下参数（见图6-47）：

CATALOG_LENGTH（弹簧理论长度）修改为38.1；
INNER_DIA（弹簧直径）修改为16。

在【标准件管理】对话框的【放置】栏中，选取水口推板的底面为【选择面】，

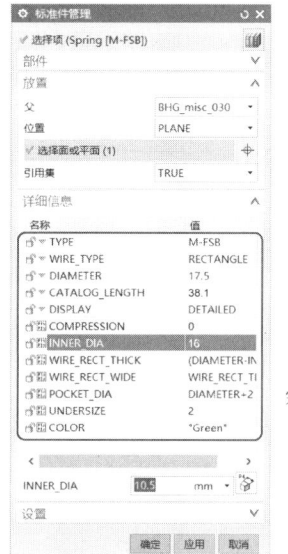

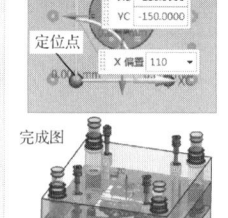

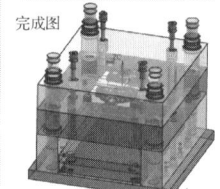

图6-47 定距拉杆弹簧设计

单击【确定】按钮，系统弹出【点】对话框，选择四根定距拉杆的中心，单击【确定】按钮，完成如图 6-47 所示的弹簧创建。

4. 求腔

执行【注塑模向导】工具条中的【腔体】命令，系统弹出【腔】对话框，选择定模座板、B 板、R 板为【目标】，选择定距拉杆组件为【工具】，单击【确定】按钮。完成定距拉杆组件在动模中的开腔处理。

> **行家指点：**
> 在设计定距拉杆组件时，首先要看好放置位置，测量好放置距离。定距拉杆的长度根据水口料取出的距离来决定。

6.3.6 推出机构设计

本产品是曲面盖状制件，内表面形状较复杂。根据前面编制的方案，本模具推出机构采用普通顶针+扁顶针+套筒顶针组合推出，设计采用 4 根普通顶针、2 根扁顶针、2 根套筒顶针。

1. 普通顶针设计

1）设置参数

在【注塑模向导】工具条中单击【标准件库】按钮，系统弹出【标准件管理】对话框，在【重用库】对话框中选择【FUTABA_MM】>【Ejector Pin】，在【成员选择】栏中选择【Ejector Pin Straight[EJ,EA,EQ,EA]】选项，在【标准件管理】对话框的【详细信息】栏中修改如下参数（见图 6-48）：

CATALOG_DIA（顶针直径）修改为 4；
CATALOG_LENGTH（顶针长度）修改为 200；
HEAD_TYPE（推杆头部类型）修改为 3。

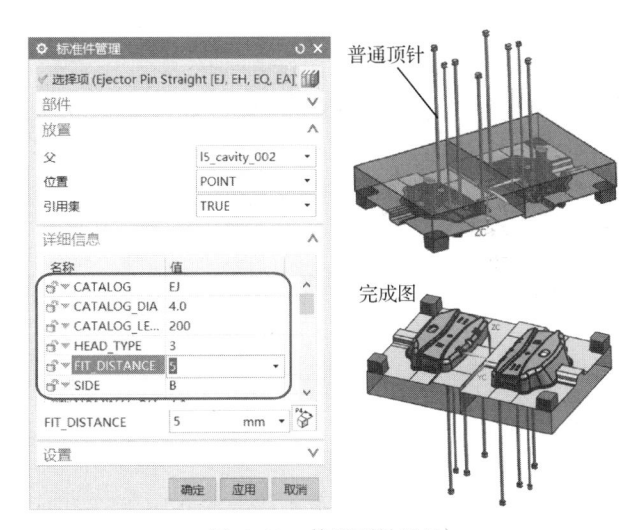

图 6-48 普通顶针设计

2）加载顶针

参数设置完成后在【标准件管理】对话框中单击【确定】按钮，系统弹出【点】对话框，在【点】对话框中输入坐标 XC=-34.5、YC=47、ZC=0，单击【确定】按钮。再次连续输入坐标（-34.5,0,0）、（-51,0,0）、（-36,0,0）完成四根顶针的加载，如图 6-48 所示。

3）修剪顶针

在【注塑模向导】工具条中单击【顶针后处理】按钮，系统弹出【顶针后处理】对话框,在该对话框的【目标】栏中选择刚加载的顶针,系统把刚加载的顶针修剪完成,如图6-48所示。

4)求腔

执行【注塑模向导】工具条中的【腔体】命令,系统弹出【腔】对话框,在【腔】对话框中【目标】选择动模型腔、B板、推件板,【工具】选择顶针,单击【确定】按钮,完成垃圾钉在动模中的腔体处理。

2. 套筒顶针设计

1)设置参数

在【注塑模向导】工具条中单击【标准件库】按钮,系统弹出【标准件管理】对话框,在【重用库】对话框中选择【FUTABA_MM】>【Ejector Sleeve】,在【成员选择】栏中选择【Ejector Sleeve[E-SL]】选项,在【标准件管理】对话框的【详细信息】栏中修改如下参数(见图6-49):

PIN_CATALOG_DIA(顶针直径)修改为4;
SLEEVE_OD(套筒直径)修改为6;
SLEEVE_CATALOG_LENGTH(套筒长度)修改为200;
PIN_CATALOG_LENGTH(顶针长度)修改为200;
PIN_HEAD_TYPE(推杆头部类型)修改为1。

2)加载顶针

在【标准件管理】对话框中单击【确定】按钮,系统弹出【点】对话框,选择需加套筒顶针的两个圆弧的圆心为中心,单击【确定】按钮,完成图如图6-49所示。

3)修剪顶针

在【注塑模向导】工具条中单击【顶针后处理】按钮,系统弹出【顶针后处理】对话框,【目标】分别选择刚加载的套筒顶针的套筒和顶针,单击【应用】按钮,系统把刚加载的顶针修剪完成,如图6-49所示。

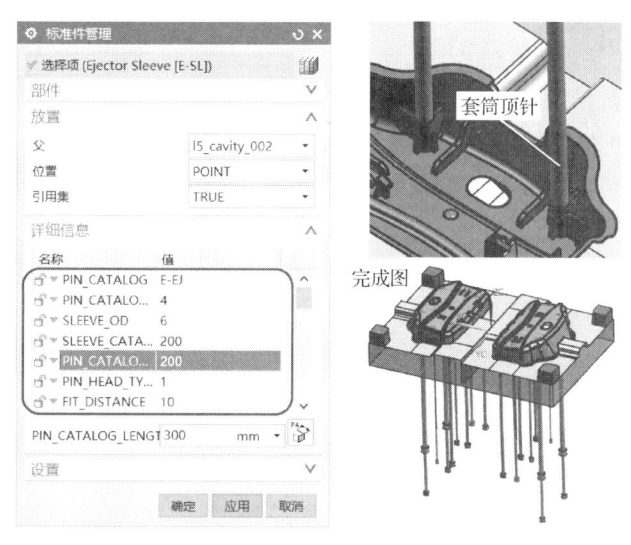

图6-49 套筒顶针设计

4)推管芯子固定设计

单击【注塑模向导】工具条中的【标准件库】按钮,系统弹出【标准件管理】对话框,在【重用库】对话框中选择【MISUMI】>【Angular Pins】,在【成员选择】栏中选择【APP(Stopper Plate for Angular Pin)】选项,在【标准件管理】对话框的【详细信息】栏中修改参数,如图6-50所示。

第6章 滑块三板模：外观件注塑模的设计

在【标准件管理】对话框中单击【选择面或平面】按钮，选择动模座板底面为放置面，单击【确定】按钮，系统弹出【点】对话框，在该对话框中选择【指定点】，依次选择推管芯子、圆柱中心，单击【确定】按钮，完成推管芯子固定板的加载，如图6-50所示。

然后，在推管芯子固定板上安装M6不能用M10螺钉，如图6-50所示。

5）求腔

执行【注塑模向导】工具条中的【腔体】命令，系统弹出【腔体】对话框，【目标】选择为动模型腔、B板、推件板、推件固定板、动模座板，【工具】选择为套筒、推管芯子固定板和螺钉，单击【确定】按钮，完成各零件在动、定模型腔，B板，推件固定板，动模座板中的位体切除。

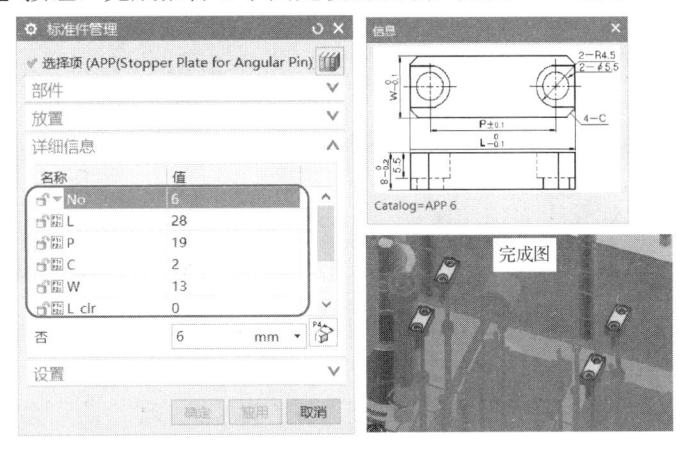

图6-50 安装推管芯子固定座

3. 扁顶针设计

1）设置参数

在【注塑模向导】工具条中单击【标准件库】按钮，系统弹出【标准件管理】对话框，在【重用库】对话框中选择【FUTABA_MM】>【Ejector Blade】，在【成员选择】栏中选择【Ejector Blade[E-FJ,E-FA,E-FK,E-FL]】选项，在【标准件管理】对话框的【详细信息】栏中修改如下参数（见图6-51）：

CATALOG_THICK（顶针厚度）修改为0.8；
CATALOG_WIDE（顶针宽度）修改为3.0；
SHOULDER_LENGTH（顶针长度）修改为60；
CATALOG_LENGTH（顶针长度）修改为200。

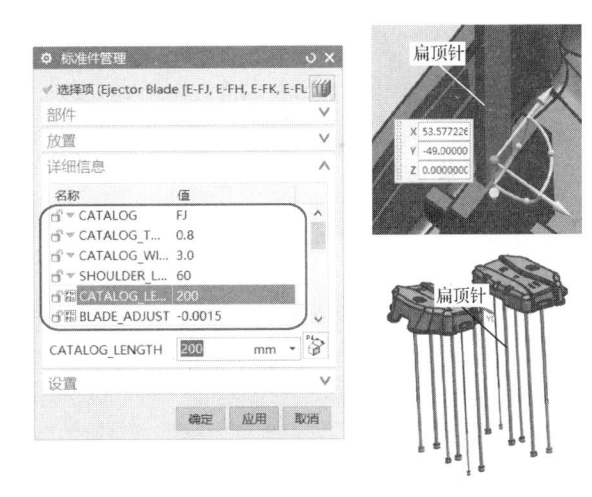

图6-51 扁顶针的设计

2）加载扁顶针

在【标准件管理】对话框中，单击【确定】按钮，系统弹出【点】对话框，输入坐标为（50.577,49.45,-65.5），单击【确定】按钮，如图6-51所示，完成一个扁顶针的加载。

使用上述同样的方法设计另一个扁顶针，其设置参数如下：

```
CATALOG_THICK（顶针厚度）修改为 0.4；
CATALOG_WIDE（顶针宽度）修改为 1.2；
SLEEVE_CATALOG_LENGTH（顶针长度）修改为 50；
PIN_CATALOG_LENGTH（顶针长度）修改为 125。
```

加载点的坐标为（53.577,49.45,-65.5）。

3）修剪顶针

在【注塑模向导】工具条中单击【顶针后处理】按钮，系统弹出【顶针后处理】对话框，在该对话框中的【目标】选择刚加载的两根扁顶针，单击【确定】按钮，系统把刚加载的顶针修剪完成，如图 6-51 所示。

4）求腔

执行【注塑模向导】工具条中的【腔体】命令，系统弹出【腔】对话框，【目标】选择为 B 板、动模型腔、动模座板，【工具】选择为扁顶针，单击【确定】按钮，完成扁顶针在模具中的位体切除。

6.3.7 复位机构设计

1. 复位弹簧设计

推出机构复位主要是指弹簧辅助复位杆使推出机构快速回位。

1）设置参数

在【注塑模向导】工具条中单击【标准件库】按钮，系统弹出【标准件管理】对话框，在【重用库】对话框中选择【FUTABA_MM】>【Springs】，在【成员选择】栏中选择【Spring[M-FSB]】选项，在【标准件管理】对话框的【详细信息】栏中修改如下参数（见图 6-52）：

```
DIAMETER（弹簧内径）修改为 25.5；
CATALOG_LENGTH（弹簧理论长度）修改为 101.6。
```

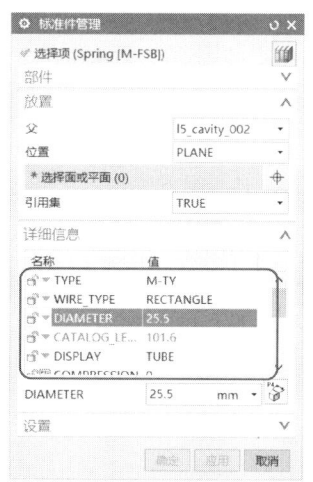

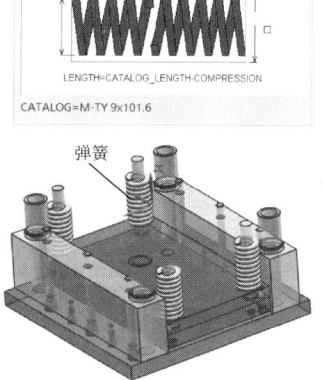

图 6-52 复位弹簧设计

2）选择安装位置

在【标准件管理】对话框的【放置】栏中，选取推件板顶面为放置面，单击【确定】按钮，系统弹出【点】对话框，选择四根复位杆中心为弹簧放置的位置，单击【确定】按钮，完成如图 6-52 所示的弹簧创建。

3）求腔

执行【注塑模向导】工具条中的【腔体】命令，系统弹出【腔】对话框，【目标】选择 B 板，【工具】选为四根弹簧，单击【确定】按钮，完成垃圾钉在 B 板中的位体切除。

2. 垃圾钉设计

1）设置参数

在【注塑模向导】工具条中单击【标准件库】按钮，系统弹出【标准件管理】对话框，在【重用库】对话框中选择【DME_MM】>【Locks】，在【成员选择】栏中选择【Shoulder Plate for Interlock-AGS】，在【标准件管理】对话框的【详细信息】栏中修改参数，如图 6-53 所示。

2）选择安装位置

在【标准件管理】对话框的【放置】栏中，选取动模座板上表面为放置面，单击【确定】按钮，系统弹出【点】对话框，依次选择四根复位杆中心为垃圾钉的位置，单击【确定】按钮，完成如图 6-53 所示的垃圾钉的创建。

3）求腔

执行【注塑模向导】工具条中的【腔体】命令，系统弹出【腔】对话框，选择【目标】为动模座板，【工具】为垃圾钉，单击【确定】按钮，如图 6-53 所示。完成垃圾钉在动模座板中的位体切除。

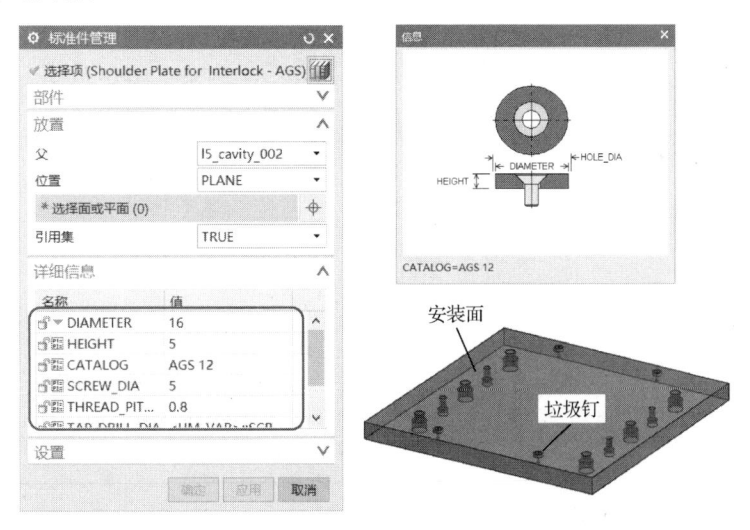

图 6-53 垃圾钉设计

思考与练习 6

以如图 6-54 所示的 YWJ 塑件 3D 模型为参照模型，练习翻盖注塑模设计。

1. 设计资料

（1）产品信息如下。

产品名称：YWJ；

材料：PC；

收缩率：0.45%；

公差等级：MT6；

产品质量：71 g。

塑件的外表面需进行抛光处理，四周不允许有波峰。

（2）注塑机选用型号为 XC-ZY-500。

2．作业建议

（1）模架设计（可参考第 1 章进行计算和选用）。

（2）型腔：一模二腔。

（3）浇注系统设计：点浇口。

（4）推出机构设计：推杆+推管。

（5）冷却系统设计。

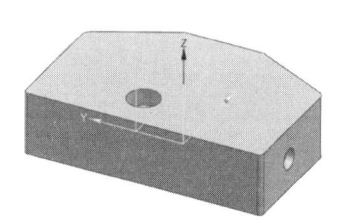

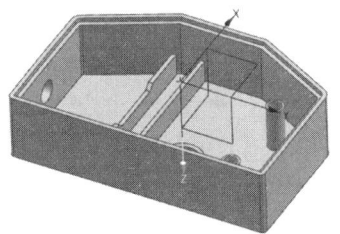

图 6-54　YWJ 塑件 3D 模型